刘 新 编著

防腐蚀涂料
涂装技术

化学工业出版社
·北京·

本书主要介绍了防腐蚀涂料及其涂装技术，具体包括腐蚀机理、防腐材料的选择、重防腐涂料、功能性涂料、底材的表面处理以及涂装施工和涂装质量控制等内容，并深度解读了目前国内、国际标准和相关的安全数据，反映了国内外防腐蚀涂料与涂装技术的新规范、新工艺及应用现状。

本书可供从事防腐蚀涂装设计、施工的技术人员阅读使用。

图书在版编目（CIP）数据

防腐蚀涂料涂装技术/刘新编著. —北京：化学工业出版社，2016.9

ISBN 978-7-122-27614-8

Ⅰ. ①防… Ⅱ. ①刘… Ⅲ. ①防腐-涂料②防腐-涂漆 Ⅳ. ①TQ639

中国版本图书馆 CIP 数据核字（2016）第 160374 号

责任编辑：韩霄翠　仇志刚　　　　　　　　文字编辑：向　东
责任校对：宋　玮　　　　　　　　　　　　装帧设计：张　辉

出版发行：化学工业出版社（北京市东城区青年湖南街 13 号　邮政编码 100011）
印　　装：北京虎彩文化传播有限公司
710mm×1000mm　1/16　印张 19½　字数 356 千字　2016 年 10 月北京第 1 版第 1 次印刷

购书咨询：010-64518888　　　　　　　　售后服务：010-64518899
网　　址：http://www.cip.com.cn
凡购买本书，如有缺损质量问题，本社销售中心负责调换。

定　　价：88.00 元　　　　　　　　　　　版权所有　违者必究

　　我从1991年起从事重防腐蚀涂料的研究和应用，先后在江苏兰陵涂料、挪威佐敦涂料，美国PPG涂料、上海经天新材料等公司工作过。在20多年的工作中，参与过国内很多重大工程的防腐蚀涂料涂装工作，涉及远洋船舶、海洋工程、石油化工、市政桥梁、港口码头、火电水电、风电核电和装备制造等诸多行业，参与了近20项行业标准和国家标准的制定，也被同事同行和前辈所认可，加入了中国涂料工业协会专家委员会和中国腐蚀与防护学会涂料涂装与表面保护技术专家委员会。

　　防腐蚀涂料发展到21世纪的近10年来，重防腐蚀涂料与涂装，无论是在涂料产品和涂装技术方面，还是在工程实践与标准法规方面，比之我刚工作的时候有了很多无法想象的新发展。

　　用于大气环境下具有优异耐候性能的交联型氟碳树脂涂料与聚硅氧烷涂料，在国家体育场，北京、广州、天津、香港等地的新建机场，广州新电视塔，杭州湾跨海大桥，港珠澳大桥，青藏铁路线等重大工程的应用基础上，分别制定了全新的产品标准。

　　在国家大力整治环境污染之时，严控VOC（挥发性有机化合物）的法规标准相继出台，并且水性防腐蚀涂料的研究和应用也得到了飞速发展。水性醇酸树脂涂料、水性丙烯酸涂料、水性环氧涂料和水性聚氨酯涂料等产品的行业标准首次制定，为水性防腐蚀涂料的进一步发展奠定了基础。

　　风电核电，高铁和轨道车辆的发展，使得国内涂料厂商突破了外国涂料企业在这方面的技术和市场垄断，新的规范标准也在此实践基础上开始制定。

　　在编写这本书的过程中，我力求引入产品和行业中最新的标准规范，为读者提供一个全新的理解视野。其中特别介绍了国家标准GB/T 30790—2014《色漆和清漆：防护涂料体系对钢结构的防腐蚀保护》，这是在影响深厚的ISO 12944的基础上修改制定的标准，作为大气环境下防腐蚀涂料的涂装设计指导，颁布得非常及时。

秉承涂料、涂装和质量检查三位一体的原则，书中归纳总结了防腐蚀涂料涂装的质量控制过程与方法，也希望从事涂料产品开发和涂装施工的企业能够充分重视涂装质量检验工作。

在 20 多年的工作中，我得到诸多涂料行业前辈的提携，同事与朋友的友爱，在本书的编写过程中，也同样得到了他们的帮助指导，在此一并致谢。

刘新

2016 年 6 月

目录

1 第1章
材料的防腐蚀保护

第2章
重防腐涂料

3 第3章
功能性涂料

5 第5章
涂装施工

6 第6章
涂装质量控制

第7章

重防腐涂装工程

参考文献

第 1 章

材料的防腐蚀保护

1.1 腐蚀基础知识

1.1.1 腐蚀的定义

腐蚀是材料（通常是金属）和周围环境发生作用而被破坏的现象。腐蚀对国民经济和社会生活造成的损失是相当严重的，对商业楼宇、机场车站、海洋平台、电厂设施或者石油炼化（图1-1）等来说，腐蚀都是我们要直面应对来减少其损失的现象。在日常生活中，经常看到的是钢铁表面黄色的锈蚀，有时还会看到铜表面有一层铜绿，这些都是腐蚀的常见现象。早期的腐蚀研究是建立在电化学基础之上的，研究的主要对象是金属。随着非金属材料的迅猛发展，其在工程中的应用越来越多，比如混凝土、塑料、橡胶和陶瓷等，对非金属的耐蚀性研究也越来越引起人们的重视。

图1-1 腐蚀环境恶劣的石油炼化厂

在腐蚀的定义中，包含了三个方面的研究内容，即材料、环境和反应的种类。

材料包括金属材料和非常金属材料及材料的性质。材料是腐蚀发生的内因，不同的材料其腐蚀行为差异很大。环境是腐蚀的外部条件，介质的浓度、成分对腐蚀的影响很大。比如，钢在浓度低于60%的稀硫酸中的腐蚀剧烈，但是在浓硫酸中却会在表面形成钝化膜，因此可以利用钢的这一特性来储运浓度超过90%的硫酸。其他再如温度、压力、流速等都会对材料腐蚀起到一定的作用。金属材料与环境通常发生化学或电化学反应，非金属材料与环境则会发生溶胀、溶解、老化、风化等反应。

1.1.2　金属的腐蚀

1.1.2.1　金属的自然腐蚀趋势

金属的应用非常广泛，因此针对金属的腐蚀研究也最多。除少数贵金属外，金属都是以自然态的矿石形式（即金属化合物的形式）存在的，要通过消耗能量的冶炼，电解等过程才能获得。比如，钢铁在自然界中大多为赤铁矿（主要成分为 Fe_2O_3），铁矿石放在高炉里或是加热炉里进行提炼，冶炼过程中还加入了煤矿或焦炭，并加热至很高的温度。在这个过程中，需要大量的能量，这种能量一部分就储藏在钢铁中。因此当钢铁暴露在氧气和潮湿环境中，钢铁将趋向于回复到原始的形态。

$$2Fe_2O_3 + 3C \longrightarrow 4Fe + 3CO_2 \uparrow$$
（铁矿）　（焦炭）　（铁）　（气体）

$$2Fe + 3/2O_2 + H_2O \longrightarrow Fe_2O_3 \cdot H_2O$$
（铁）　　　　　　　　　（铁锈）

金属随时随地都有恢复到自然化合态（矿石）的倾向，并释放出能量，这就是金属自然腐蚀的趋势。从能量的观点来看，金属腐蚀的倾向也可以从矿石中冶炼金属时所消耗的能量大小来判断。消耗能量大的金属较易腐蚀，如铁、锌和铅等。消耗能量小的金属，腐蚀倾向就小，如金这样的金属，在自然界中以单质金属砂金的形式存在，它就不易被腐蚀。

1.1.2.2　腐蚀的分类

按金属腐蚀过程的机理，可以划分为化学腐蚀和电化学腐蚀。绝大多数金属的腐蚀都是电化学腐蚀，因此电化学腐蚀是研究的重要对象。

化学腐蚀是金属与介质发生化学作用而引起的腐蚀，在作用过程中没有电流产生。化学腐蚀指金属与非电解质溶液发生化学作用而引起的破坏，反应特点是只有氧化-还原反应，没有电流产生。化学腐蚀通常为干腐蚀，腐蚀速率相对较小。常见的如铁在干燥的大气中、铝在无水乙醇中的腐蚀。单纯的化学腐蚀很少，如果介质中含有水，以上金属腐蚀就会转变为电化学腐蚀。

电化学腐蚀是金属表面与介质发生电化学作用而引起的，在作用过程中有阴极区和阳极区，在腐蚀过程中金属和介质中有电流流动（电子和离子的运动）。

按腐蚀发生的过程和环境，金属的腐蚀可以分为大气腐蚀、水的腐蚀、土壤腐蚀、高温腐蚀、化学介质腐蚀等。其中，大气、水和土壤是大自然最基本的腐蚀环境，而金属材料基本是在这三种腐蚀环境中使用的。

按照腐蚀的形态来分类，可以分为全面腐蚀和局部腐蚀，局部腐蚀又可以分为点蚀、电偶腐蚀、缝隙腐蚀、选择性腐蚀、冲刷腐蚀、应力开裂等。

1.1.2.3　电化学腐蚀

研究腐蚀的目的在于控制腐蚀，来延长金属的使用寿命，其中电化学腐蚀是最为主要的研究对象。电化学腐蚀是复杂的腐蚀过程，对其理论和实验的研究，可以参考更专业的书籍。

金属在电解质溶液中发生的腐蚀称为电化学腐蚀。电解质溶液是能导电的溶液，它是金属产生腐蚀的基本条件。几乎所有水溶液，包括雨水、淡水、海水、酸、碱、盐的水溶液，以及空气中冷凝结露都可以构成电解质溶液。

金属在电解质溶液中发生的电化学腐蚀可以简单地看作是一个氧化还原反应过程。

金属在酸中的腐蚀，如锌和铝等活泼金属在稀盐酸或稀硫酸中会腐蚀并释放出氢气，反应式如下：

$$Zn + 2HCl \longrightarrow ZnCl_2 + H_2 \uparrow \tag{1-1}$$

$$Zn + H_2SO_4 \longrightarrow ZnSO_4 + H_2 \uparrow \tag{1-2}$$

$$2Al + 6HCl \longrightarrow 2AlCl_3 + 3H_2 \uparrow \tag{1-3}$$

以锌在盐酸中的腐蚀为例，锌表面某一区域被氧化成锌离子进入溶液，并放出电子，通过金属传递到锌表面的另一区域被氢离子所接受，并还原成氢气。锌溶解的这一区域被称为阳极，受到腐蚀；而产生氢气的这一区域被称为阴极。

金属在中性或碱性溶液中的腐蚀，如铁在水中或潮湿大气中的生锈，反应式为：

$$4Fe + 6H_2O + 3O_2 \longrightarrow 4Fe(OH)_3 \downarrow \tag{1-4}$$

$$\Big\downarrow \text{脱水} \quad 2Fe_2O_3 + 6H_2O$$

金属在盐溶液中的腐蚀，如锌、铁等在三氯化铁及硫酸铜溶液中的腐蚀，反应式为：

$$Zn + 2FeCl_3 \longrightarrow 2FeCl_2 + ZnCl_2 \tag{1-5}$$

$$Fe + CuSO_4 \longrightarrow FeSO_4 + Cu \downarrow \tag{1-6}$$

上述的化学反应式只是描述了金属的腐蚀反应，没有反映出电化学反应的特征。因此要用电化学反应式来描述金属电化学腐蚀的实质。例如，锌在盐酸中的腐蚀，由于盐酸为强电解质，所以式(1-1)可以写成离子形式，即

$$Zn + 2H^+ + 2Cl^- \longrightarrow Zn^{2+} + 2Cl^- + H_2 \uparrow \tag{1-7}$$

在此，Cl^-在反应前后化合价没有发生变化，实际上并没有参与反应，因此式(1-7)可以简化为

$$Zn + 2H^+ \longrightarrow Zn^{2+} + H_2 \uparrow \qquad (1\text{-}8)$$

这说明，锌在盐酸中的腐蚀，实际是锌与氢离子发生的反应。锌失去电子被氧化为离子，同时在腐蚀过程中，氢离子得到电子，还原为氢气。所以式(1-8)就可以分为独立的氧化反应和独立的还原反应。

氧化反应（阳极反应） $\qquad Zn \longrightarrow Zn^{2+} + 2e \qquad (1\text{-}9)$

还原反应（阴极反应） $\qquad 2H^+ + 2e \longrightarrow H_2 \uparrow \qquad (1\text{-}10)$

离子反应式清晰地描述了锌在盐酸中发生电化学腐蚀的电化学反应，比腐蚀化学反应式更能揭示出锌在盐酸中腐蚀的实质。

图 1-2 为锌在盐酸中腐蚀时的电化学反应过程示意，它表明浸在盐酸中的锌表面的某一区域被氧化成锌离子进入溶液并放出电子，并通过金属传递到锌表面的另一区域被氢离子所接受，并还原成氢气。锌溶解的这一区域被称为阳极，受到了腐蚀。产生氢气的这一区域被称为阴极。因此腐蚀电化学反应实质上是一个发生在金属和溶液界面上的多相界面反应。从阳极传递电子到阴极，再由阴极进入电解质溶液。这样一个通过电子传递的电极过程就是电化学腐蚀过程。

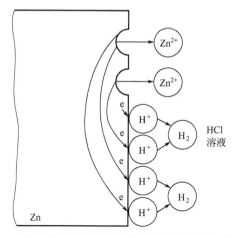

图 1-2　锌在无空气的盐酸溶液中腐蚀时的电化学反应

1.1.2.4　腐蚀电池

研究表明，金属在电解质溶液中发生的腐蚀，是由金属表面发生原电池作用所引起的。当两种不同的金属放在电解质溶液内，并以导线连接，可以发现导线上有电流通过，这种装置称为原电池。如伏特电池（图 1-3），两个电极——锌板和铜板，在硫酸（H_2SO_4）溶液中具有不同的电极电位，因而它们之间存在着一定的电位差，该电位差导致电流的产生。

电极电位低的锌作为阳极不断失去电子成为离子进入溶液（即受到腐蚀），而电极电位高的铜作为阴极起着传递电子的作用，使 H^+ 放电成为 H_2 逸出，而

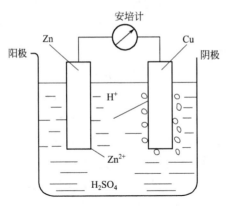

图 1-3　伏特电池示意图

铜本身没有发变化。

腐蚀电池的电化学反应过程如下：

阳极（Zn）上的反应　　　　$Zn \longrightarrow Zn^{2+} + 2e$

阴极（Cu）上的反应　　　　$2H^+ + 2e \longrightarrow H_2 \uparrow$

腐蚀电池的反应　　　　$Zn + 2H^+ \longrightarrow Zn^{2+} + H_2 \uparrow$

因此，金属在电解质溶液里，只有当其构成了电池中的阳极时，才会不断受到腐蚀。

一个腐蚀电池必须包括阳极、阴极、电解质溶液和电路四个不可分割的部分。阴极电位总比阳极电位要正，阴极和阳极之间产生的电位差是腐蚀电池的推动力。电位差的大小反映出金属电化学腐蚀的倾向。电解质溶液的存在使金属和电解质之间能传递自由电子。

根据腐蚀电池中电极大小的不同，可以分为宏观电池与微观电池两大类。

宏观电池腐蚀指电池中阴极和阳极的尺寸较大，肉眼可以辨别阴极和阳极，这种腐蚀电池在生产和生活中是多见的。常见方式有电偶腐蚀和浓差电池。

当不同的金属互相接触处于同一电解质溶液中时，就会构成宏观电池，这时电位较负的金属为阳极，发生腐蚀。同一金属构件的不同的部位与浓度不同的电解质溶液相接触时，便产生不同的电极电位，从而构成宏观电池，电位较负的部位为阳极，发生腐蚀。常见形式有：盐浓差电池、氧浓差电池等。金属与含氧量不同的溶液相接触形成氧浓差电池，氧浓度小的地方，金属电位较低，成为阳极；氧浓度高的地方，金属电位较高，成为阴极。在海洋中的钢管桩、船舶、海洋平台等，水线上含氧量高，成为阴极；水线下含氧量低，电极电位较负，形成阳极，会发生腐蚀。

为了避免产生电化学腐蚀，应该尽量避免两种不同的金属相接触。但有时又可以对此加以利用，如钢铁的船体上安装锌阳极（牺牲阳极）来保护船体。

从理论上说，单一金属在电解质溶液里只能形成双电层，不会产生腐蚀。实际上除了金、铂等呈现惰性的金属外，其他金属单独放在电解质溶液中，由于表面电化学性的不均匀，从而产生许多极小的阴极和阳极，构成无数的微观电池，也会产生电化学腐蚀。许多原因造成了金属表面化学性不均匀，例如：

① 化学成分不均匀：一般金属都含有一定的杂质或其他化学成分；

② 组织不均匀：金属或合金中，金属晶粒与晶界电位往往不相同；

③ 物理状态不相同：金属在机械加工中会造成金属各部分形变及内应力不均匀；

④ 表面膜不均匀：金属表面的膜（氧化膜）通常是不完整的，具有空隙或裂缝。

1.1.2.5 金属的常见腐蚀形式

金属腐蚀的形式多种多样，可以分为均匀腐蚀和局部腐蚀。

均匀腐蚀的腐蚀作用均匀地发生在整个金属表面上，并在平面上逐步地使用金属腐蚀并降低其各项性能，它无明显的腐蚀深度。比如钢铁表面生锈，锌、铝表面布满白锈。金属在均匀腐蚀状态时可以对其腐蚀速率进行评定。主要的评定方法有腐蚀质量和腐蚀深度评定法。

腐蚀质量评定法用于均匀腐蚀，即金属在单位时间内单位面积的质量变化。

腐蚀深度评定法是评定金属在单位时间内的腐蚀深度。金属材料的腐蚀深度直接影响着材料的使用寿命，因此对金属材料的腐蚀深度测量有着重要的意义。在工程设计时，考虑到腐蚀的存在，通常要设计材料的腐蚀裕量。

局部腐蚀中可以细分为多种腐蚀形式，主要有点蚀、电偶腐蚀、缝隙腐蚀、冲刷腐蚀、选择性腐蚀、应力腐蚀破裂、晶间腐蚀和丝状腐蚀等。局部腐蚀是金属构件设备腐蚀的一种重要形式，它虽然金属损失总量不大，但是严重的局部腐蚀往往会导致设备的突发性破坏，而造成巨大的经济损失，有时甚至引发灾难性事故。

点蚀，又称孔蚀，是在金属表面产生小孔的一种局部性腐蚀形态，在绝大多数情况下是相对较小的孔眼。从表面上看，点蚀互相隔离或靠得很近，看上去呈粗糙表面。点蚀是大多数内部腐蚀形态的一种，点蚀的危害性非常大，经常突然导致事故的发生，是破坏性和隐患较大的局部腐蚀形态之一。点蚀经常发生在自钝化的金属或合金表面，并且在含有氯离子的介质中更易发生。氯化物和含氯离子的水溶液易引起点蚀破坏，所以氯离子可以称为点蚀的"激发剂"，随着氯离子浓度的增加，点蚀更易发生。在氯化物中，含氧化性金属离子的氯化物为强烈的点蚀促进剂，如 $CuCl_2$、$FeCl_3$ 等。即使很耐点蚀的合金也能由它们引起点蚀，如不锈钢、铝合金多在海水中发生点蚀。防止点蚀的发生，主要是选用高铬量或同时含有大量钼、氮、硅等合金元素的耐海水不锈钢。选用高纯度的不锈钢，因为钢中含硫、碳等极少，可提高耐蚀性能。碳钢要防止点蚀发生，方法也是提高钢的纯度。在设备的制造、运输和安装过程中，要保护好材料表面，不要划破底材或擦伤表面膜。

电偶腐蚀也称为双金属腐蚀。许多设备都有是由多种金属组合而成的，如铝与铜，铁与锌，铜与铁等等。在电解质水膜下，形成腐蚀宏观电池，会加速其中负电位金属的腐蚀。影响电偶腐蚀的因素有环境、介质导电性、阴阳极的面积比等。在潮湿大气中也会发生电偶腐蚀，湿度越大或大气中含盐分越多（如靠近海边），则电偶腐蚀越快。大阴极小阳极组成的电偶，阳极腐蚀电流密度越大，腐蚀越严重。

电偶腐蚀首先取决于异种金属之间的电位差。这里的电位指的是两种金属分别在电解质溶液（腐蚀介质）中的实际电位，即该金属在溶液中的腐蚀电位。可以查用金属材料的电偶序来做出电偶腐蚀倾向的判断。所谓电偶序，就是根据金属在一定条件下测得的稳定电位的相对大小排列而制成的表。常见金属和合金在海水中的电偶序依次为：镁、锌、镀锌钢、铝、铁、不锈钢、铅、锡、海军黄铜、青铜、镍、钛、银、石墨、金和铂。从镁开始，位置越靠前的金属，越是活泼，性质越不稳定。两耦合的金属位置距离越远，表示其电位差值越大，作为阳极金属（电位较负）的腐蚀程度将显著增加。

在电偶腐蚀电池中阴极和阳极面积之比对腐蚀过程有着面积效应的影响。不同金属耦合的结构，在不同的电极面积比下，对阳极的腐蚀速率影响也不一样。大阳极/小阴极结构中，由于阳极面积大，阳极溶解速率相对减小，不至于在短期内引起连接结构的破坏，因而相对地较为安全。大阴极/小阳极结构可以使阳极腐蚀电流急剧增加，连接结构很快受到破坏。

防止电偶腐蚀，应尽量避免电位差悬殊的异种金属作导电接触；避免形成大阴极、小阳极的不利面积比。面积小的部件宜用腐蚀电位较正的金属；电位差大的异种金属组装在一起时，中间一般要加绝缘片，垫片紧固不吸湿，避免形成缝隙腐蚀；设计时，选用容易更换的阳极部件，或将它加厚以延长寿命；可能时加入缓蚀剂或涂漆以减轻介质的腐蚀，或加上第三块金属进行阴极保护等。在涂层涂覆时，必须把涂料涂覆在阴极性金属上，这样可以显著减小阴极面积。如果只涂覆在阳极性金属上，由于涂层会有孔隙，必然会产生严重的大阴极/小阳极组合。

缝隙腐蚀一般发生在处于腐蚀液体中的金属表面或其他屏蔽部位，是一种严重的局部腐蚀。经常发生于金属表面缝隙中。它通常和处于金属孔隙、密封垫片表面，以及在螺栓和铆钉下的缝隙内的少量停滞溶液有关。但并不是一定要有缝隙才可以发生这种腐蚀，它也可能因为在金属表面上所覆盖的泥砂、灰尘、脏物等而发生。几乎所有的腐蚀性介质，包括淡水，都能引起金属的缝隙腐蚀，而含氯离子的溶液通常是最敏感的介质。

缝隙腐蚀在多数情况下是宏观电池腐蚀。形态从缝隙内金属的点蚀到全面腐蚀都有。依靠钝化而耐蚀性好的材料，如不锈钢，最容易产生这种腐蚀，通常是点蚀。碳钢等不具有自钝化的金属或合金，发生缝隙腐蚀的敏感性较低。形成氧浓差电池是缝隙腐蚀的开始。当腐蚀性介质流进缝隙时，内外溶液的溶解氧浓度是一致的。但是由于滞留影响，氧只能以扩散的方式向缝隙内传递，使缝隙内的氧消耗后难以得到补充，氧化还原反应很快终止，而缝隙外的氧随时可以得到补充，所以缝隙外氧还原反应继续进行，这时缝隙内外就形成了氧浓差电池，缝隙内是阳极。由于电池有着大阴极/小阳极的面积比，腐蚀电流较大，缝隙外是阴极。二次腐蚀产物又在缝隙口形成而逐步发展成闭塞电池，这标志着腐蚀进入到发展阶段。闭塞电池形成后，缝隙内阳离子难以向外扩散迁移，就会造成正电荷过剩，促使缝隙外的阴离子迁移入内以保持电中性。这就使得自催化过程发生，缝隙内金属的溶解加速进行。

为了防止缝隙腐蚀，主要是在结构设计中避免形成缝隙，避免造成容易产生表面沉积的条件。因此，对接焊比铆接或螺栓连接要好。在容器设计上要避免死角和尖角，以便于排除流程液体。垫片要采用非吸湿性材料，以免吸水后造成腐蚀介质条件。此外也可以采用电化学保护的方法来防止，方法是外加电流。

冲刷腐蚀由液体的高速流动或液体及气体中的料状物作用而产生，在金属表面上呈槽形、波浪态、圆形孔状或峡谷状，没有腐蚀产物的遗留。这种损伤比冲刷或腐蚀单独存在时所造成的损伤加在一起还要厉害得多。这是冲刷与腐蚀相互促进的缘故。这种腐蚀多见于有流体的管道内。泵叶的损坏也是常见的冲刷腐蚀。冲刷腐蚀主要是由较高的流速引起的，而当溶液中还含有研磨作用的固体颗粒时，如不溶性盐类、砂粒和泥浆等，就更容易产生。破坏的作用是不断除去金属表面起保护作用的钝化膜，而且也会带来阴极反应物如溶解氧，从而减小阴极极化，加速腐蚀。

防止冲刷腐蚀的方法主要是采用适当的金属材料。减小液体或气体的流速，并且管系的直径前后一致，弯头曲率半径要大些，入口和出口应是流线型。介质方面主要是用过滤和沉淀的方法除去固体颗粒。

选择性腐蚀，也称脱成分腐蚀，通常是多元合金中某一较为活泼的成分溶解到腐蚀介质中去，从而另一成分在合金表面富集。比如，黄铜的脱锌（表面呈红色或棕色），铜镍合金的脱镍，铝青铜的脱铝等。实际工作中最常见的是黄铜的脱锌，它发生的形式有三种：均匀的层状脱锌，带状脱锌，栓状脱锌。脱锌会使黄铜强度降低，导致穿孔。溶液呈停止状态、含有氯离子、黄铜表面上存在多孔的水垢或沉积物都促进黄铜脱锌。黄铜中含锌量越高，脱锌倾向越大。黄铜中含铋、铁、锰都能使脱锌加速。

在一定环境中由于外加或本身残余的应力，加之腐蚀的作用，导致金属的早期破裂现象，叫应力腐蚀破裂，通常以 SCC（stress-crossion-crack）表示。金属应力腐蚀破裂只在对应力腐蚀敏感的合金上发生，纯金属极少产生。合金的化学成分、金相组织、热处理对合金的应力腐蚀破裂有很大影响。处于应力状态下，包括残余应力、组织应力、焊接应力或工作应力在内，可以引起应力腐蚀破裂。对一定的合金来说，要在特定的环境中才会发生应力腐蚀破裂。如不锈钢在海水中，铜合金在氨水中，碳钢在硝酸溶液中。

空泡腐蚀是金属与液体介质之间高速相对运动时液体介质对金属进行的冲击加腐蚀的一种腐蚀形式。空泡腐蚀的结果使金属表面呈现蜂窝状腐蚀坑。水泵叶轮、舰船推进器等常遭受空泡腐蚀。以水泵叶轮为例，叶轮在高速运转时，由于叶轮的曲线不合理或流体供应不及时，在叶轮背面局部常产生负压，从而在叶轮与介质间经常形成真空的空泡，随后空泡迅速被液体高速"占领"，此过程中液体高速地冲向叶轮，且方向垂直于叶轮表面，形成强大的冲击力，使材料发生塑性变形开裂，形成凹坑或使金属表面崩落。同时，材料又受到腐蚀作用。在冲击和腐蚀的共同作用下，材料表面就会形成蜂状蚀坑。

丝状腐蚀是钢铁和铝、镁等金属在漆膜下面的腐蚀，腐蚀头部向前蔓延，留下丝状的腐蚀产物。丝状腐蚀通常发生在漆膜薄弱缺损处，或者在构件的边缘棱角处发生。含有氯化钠、氯化铵等盐类会促进丝状腐蚀的发生。丝状腐蚀的气候条件通常为温湿环境，研究发现，相对湿度在 65%～95%、温度为 15.5～26.5℃时，容易发生丝状腐蚀。如果底材上面含有可溶性盐，由于渗压作用，水汽就会透过漆膜，增加盐分溶液体积，从而漆膜被鼓起，溶液蔓延开来。由于头部含氧量低，形成阳极，而尾部补充的氧很多，就形成了氧浓差。头部的 Fe^{2+} 与接界处的 OH^- 生成 $Fe(OH)_2$ 而沉淀，再氧化成为含水的 $Fe(OH)_3$，沉淀后，漆膜内盐浓度降低，渗透压降低，膜内所含的水向漆膜外进行扩散，$Fe(OH)_3$ 由于失水而形成铁锈。要防止丝状腐蚀，可以采用厚膜型涂层，降低水分和湿气的渗透率；采用缓蚀型，电化学保护的防锈漆；采用表面润湿性好，漆基有极强渗透力的涂料；改善环境，降低湿度；防止盐类对底材的沾污等措施。

1.1.3 腐蚀环境

1.1.3.1 大气腐蚀

大气腐蚀是材料与周围的大气环境相互作用的结果，它与浸没于液体中的材料腐蚀是不同的。在大多数情况下，大气腐蚀是由潮气在物体表面形成薄水膜而引起的。金属材料在大气中的腐蚀主要是受大气中所含的水分、氧气和腐蚀性介质，包括雨水的杂质、表面沉积物等的联合作用而引起的破坏。大气腐蚀在大部分情况下是电化学腐蚀。化学腐蚀只是在干燥无水分的大气环境下表面发生氧化、硫化等造成的变色现象。

大气的相对湿度是影响大气腐蚀最主要的原因之一。大气腐蚀实质上是一种水膜下的电化学反应。空气中的水分在金属表面凝聚生成的水膜和空气中的氧气通过水膜进入金属表面是发生大气腐蚀的最基本的条件。物体表面形成水膜与物体本身特性有着密切的联系。相对湿度达到某一临界点时，水分在金属表面形成水膜，从而促进电化学过程的发展，表现出腐蚀速率迅速增加。当金属表面状态不同时，临界相对湿度也有所不同。表面越粗糙，其临界相对湿度越低，金属表面上沾有易于吸湿的盐类或灰尘等，临界湿度也会降低。干净的钢铁表面在干净的空气中，临界湿度接近 100%；在潮湿的大气中，其临界湿度为 65%；在水中轻微腐蚀过的表面为 65%；在含有 0.01% 二氧化硫的空气中为 70%；在 3% 的氯化钠溶液中腐蚀过的表面为 55%；铜的临界湿度接近 100%。如果空气中的相对湿度达到 100%，或者在雨水中，水分会在钢铁表面形成液滴凝聚，肉眼可见水膜，这种情况下发生的腐蚀，称为可见液膜下的大气腐蚀。

环境的变化是影响金属腐蚀的另一重要因素。它影响着金属表面水汽的凝聚、水膜中各种腐蚀气体和盐类的浓度、水膜的电阻等。当相对湿度低于金属临界相对湿度时，温度对大气的腐蚀影响较小；当相对湿度达到金属临界相对湿度时，温度的影响十分明显。湿热带或雨季气温高则腐蚀严重。温度的变化还会引起结露。比如，白天温度高，空气中相对湿度较低，夜晚和清晨温度下降后，大气的水分就会在金属表面引起结露。

大气中的污染物对腐蚀的影响很大。比如，海洋大气中的海盐粒子、工业大气中的二氧化硫，甚至于尘埃等。空气中的这些杂质溶于金属表面液膜时，这层液膜就变成了腐蚀性电解质，加速金属的腐蚀。

根据污染物的性质和程度，大气环境一般分为工业大气、海洋大气、海洋工业大气、城市大气和乡村大气。

工业大气不仅是化工厂的大气，而应该理解为所有被化学物质污染的大气。

工业大气来源于化工、石油、冶炼、水泥等多种工业。含有硫化物是工业大气的典型特征。硫化物来源于工业和生活的燃料燃烧后所释放出来的二氧化硫 SO_2。它被灰尘所吸或直接溶于金属表面的液膜里，就成为了强腐蚀介质，生成易溶性亚硫酸盐，而这又会引起加速催化腐蚀作用。相对湿度增加，二氧化硫的腐蚀促进作用更为明显。

海洋性大气环境中的相对湿度大，大气中含有海盐粒子。海盐粒子沉降在金属表面上，或者表面上原有的盐分与金属腐蚀物，都具有很强的吸湿性，会溶于水膜中形成强腐蚀介子。而且海盐粒子为氯化物，渗透腐蚀性强，可以渗进钝化膜腐蚀底材，即使是不锈钢也会因其而产生点蚀。

处于海滨的工业大气环境，属于海洋性工业大气，这种大气中既含有化学污染的有害物质，又含有海洋环境的海盐粒子。两种腐蚀介质对金属为害更重。

乡村大气中不含有强烈的化学污染，但含有有机物和无机物尘埃。空气中的主要成分是水分及氧气、二氧化碳等通常组分。大气腐蚀相对较小。影响腐蚀的因素主要是大气环境中的相对湿度、温度和温差。

国家标准 GB/T 15957—1995 对大气腐蚀分级与分类见表 1-1。

表 1-1　大气环境腐蚀性分类（GB/T 15957—1995）

腐蚀类型		腐蚀速率 /(mm/a)	腐蚀环境		
等级	名称		环境气体类型	相对湿度（年平均）/%	大气环境
Ⅰ	无腐蚀	<0.001	A	<60	乡村大气
Ⅱ	弱腐蚀	0.001~0.025	A	60~75	乡村大气
			B	<60	城市大气
Ⅲ	轻腐蚀	0.025~0.050	A	>70	乡村大气
			B	60~75	城市大气和工业大气
			C	<60	
Ⅳ	中腐蚀	0.05~0.20	B	>70	城市大气
			C	60~75	工业大气和海洋大气
			D	<60	
Ⅴ	较强腐蚀	0.02~1.00	C	>70	工业大气
			D	60~75	
Ⅵ	强腐蚀	1~5	D	>75	工业大气

注：在特殊场合与额外腐蚀负荷作用下，应将腐蚀类型提高等级，如：
① 机械负荷：a. 风沙大的地区，因风携带颗粒（砂子等）使钢结构发生腐蚀的情况；b. 钢结构上用于（人或车辆）或有机械重负载并定期移动的表面。② 经常有吸潮性物质沉积于钢结构表面的情况。

随着大气环境中腐蚀因子的浓度变化，大气腐蚀环境就会不同，而这个浓度变化与世界各地的技术发展和技术行为有很大的关系。不同的国家和地区的发展不同，利用的技术和对污染治理的重视程度不同，大气腐蚀环境就会有很大的区别。因此，腐蚀科学家进行了腐蚀性的定量测试工作，当然它并不能用于预测腐蚀速率。国际标准化组织颁布了 ISO 9223～9226 系列标准，对大气腐蚀进行两种方法的分类（ISO 9223），即根据金属标准试件在环境中自然暴露试验获得的腐蚀速率进行分类（测试标准为 ISO 9225），以及综合环境中大气污染物浓度和金属表面润湿时间进行环境分类（ISO 9226）。ISO 9224 为特殊金属的每种腐蚀类型的腐蚀速率参考值。

国家标准 GB/T 19292.1—2003《金属和合金的腐蚀 大气腐蚀性 分类》，等同采用了国际标准 ISO 9223：1992。

国家标准 GB/T 19292.2—2003《金属和合金的腐蚀 大气腐蚀性 腐蚀等级的指导值》，等同采用了国际标准 ISO 9224：1992。

国家标准 GB/T 19292.3—2003《金属和合金的腐蚀 大气腐蚀性 污染物的测量》，等同采用了国际标准 ISO 9225：1992。

国家标准 GB/T 19292.4—2003《金属和合金的腐蚀 大气腐蚀性 用于评估腐蚀性的标准试样的腐蚀速率的确定》，等同采用了国际标准 ISO 9226：1992。

国家标准 GB/T 19292.1—2003 规定了确定金属和合金大气腐蚀的关键因素包括大气潮湿时间、二氧化硫污染物含量和空气盐含量。根据这三个因素，按金属标准试样腐蚀速率，确定大气的腐蚀性分为 5 个等级，即 C1：腐蚀很低；C2：低；C3：中；C4：高；C5：很高（表 1-2）。该腐蚀等级直接与 ISO 12944《钢结构的保护涂层腐蚀防护》标准相对应，C1～C5 规定了不同的涂料系统和干膜厚度。

表 1-2 以不同金属暴露第一年的腐蚀速率进行环境腐蚀性分类

腐蚀性级别	金属的腐蚀速率 r_{corr}				
	单位	碳钢	锌	铜	铝
C1	g/(m²·a)	$r_{corr} \leq 10$	$r_{corr} \leq 0.7$	$r_{corr} \leq 0.9$	忽略
	μm/a	$r_{corr} \leq 1.3$	$r_{corr} \leq 0.1$	$r_{corr} \leq 0.1$	
C2	g/(m²·a)	$10 < r_{corr} \leq 200$	$0.7 < r_{corr} \leq 5$	$0.9 < r_{corr} \leq 5$	$r_{corr} \leq 0.6$
	μm/a	$1.3 < r_{corr} \leq 25$	$0.1 < r_{corr} \leq 0.7$	$0.1 < r_{corr} \leq 0.6$	—
C3	g/(m²·a)	$200 < r_{corr} \leq 400$	$5 < r_{corr} \leq 15$	$5 < r_{corr} \leq 12$	$0.6 < r_{corr} \leq 2$
	μm/a	$25 < r_{corr} \leq 50$	$0.7 < r_{corr} \leq 2.1$	$0.6 < r_{corr} \leq 1.3$	—
C4	g/(m²·a)	$400 < r_{corr} \leq 650$	$15 < r_{corr} \leq 30$	$12 < r_{corr} \leq 25$	$2 < r_{corr} \leq 5$
	μm/a	$50 < r_{corr} \leq 80$	$2.1 < r_{corr} \leq 4.2$	$1.3 < r_{corr} \leq 2.8$	—
C5	g/(m²·a)	$650 < r_{corr} \leq 1500$	$30 < r_{corr} \leq 60$	$25 < r_{corr} \leq 50$	$5 < r_{corr} \leq 10$
	μm/a	$80 < r_{corr} \leq 200$	$4.2 < r_{corr} \leq 8.4$	$2.8 < r_{corr} \leq 5.6$	—

1.1.3.2 淡水腐蚀

淡水是指含盐量较低的天然水，一般呈中性。淡水是工业发展的重要条件，包括饮用水、锅炉用水、冷却用水等等。在淡水中的腐蚀是氧去极化腐蚀，即吸氧腐蚀。水中有足够的溶解氧的存在是金属腐蚀的最根本原因。电化学反应式如下：

阳极反应 $Fe \longrightarrow Fe^{2+} + 2e$

阴极反应 $O_2 + 2H_2O + 4e \longrightarrow 4OH^-$ （吸氧过程）

溶液中 $Fe^{2+} + 2OH^- \longrightarrow Fe(OH)_2$

               $4Fe(OH)_2 + O_2 \longrightarrow 2(Fe_2O_3 \cdot 2H_2O)$ 或 $FeO \cdot OH$

淡水中含盐量低，导电性差，电化学腐蚀的电阻比在海水中大。由于淡水的电阻大，淡水中的腐蚀主要以微观电池腐蚀为主。淡水中钢铁的腐蚀受环境影响较大，如水的 pH 值、溶解氧浓度、水的流速及泥砂含量、水中的溶解盐类和微生物等。

淡水的 pH＝4～10 时，溶解氧的扩散速率几乎不变，碳钢的腐蚀速率也基本保持恒定。当 pH＞4 时，覆盖层溶解，阴极反应既有吸氧又有析氢过程，腐蚀不再单纯受氧浓差扩散控制，而是两个阴极反应的综合，腐蚀速率显著增大。当 pH＞10 时，碳钢表面钝化，腐蚀速率下降，但是 pH＞13 时，碱度太大可以造成碱腐蚀。

淡水中溶解氧的浓度较低时，碳钢的腐蚀速率随水中的氧浓度增加而升高；但是当水中氧浓度高且不存在破坏钝态的活性离子时，会使碳钢钝化而使腐蚀速率剧减。溶解氧作为阴极去极剂把铁氧化成 Fe^{2+}，起到促进腐蚀的作用；氧使水中的 $Fe(OH)_2$ 氧化为铁锈 $Fe(OH)_3$ 和 $Fe_2O_3 \cdot H_2O$ 等的混合物，在铁表面一定条件下起到抑制腐蚀的作用。

随着水流的加速，腐蚀速率会增加。而水中泥砂含量大时，又会加剧冲刷腐蚀。

水中的微生物会加速钢铁的腐蚀。对钢铁的腐蚀作用的微生物主要有厌气性硫酸盐还原菌、好气性硫杆菌和铁细菌等。厌气性硫酸盐还原菌，能在缺氧时将 SO_4^{2-} 还原成 S^{2-} 或 S，这种细菌对阴极和阳极反应都有促进作用，结果是增大了两极间的电位差而使腐蚀更为严重。好气性硫杆菌在氧存在时，能使 S^{2-} 氧化成 S^{6+}，pH 值达到 1 左右，导致金属或混凝土结构产生酸性腐蚀。铁细菌是好氧菌，其特点是在含铁的水中生长，通常被包裹在铁的化合物中，生成体积很大的红棕色黏性沉积物锈瘤，这种细菌吸附在钢铁的局部表面，随着微生物对氧的消耗，使氧的浓度不均，造成氧浓差腐蚀。

1.1.3.3　海水腐蚀

海水是一种含有多种盐类的电解质溶液，含盐总量约 3%，其中的氯化物含量占总盐量的 88.7%，pH 值为 8 左右，并溶有一定量的氧气。除了电位很负的镁及其合金外，大部分金属材料在海水中都是氧去极化腐蚀。其主要特点是海水中氯离子含量很大，因此大多数金属在海水中阳极极化阻滞很小，腐蚀速率相当高；海浪、飞溅、流速等这些利于供氧的环境条件，都会促进氧的阴极去极化反应，促进金属的腐蚀。海洋飞溅区的腐蚀见图 1-4。海水电导率很大，所以不仅腐蚀微观电池活性大，宏观电池的活性也很大。海水中不同金属相接触时，很容易发生电偶腐蚀。即使两种金属相距数十米，只要存在电位差，并实现电连接，就可能发生电偶腐蚀。

图 1-4　海洋飞溅区的腐蚀

海水中溶有大量以氯化钠为主的盐类。海水的含盐量以盐度来表示。盐度是指 1000g 海水中溶解的固体盐类物质的总克数。含盐量影响水的电导率和含氧量。因此对腐蚀有很大影响。海水中的所含盐分几乎都处于电离状态，这使得海水成为一种导电性很强的电解质溶液。另外，海水中存在着大量的氯离子，对金属的钝化起破坏作用，也促进金属的腐蚀，对在海水中的不锈钢和其他合金来说，点蚀是常见的现象。

由于氧去极化腐蚀是海水腐蚀的主要形式，因此，海水中溶解氧的含量是影响海水腐蚀的主要因素。随着盐度的增加和温度升高，溶解氧含量会降低。因此在某一含氧量时会存着一个腐蚀速率的最大值。在海水表层，大气中有足够的氧溶入海水中，海水中的腐蚀与含氧量成正比关系。但是，当海水中的含氧量达到一定值，可以满足扩散过程所需时，含氧量的变化对腐蚀不足以产生明显的作用。

海水温度升高，氧的扩散速率加快，海水电导率增大，这会加速阴极和阳极反应，即腐蚀加速。海水温度随着纬度、季节和深度的不同而变化。

海水的波浪和流速可改变供氧条件，使氧到达金属表面的速度加快，金属表面腐蚀产物所形成的保护膜被冲掉，金属基体也受到机械性损伤。在腐蚀和机械力的相互作用下，金属腐蚀急剧增加。

海洋中生存着多种动植物和微生物，它们的生命活动会改变金属-海水界面的状态和介质性质，对腐蚀产生不可忽视的影响。海生物的附着会引起附着层内外的氧浓差电池腐蚀。某些海生物的生长会破坏金属表面的涂料等保护层。在波浪和水流的作用下，可能引起涂层的剥落。在附着生物死后黏附的金属表面上、锈层以下以及海泥里，都是缺氧环境，会促进厌氧的硫酸盐还原菌的繁殖，引起严重的微生物腐蚀，使钢铁的腐蚀速度增大。

1.1.3.4 土壤腐蚀

土壤是由气相、液相和固相所构成的一个复杂系统，其中还生存着很多土壤微生物。影响土壤腐蚀的因素很多，孔隙度、电阻率、含氧率、盐分、水分、pH值、温度、微生物和杂散电流等等，各种因素又会相互作用。所以土壤腐蚀是一个十分复杂的腐蚀问题。

土壤的透气性好坏直接与土壤的孔隙度、松紧度、土质结构有着密切关系。紧密的土壤中氧气的传递速率较慢，疏松的土壤中氧气的传递速率较快。在含氧量不同的土壤中，很容易形成氧浓差电池而引起腐蚀。

土壤中的盐分除了对土壤腐蚀介质的导电过程起作用外，还参与电化学反应，从而影响土壤的腐蚀性。它是电解液的主要成分。含盐量越高，电阻率越低，腐蚀性就越强。氯离子对土壤腐蚀有促进作用，所以在海边潮汐区或接近盐场的土壤，腐蚀更为严重。但碱土金属钙、镁等的离子在非酸性土壤中能形成难溶的氧化物和碳酸盐，在金属表面上形成保护层，能减轻腐蚀。富含钙镁离子的石灰质土壤，就是一个典型例子。

电阻率是土壤腐蚀的综合性因素。土壤的含水量、含盐量、土质、温度等都会影响土壤的电阻率。土壤含水率未饱和时，土壤电阻率随含水量的增加而减小。当达到饱和时，由于土壤孔隙中的空气被水所填满，含水量增加时，电阻率也增大。

水分使土壤成为电解质，是造成电化学腐蚀的先决条件。土壤中的含水量对金属材料的腐蚀率存在着一个最大值。当含水量低时，腐蚀率随着含水量的增加而增加；达到某一含水量时，腐蚀率达最大，再增加含水量，其腐蚀性反而下降。

土壤的酸碱性强弱指标 pH 值，是土壤中所含盐分的综合反映。金属材料在酸性较强的土壤腐蚀最强，这是因为在强酸条件下氢的阴极化过程得以顺利进行，强化了整个腐蚀过程。中性和碱性土壤中，腐蚀较小。

土壤温度通过影响土壤的物理化学性质来影响土壤的腐蚀性。它可以影响土壤的含水量、电阻率、微生物等。温度低，电阻率增大；温度高，电阻率降低。温度的升高使微生物活跃起来，从而增大对金属材料的腐蚀。

土壤中的微生物会促进金属材料的腐蚀过程，还能降低非金属材料的稳定性能。好氧菌，如硫氧化细菌的生长，能氧化厌氧菌的代谢产物，产生硫酸，破坏金属材料的保护膜，使之发生腐蚀。在金属表面形成的菌落在代谢过程中消耗周围的氧，会形成一个局部缺氧区，与氧浓度高的周围或阴极区形成氧浓差电池，提高腐蚀速率。厌氧的硫酸盐还原菌（SRB）趋向于在钢铁附近聚集，有着阴极去极化作用，导致钢铁的腐蚀。与碳钢的土壤腐蚀有关的细菌的特征见表 1-3。

表 1-3　与土壤腐蚀有关的细菌

细菌	土壤条件	新陈代谢作用	产物
硫酸盐还原菌（SRB）	厌氧；接近中性 pH 值；硫酸盐离子存在,经常与浸水的黏土壤有关	硫酸盐转化成硫化物	硫化铁、硫化氢
铁氧化细菌（IOB）	酸性的,好氧	将亚铁离子氧化成铁离子	硫酸,硫酸铁
硫氧化细菌（SOB）	好氧,酸性的	将硫和硫化物氧化成硫酸	硫酸
铁细菌（IB）	好氧,接近于中性 pH 值	将亚铁离子氧化成铁离子	四氧化三铁

杂散电流是指在规定的电路之外流动的电流。它是土壤介质中存在的一种大小、方向都不固定的电流，大部分是直流电杂散电流。它来源于电气化铁路、电车、地下电缆的漏电，电焊机等等。直流干腐蚀的机理是由于电解作用，处于腐蚀电池阳极区的金属体被腐蚀。

对于埋地管道，电流从土壤进入金属管路的地方带有负电，从而成为阴极区，由管路流出的部位带正电，该区域为阳极区，铁离子会溶入土壤中而受到严重的局部腐蚀。而阴极区很容易发生析氢，造成表面防护涂层的脱落。

1.1.4　金属的高温腐蚀

在低温下，金属的腐蚀多是湿腐蚀，即液体电解质下发生的腐蚀。在高温状态下，金属腐蚀是在干燥气体和高温气体中产生的，最常见的腐蚀是高温氧化腐蚀。冶金工业、石油炼化、航空航天、核电和火电、热处理、汽车工业、纸浆和造纸等行业都大量存在着高温氧化问题，高温腐蚀防护的需求对涂料工业提出了全新的要求。

1.1.4.1 高温氧化

高温氧化的第一步是氧吸附在金属表面上，随后是氧化物形核和晶核长大，生成覆盖金属基体的连续氧化膜。膜厚的增加，微裂纹、宏观裂纹和孔洞等缺陷就可能在膜中发展，而使氧化膜失去保护性。缺陷的存在也使氧可以很容易地到达金属基体而引起进一步的氧化。

氧化膜所提供的保护程度的一个重要参数是 PB 比（Pilling-Bedworth），即生成氧化物的体积与所消耗的金属体积比。当 PB 比稍大于 1 时，耐氧化性最为理想。

此外，保护性高的氧化膜应具有高熔点、低蒸气压，膨胀系数应接近于金属的膨胀系数，还要具有良好的抗破裂高温塑性，低电导率，对金属离子和氧有着较低的低扩散系数等特性。

金属在高温气体中的腐蚀也是一个电化学过程，阳极反应是金属离子化，它在膜与金属界面发生，可以看作是阳极。阴极反应（氧的离子化）在膜与气体界面发生，那里相当于阴极。电子和离子（金属离子和氧离子）在膜中两极之间流动。金属基体的电化学反应 $M + 1/2O_2 \longrightarrow MO$，可以通过两个基本的、独立的反应进行：

阳极反应：$M \longrightarrow M^{2+} + 2e$

阴极反应：$1/2O_2 + 2e \longrightarrow O^{2-}$

与低温湿腐蚀相比，两者较为相似。但是两者还是有区别的，在电解质溶液中金属与水结合为水合离子，氧变成 OH^- 的反应也需要水或水合离子参加；在高温腐蚀中，氧则直接离子化。

1.1.4.2 硫化

除了高温氧化腐蚀外，硫化也是高温腐蚀的一种机理。硫化与含硫化合物污染的存在有很大关系。在炼油工业中，由于有机硫化合物如硫醇、多硫化物和噻吩，以及元素硫等，在所有原油中都以不同浓度存在着，在精炼过程中，它们都部分地转化为硫化氢。在 $260 \sim 288℃$，当有氢存在时硫化氢变得极具腐蚀性。提高温度和硫化氢含量一般会导致更快的破坏速率。当温度升高 $55℃$ 时，硫化速率将会加倍。在火力发电厂的脱硫置中，烟道中存在着含 SO_2 的酸性气体，同时温度高达 $140 \sim 180℃$，需要使用特殊的衬里材料乙烯酯玻璃鳞片涂料。

1.1.4.3 碳化

高温下当金属暴露在一氧化碳、甲烷、乙烷或其烃类化合物中时，会发生碳化。碳化通常只在815℃以上的温度范围时才会发生。在石化工业中，碳化比较普遍，比如乙烯裂解炉的炉管温度高达1150℃。

1.1.4.4 粉化

金属的粉化也是高温腐蚀的一种形式，它与碳化有关，其腐蚀产物为细小的粉末，它们由碳化物、氧化物和石墨组成。腐蚀形态为局部点蚀或相对均匀的腐蚀破坏。金属发生碳化的典型温度区间是425~815℃。金属粉化一般与富含一氧化碳和氢的气流有关。

1.1.4.5 其他高温腐蚀

除了以上高温腐蚀机理和现象外，还有氮化、气态卤素腐蚀和熔盐腐蚀等，而高温腐蚀表面形成的燃灰或盐的沉积，又会导致保护性表面氧化物的破坏和高速腐蚀。

1.2 材料的选择

防腐蚀涂料的重要作用之一是保护材料，延缓材料的腐蚀，延长材料的使用寿命。了解材料的腐蚀与保护的基本知识，有助于理解防腐蚀涂料及其施工应用。

材料的腐蚀是材料和周围介质发生化学或电化学作用的结果。防止材料腐蚀的主要方法要从材料本身和腐蚀介质两个方面来考虑。材料的腐蚀保护主要有以下措施：正确的材料选择、恰当的结构设计、保护性涂层的应用、阴极保护、缓蚀剂和腐蚀监控等。

根据使用环境来正确地选择材料是提高材料使用可靠性和延长使用寿命的最基本和最重要的环节。解决材料的腐蚀问题，最简单的方案是使用更耐蚀的材料或增加腐蚀裕量。提高材料的耐蚀性以及增加腐蚀余量就意味着投资的增加，但是这种投资总是低于由于早期的结构失效而造成的生产损失以及高昂的维修费用。在材料的选用过程中，要考虑很多因素。最终的选择通常会基于腐蚀工程的考虑和费用的预算。

1.2.1 钢铁

钢铁是应用最为普遍的金属材料，在很多介质中，包括户外大气中，都会发生腐蚀，因此研究钢铁的腐蚀与防腐蚀技术是全世界的一个重大课题。防腐蚀涂料的主要保护对象也是钢铁，本书中主要讨论的也是钢铁的防腐蚀保护。

钢铁被广泛用于桥梁、机场、铁塔、海洋工程、港口机械、机械设备、炼油乙烯工业（图1-5）等。钢铁的广泛应用主要是成本低，有较好的力学性能，易于加工。

图 1-5　大型钢结构乙烯装置

普通钢铁在本质上是铁和碳的合金，含有少量的添加元素，如锰和硅等，以获得必要的力学性能。铁是钢铁中最主要的元素，约占化学成分的98%或更高。碳是形成钢材强度的主要元素，直接影响着钢材的可焊性。锰是一种弱脱氧剂，适当的含锰量可以有效地增加钢材的强度、硬度和耐磨性，同时又能消除硫、氧对钢材的热脆影响。锰含量过大，则有冷裂纹形成的倾向。按含碳量的多少，可以粗略地分成低碳钢、中碳钢和高碳钢，如表1-4所示。低碳钢是最主要的使用钢材品种。

表 1-4　碳素结构钢的含碳量

碳素结构钢	低碳钢	中碳钢	高碳钢
含碳量	0.03%~0.25%	0.26%~0.60%	0.61%~2%

低合金钢，通过添加少量的合金化元素，如钒、铌、钛、铬和镍等，其总量不超过5%，可以明显提高钢材的强度。

钢铁腐蚀的基本原理是电化学腐蚀。金属在自然界大多数都是以化合物（稳定态）的形式存在。按热力学定律，金属从矿石中冶炼而来，需要消耗大量的能量来提炼（冶金过程），这就是说金属中储存了相当大的能量，大多数金属都具有自发地与周围介质发生作用又转成氧化态的倾向。

例如，钢铁的腐蚀就是因为热力学性质的不稳定性。钢铁是赤铁矿（Fe_2O_3）由焦炭中的碳在高炉中还原得到的，这一过程可以用简单的化学反应式表示如下：

$$2Fe_2O_3 + 3C \longrightarrow 4Fe + 3CO_2 \uparrow$$
（铁矿石）（碳）　（铁）（气体）

该反应是在极高的温度下发生的，在此过程中需要大量的能量，生成的最终产物钢铁是不稳定的。当钢铁暴露于潮湿及有氧环境下时，钢铁将趋向于回到原来化合物稳定态，如下式所示：

$$4Fe + 3O_2 + 2H_2O \longrightarrow 2Fe_2O_3 \cdot 2H_2O$$
（铁）　　　　　　　（铁锈）

铁锈是铁氧化物的水合物，其成分类似于赤铁矿，因此可以解释为何在大多数情况下钢铁容易生锈。

在钢的冶炼过程中，加入少量的铜（Cu）、磷（P）、铬（Cr）、镍（Ni）等，可以在金属基体表面上形成保护层，提高钢材的耐大气腐蚀性能，这类钢材称为耐候钢。耐候钢分成两类，高耐候钢和焊接结构用耐候钢。高耐候钢按化学成分可以分为铜磷钢和铜磷铬镍钢。焊接结构用耐候钢具有良好的焊接性能，适用厚度为100mm。耐候钢材在暴露初期1.5~4年间，速度与普通钢并没有太多的差别，然而随着稳定锈层的形成，腐蚀速率就会延缓下来。在海边等氯离子多的地区，或者频繁高降雨量和高湿度、多雾地区，表面缓蚀层很容易丧失其作用。因此以使用耐候钢为借口而降低防腐蚀涂装的质量或涂膜厚度，或者延长更新涂装周期都是不合理的。

1.2.2　不锈钢

不锈钢根据含铬量可以分为两大类。

① 含铬量12%~17%，在大气中可以自发地钝化，主要应用于大气、水和其他腐蚀性不是很强的介质中；

② 含铬量在17%以上，应用于腐蚀性较强的化学介质中。

不锈钢按照显微组织可以分奥氏体不锈钢、铁素体不锈钢、马氏体不锈钢、铁素体-奥氏体双相不锈钢和沉淀硬化不锈钢等。

按化学成分的不同，可以分为有铬不锈钢、铬镍不锈钢、铬锰不锈钢和铬锰镍不锈钢等。

不锈钢的耐蚀性主要由铬决定，铬促使不锈钢发生钝化，加入量必须达到12%以上。能与钢中的碳形成 $Cr_{23}C_6$、Cr_7C_3 和 Cr_6C 等类型的碳化物。Cr 与 Fe 在一定条件下会形成硬而脆的 Fe-Cr 金属间化合物，称 σ 相，导致钢的脆性，随着含铬量的增加，σ 相的析出倾向也会增加，因此不锈钢中铬的含量一般不超过30%，否则就会降低钢的韧性。

碳在不锈钢中具有两重性，碳的存在能显著扩大奥氏体组织并提高钢的强度；而另一方面碳含量增多会与铬形成碳化物，即碳化铬，使固溶体中含铬量相对减少，降低耐蚀性，尤其是降低抗晶间腐蚀的能力。因此以耐性为主的不锈钢应降低含碳量。

镍的加入是为了获得奥氏体组织，铬含量在18%时，加入8%的镍即可获得单相奥氏体，可以改善钢的塑性及加工、焊接等性能。镍的热力学稳定性比铁高，可以提高不锈钢耐还原性介质腐蚀的性能。

钼的加入可以提高不锈钢的抗海水腐蚀能力，因为钼可以在Cl^-中钝化。不锈钢中加钼还能显著提高不锈钢耐全面腐蚀和局部腐蚀的能力。

不锈钢的耐蚀性能主要依赖于表面在腐蚀介质中形成的以铬的氧化物为主的钝化膜。在氧化性介质中，如硝酸、浓硫酸及碱中，不锈钢能稳定钝化，有良好的耐蚀性；在还原性介质中，如中等浓度的硫酸、高温稀硫酸中，钝化膜不稳定，因此它的耐蚀性不是太好，在盐酸中不耐蚀。

不锈钢在使用过程中，钝化膜由于化学溶解或机械损失等而发生局部破坏，就会产生局部区域的腐蚀。在大气环境中，不锈钢的腐蚀是从尘埃或表面缺陷处开始的，并以点蚀的形式发展，蚀坑较浅。在海洋环境中，氯离子对不锈钢的腐蚀有明显的促进作用，不锈钢的主要腐蚀形式是点蚀和缝隙腐蚀，缝隙腐蚀比点蚀更容易发生和发展。应力腐蚀开裂（SCC）是对铬镍型奥氏体不锈钢威胁最大的腐蚀类型，最敏感的环境是氯化物水溶液、连多硫酸、高温高压水和碱溶液等。应力腐蚀开裂主要发生在$70\sim250℃$、pH值为$5\sim7$的中性氯化物水溶液中。随着Cl^-浓度的升高，温度和所承受的外加应力的增大，开裂倾向也会增大。在炼油和石油化工装置中生成的连多硫酸中，奥氏体不锈钢发生晶间型应力腐蚀开裂，开裂敏感性随着酸浓度的升高和钢中碳（C）含量升高而增大。

1.2.3　铝和铝合金

铝在世界上的产量仅次于钢铁，是有色金属中产量最大的品种。铝的密度为$2.7g/cm^3$，约为铁的$1/3$，属轻金属。铝的熔点较低（657℃），有良好的导热性和导电性，塑性高，但是强度低。铝合金可以提高强度和延展性，但是耐蚀性不如纯铝。一般多利用铝合金的高强度和质量轻的特点应用于航空、化工等工业部门。铝离子无毒，无色，在食品工业及医药工业应用也非常多。

铝和铝合金在大气中表面会生成一层氧化铝保护膜，厚度约为$0.01\mu m$，但已足够有效地提供很好的腐蚀保护作用。在pH $4\sim11$的介质中，铝表面的钝化膜具有很好的保护作用。

铝和铝合金的耐蚀程度取决于氧化膜在不同环境中的稳定性。在干燥大气下，钝化膜不易被破坏，是稳定的。长期暴露在户外大气环境下，会发生局部点蚀。这主要是由表面沉积灰尘粒子后，在灰尘粒子下的水膜中金属表面形成缺氧区，导致钝化膜破坏和自钝化能力下降所造成的。在工业大气中保护膜易受到破坏，耐蚀性下降，特别是在有硫氧化物酸雨污染地区的耐蚀性下降较为明显，铝材正面普遍发黑，为黑色密布白点，或灰白密布黑点。在海洋大气中，Cl^- 对钝化膜有很强的破坏作用。

铝和铝合金在海水中的钝态是不稳定的，局部腐蚀是其主要腐蚀形式。常见的局部腐蚀是孔蚀和缝隙腐蚀。纯铝不会产生晶间腐蚀，铝合金具有较大的晶间腐蚀敏感性。应力腐蚀主要发生在经过热处理的高强度铝合金中，且均为沿晶间开裂型。

铝合金在海水中与大多数金属接触时，都呈阳极性，会使铝腐蚀加速。铝合金在海水全浸区腐蚀最重，飞溅区最轻，潮差区居中。在全浸区或潮差区，表面的海生物污损比其他金属要严重，这会加剧铝合金的局部腐蚀。

在工业环境中，铝合金 20 年的年平均腐蚀速率约 $1\mu m/a$。在不同的腐蚀环境下，20 年铝合金的平均点蚀程度则严重很多，数据如下。

乡村环境：$10\sim55\mu m$；

城市环境：$100\sim190\mu m$；

海洋环境：$85\sim260\mu m$。

铝和钢铁、铜和不锈钢等金属相接触时，有着电偶腐蚀的危险。因此，铝和这些金属之间要相互绝缘。

铝合金含 4.5% 的镁和 1% 的锰，称之为耐海水铝合金，在海洋环境中有着很好的耐腐蚀性能。这种铝合金多用于高速快艇的船体。在水下部位，铝合金船体可以使用不含氧化亚铜的防污漆。因为以氧化亚铜为主要的防污剂的防污漆与铝合金船体相接触，会因电偶作用而导致船体的腐蚀。

1.2.4 锌

锌是抗大气腐蚀的常用有色金属材料，主要作用是对钢铁材料起牺牲阳极的阴极保护作用。据估计，全世界大约 40% 以上的锌是用于腐蚀保护方面的，例如，当需要长期耐腐蚀性能时，常常会用到热浸镀锌钢材。热浸镀锌除了在许多大气环境中提供优异的耐蚀性外，锌层还能防止构件表面涂层破损时的腐蚀蔓延扩散。铁塔、护栏、灯杆、防撞栏等等，很多构件是经热浸镀锌防腐蚀处理的。

锌涂层涂复于钢材表面有多种方法，包括富锌涂层、热浸镀锌、热喷锌涂层等。随后我们会有相应的介绍。根据腐蚀环境和锌层厚度不同，锌涂层可以对钢材提供多年的长期保护。锌另外一个常见的用处就是直接作为牺牲阳极，对钢铁结构提供阴极保护。

1.2.5　铜和铜合金

铜具有优异的导电和导热性能，有足够的强度、弹性和耐磨性，易于加工成型。铜和铜合金一般可以分为紫铜、黄铜、青铜和白铜四类。铜和铜合金在大气环境下以均匀腐蚀为主，只会引起表面颜色的改变，并无严重的力学性能损失。

纯铜在新鲜状态时呈桃红色，室温轻微氧化后呈紫红色，因此各种纯铜统称为紫铜。铜在干燥空气中不易氧化，但是在潮湿的大气中，生成碱性的硫酸铜 $CuSO_4 \cdot Cu(OH)_2$ 和碱性碳酸铜 $CuCO_3 \cdot Cu(OH)_2$ 的绿色薄膜，这就是通常所说的铜绿，铜绿能起到一定的保护作用。铜不耐硫化物的腐蚀，当大气中含有 H_2S、SO_2 时，特别是在潮湿时，铜会产生腐蚀。任何溶液或大气中，如果含有微量的氨或铵离子，会使铜和铜合金产生应力腐蚀开裂。

黄铜是以铜和锌为主的二元或多元合金，广泛应用于各类工业中。黄铜在大气、淡水和海水中耐蚀性比紫铜要好。选择性脱锌腐蚀是黄铜的特殊腐蚀形式，在海水、含氧中性盐的水溶液和氧化性酸溶液中，常产生脱锌腐蚀。脱锌的原因是合金中锌呈阳极，铜为阴极，锌首先溶解，继之铜和锌同时溶解，而后溶液中的 Cu^{2+} 重新沉积在被腐蚀的黄铜表面。脱锌腐蚀会引起铜合金力学性能的较大损失。在潮湿大气中，特别是在含有氨的情况下，黄铜易产生应力腐蚀开裂。

以镍为主要合金元素的镍铜合金，统称为白铜，主要用作耐腐蚀构件。白铜在清洁海水中有很好的耐腐蚀性能，耐高速海水空蚀性能也很好。但是，在污染的海水中和含有微量硫化物的海水中铜镍合金会受到严重腐蚀。

青铜是人类历史上最早使用的合金。除了紫铜、黄铜、白铜外，其余的都称为青铜。锡青铜和纯铜有着相似的化学稳定性，在大气和海水中耐蚀性较好。铝青铜比锡青铜的耐蚀性要高，在海水中应力腐蚀开裂敏感性比黄铜小，耐空泡腐蚀性能和腐蚀疲劳强度都比黄铜要好，常制造高负荷及高速下的耐磨蚀零部件，如大型远洋船舶的螺旋桨等。

铜的表面比起其他金属来，不太容易会生长海生物，含铜防污漆可以用于船壳防止海生物附着。

1.2.6　钛和钛合金

钛（Ti）是地壳中蕴藏量第四丰富的金属元素，主要以氧化矿形式出现。钛是一种独特的材料，属于轻金属，熔点为1725℃，密度为 $4.5g/cm^3$，只比铁的1/2略高。钛的强度高，具有较高的屈服强度和抗疲劳强度。在低温和超低温下也能保持其力学性能，随着温度的下降，其强度升高，延伸性逐渐下降，因此在航空工业应用较多。钛具有很好的耐蚀性能，可耐多种氧化性介质的腐蚀。

钛的耐蚀性依赖表面形成的氧化膜，钛的新鲜表面一旦暴露在大气或溶液中，会立即自动生成新的氧化膜。钛的氧化膜组成和结构常常不是单一的，从表面的 TiO_2 逐渐过渡到 Ti_2O_3，在氧化物和金属界面以 TiO 为主。钛的钝化能力超过铝、铬、镍和不锈钢。

钛表面的氧化膜比不锈钢的氧化膜保护性能更好，在不锈钢容易产生点蚀和缝隙腐蚀的介质中（例如海水），钛却有很好耐蚀性；但在高温下，钛对点蚀和缝隙腐蚀比较敏感，比如海水温度超过110℃时钛就不耐海水的腐蚀。

无论是乡村大气还是海洋性或工业性大气环境，钛合金暴露10年都未见腐蚀。在含硫气体中，钛也有很好的耐蚀性，无论是湿的还是干的二氧化硫或硫化氢对钛都不能造成腐蚀。钛和钛合金最大的应用市场是航天工业和飞机工业，这主要是因为它有着优异的强度质量比、高温性能和耐蚀性能。在喷气发动机中，钛基合金部件按质量占到了20%～30%，它的工作温度可以达到593℃。钛基合金还广泛应用于火电厂烟囱内壁、燃气涡轮发动机、热交换器、海洋工业、化学工业、纸浆及造纸工业等。在基础设施方面，也有取代铝合金的应用，最典型的如国家大剧院。

1.2.7 镍和镍合金

镍的密度为 $8.907g/cm^3$，熔点1450℃。镍的的标准电极电位为-0.25V，比铁、铬和铝正，比铜负。镍在大气中表面存在着一层较高化学稳定性的钝化膜，镍钝化后，电极电位更正。在干燥和潮湿空气中，镍有很好的耐蚀性，但是不耐含 SO_2 大气的腐蚀，在高温情况下，镍不耐硫和硫化物的腐蚀。

在很多苛性环境下，镍合金都有着很好耐腐蚀性能。镍的突出耐性是耐碱，在各种浓度和各种温度的苛性碱液或熔融碱中都有很好的耐蚀性。但是在高温（300～500℃）、高浓度（75%～98%）的苛性碱中，没有退火的镍易产生晶间腐蚀。含镍的钢种在碱性介质中都比较耐蚀，就是因为镍在浓碱液中可以在钢的表面上生成一层黑色的保护膜。

铜镍合金，包括一系列的含镍70%左右、含铜30%左右的合金，即蒙乃尔（Monel）合金。这类合金强度比较高，加工性能好。我国用量最大、用途最广以及综合性能最好的是 NCu28-2.5-1.5 耐蚀铜镍合金。在真空制盐工业中，许多重要设备都是用该合金制作，在氯化物盐、硫化物盐、硝酸盐、乙酸盐和碳酸盐中，有着很好的耐蚀性。在化学和石油工业中，NCu28-2.5-1.5 耐蚀铜镍合金较多地应用于各种换热设备、锅炉给水加热器，石油化工用管道、容器、塔、槽、反应釜以及泵、阀和轴等。

镍铬合金中，由于加入了易钝化元素铬，材料的耐蚀性，特别是耐氧化性酸、盐，以及抗氧化、抗硫化、耐钒（V）气体的热腐蚀性均有很大的提高，同时还增加了强度和硬度。镍铬合金在大气、各种水介质和室温海水中有着很好的耐蚀性，但在静止海水和含氯离子的水溶液中有孔蚀的倾向。在化工和原子能等工业中，镍铬合金常用于制造加热器、换热器、蒸发器等，也是轻水核反应堆的重要结构材料。

镍钼合金和镍铬钼铁合金称为哈氏合金（Hastelloy），可以作为高温结构材料，在苛性碱和碱性溶液中具有很好的稳定性。

镍钼合金中，加入钼能增加耐还原性酸的性能，随着钼含量的增加，大于 15％时，镍钼合金才有明显改善，钼达到 30％时效果最佳。镍钼合金的显著特点是在盐酸中特别耐蚀。

镍铬钼合金含有大量的铬和钼等元素，并具有单相奥氏体组织，在氧化性和还原性介质中都具有良好的耐蚀性。我国典型的镍铬钼合金 NS333 在海水中腐蚀率低于 0.0025mm/a，而且没有孔蚀发生，该合金是少量的能耐干、湿氯气腐蚀的材料之一，可以在干、湿氯气交替腐蚀条件下使用，也能耐高温 HF 气体腐蚀。

1.2.8　混凝土

混凝土是当今世界上用量最大，使用范围最广的建筑材料，是现代社会的基础。所谓混凝土，是指由胶结材（无机的、有机的、无机有机复合的）水泥、颗粒状骨料及在必要时加入化学外加剂和矿物掺合料，组成按一定的比例拌和，并在一定条件下经硬化形成的复合材料。水泥是指加水拌和成塑性浆体后，能胶结砂、石等材料，既能在空气中硬化，又能在水中硬化的粉状水硬性胶凝材料，它是各种类型水泥的总称。最早没有钢筋的混凝土，称作素混凝土。素混凝土是很脆的，不能用于房屋的大梁、楼板等主要承受拉力的结构。混凝土结构的第一次革命就是在素混凝土里面加入钢筋，即钢筋混凝土，在受到外来荷载的时候，两种材料发挥了各自的受力特性：素混凝土主要用来承受压力，钢筋主要用来承受拉力。

现在混凝土结构已经成为除了金属钢铁外最重要的建筑材料，广泛用于桥梁、道路、海港码头、电站大坝、输水管道、海上平台、地板和储槽等等。举世著名的三峡水利枢纽（图1-6）混凝土总量达到了 $2941\times10^4\,m^3$，包括碾压混凝土 $46.2\times10^4\,m^3$、特种混凝土 $50\times10^4\,m^3$。

图 1-6　三峡水利枢纽

坚硬的混凝土本身也是耐腐蚀的材料，经常用于钢结构的保护，但是混凝土也有反应性（如在酸性环境中），所以它的表面也需要涂料的保护。

混凝土是一种多孔材料，这种多孔性使得外界的腐蚀因子可以很容易地侵蚀进混凝土内部，使钢筋产生腐蚀。

由于暴露于日晒、雨淋、大气污染等的长期作用下，如果里面的钢筋受到腐蚀破坏，就会引起钢筋混凝土结构的劣化而失去承载作用。

混凝土是多孔体，内部有毛细孔壁、气泡以及缺陷等，空气中的二氧化碳会不断地向混凝土中渗透，与混凝土中的氢氧化钙、水化硅酸钙等相互作用，形成碳酸钙，使混凝土碱度降低而降低对钢筋的保护作用。整个反应称为碳化，反应式如下：

$$Ca(OH)_2+CO_2\longrightarrow Ca(CO)_3+H_2O$$

氯化物引发的钢筋腐蚀是一个局部腐蚀过程，原始钝化的表面在氯离子的作用下局部被破坏。由于腐蚀产物的形成而产生的内应力导致混凝土的开裂和剥落。同时氯化物侵蚀也会减小钢筋的横截面积，显然这样就降低了钢筋混凝土的承载能力。

氯盐的腐蚀是沿海混凝土建筑物和桥梁等腐蚀破坏的最重要的原因之一。氯盐来自于外部的海水、海洋大气、消冰盐等，也有可能来自于建筑过程中使用的海砂、含氯早强剂和防冻剂等，它会与混凝土中的 $Ca(OH)_2$，$3CaO\cdot2Al_2O_3$

起反应，生成易溶的 $CaCl_2$ 并带有大量结晶水，成为体积增大好几倍的固相化合物，造成混凝土的膨胀。如果水泥中水合铝酸钙含量高于 8%，那么混凝土很容易受到自由氯离子的腐蚀。

硫酸根离子与混凝土中的氢氧化钙起反应，生成硫酸钙，固相体积就会产生膨胀，硫酸钙又会与水泥中的铝酸三钙进一步反应而生成硫铝酸钙，即通常所称的水泥杆菌，它会再次造成体积上的膨胀。混凝土中的毛细孔被填满后，反应继续进行，就会造成混凝土的胀裂而崩毁混凝土结构。

硫酸盐的物理膨胀有两种情况，盐结晶膨胀和盐晶变膨胀。

碱骨料反应混凝土原材料中的水泥、外加剂、混合材和水中的碱（Na_2O 或 K_2O）与骨料中的活性成分，如二氧化硅、碳酸盐等，发生反应，生成物重新排列和吸水膨胀所产生的应力和诱发产生裂缝，最后导致混凝土结构的破坏。骨料的膨胀以及溶胀的吸湿凝胶的形成造成内部应力，它引起的开裂和剥落使钢筋更加容易被腐蚀。

微生物腐蚀导致混凝土表面污损、表层疏松、砂浆脱落、骨料外露，严重时产生开裂和钢筋锈蚀。大多数的微生物不会直接攻击混凝土，微生物需在混凝土表面附着，然后进行繁殖代谢形成生物膜，进而对混凝土产生腐蚀。实际上混凝土的老化是细菌与混凝土组成的多种化合物进行反应而导致的。

物理作用引起的混凝土结构劣化主要来自于外部作用，比如设备对混凝土表面的磨蚀、混有泥砂的水流对混凝土的冲击作用，以及水进入混凝土内部后冰冻引发冻融作用等，引起混凝土强度降低，导致结构破坏等。

1.3 结构设计

1.3.1 结构设计的重要性

除了了解金属材料的选择外，我们还需要了解一些结构设计的常识。钢结构设计的目的是确保结构适合于它的功能，有足够的稳定性、强度和耐久性，用可以接受的费用来建筑，并具有艺术观赏性。但是许多钢结构的设计并未考虑涂装过程中的表面处理、涂漆和检查，以及维修过程。设计缺点和装配缺陷很容易造成涂料保护上的困难，并且容易造成水、污垢和污染物的积聚，形成腐蚀的诱因。在腐蚀环境下，结构设计对应用腐蚀环境下的涂料的寿命期限和最终的有效性有着相当大的影响。

如果在设计阶段可以考虑涂料和施工及以后的维修作业，那么就可避免许多由腐蚀而带来的结构使用失效。结构设计中的基本要点就是涂料必须能够很容易地在其表面上施工。这在建筑师和工程师在设计一个建筑物或工厂时是一个非常重要的概念。遗憾的是很多人不理解这些，如果结构物的设计使其可以很好地接受涂料并且让它形成连续均匀的漆膜，那么就可以保证结构物不受腐蚀影响。应该尽可能在钢结构设计早期就减少腐蚀的可能性，最好在图纸阶段就开始这一工作。

桥梁是一个典型的例子，它们开放式箱式梁桁、凹口、铆钉和搭接板以及许多其他形式，从涂料和腐蚀的角度看都是不合理的结构。图 1-7 是处于海洋环境的桥梁框架结构。涂料才进行了两年施工，可以看出来右边图中有些地方是很难涂上涂料的，可以看得出边缘、螺栓头和接板上面已经生锈了。

图 1-7　桥梁的复杂结构，导致使用过程中不可避免地产生锈蚀

在腐蚀环境下应用的钢结构，应该使设计尽可能地简单化，减少复杂性，尽量减少涂漆表面。这包括最大程度地减少那些错综复杂的结构部位和不规则形状，特别是那些不易于涂漆的部位。尽可能地消除铆钉结构、搭接部位、锐边、边角和粗糙表面。连接处用焊接的形式比铆钉和螺栓连接为好。点焊和不连续焊只能用于腐蚀风险小的地方。当然同时还得考虑平衡工程方面关于安全和使用有效性方面的要求。

从图 1-8 江苏泰州长江大桥的结构形式可以看出，这样的桥梁承重结构与图 1-7 中的桁架式桥梁结构相比，在涂料施工方面无疑是非常简单而且有效多了。在日常生活中，可以看到这些简单的桥梁结构已经是非常普遍了。扁平箱梁、悬索和斜拉索以及管状结构大大减少了外露面积（与桁架式桥梁结构相比），同样也减少了大量角落、搭接、铆钉和锐边等这些难以防腐蚀涂漆的地方。

图 1-8　泰州长江大桥

1.3.2　钢结构涂装工作距离

钢结构在设计时，就要考虑防腐蚀涂料的施工、检查和维护。这一点并不是很难，比如加装梯子、工作平台或其他辅助性设施等。

为了对钢材表面进行表面处理、涂漆和维修，操作者必须能够看得到这些表面，并且所使用的工具也必须能够得着这些表面。需要进行处理的表面应该有足够的空间位置给操作者进行工作，这个距离的标准显得非常重要，根据国际标准ISO 12944-3"设计考虑"，所要求的标准距离见表 1-5。

表 1-5　腐蚀保护的工具操作时所需要标准距离

操作		工具长度(D_2)/mm	工具和底材间的距离(D_1)/mm	角部的操作(α)/(°)
磨料喷射除锈		800	200～400	60～90
动力工具除锈	针枪	250～300	0	30～90
	打磨	100～150	0	—
手工除锈,刷和敲铲		100	0	0～30
金属喷涂		300	150～200	90
涂料施工	喷涂	200～300	200～300	90
	刷涂	200	0	45～90
	辊涂	200	0	10～90

在箱形结构和储罐等密封结构上，要特别注意开口要有足够的尺寸大小，允许操作者和其工具安全地进入，包括安全设施（图 1-9）。

1.3.3　缝隙处理

在结构设计中，经常会产生缝隙问题，如点焊或螺栓连接的重叠板面之间，

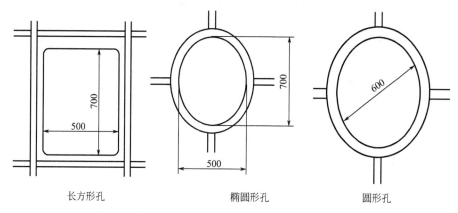

长方形孔   椭圆形孔   圆形孔

图 1-9 进入封闭空间开口处的最小直径（单位：mm）

这些通常是不易于进行表面处理和涂漆的地方，易于潮气的积聚，也就很容易产生腐蚀。在缝隙里产生的锈蚀会膨胀，体积远大于钢材本身。这就会导致钢材的减薄。防止缝隙腐蚀产生的最好办法是进行全面焊接来代替螺栓或法兰面的连接，如图 1-10 和图 1-11 所示。另外一个办法就是扩大缝隙间的距离，使之有足

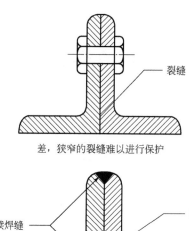

裂缝

差，狭窄的裂缝难以进行保护

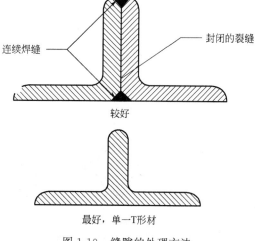

连续焊缝   封闭的裂缝

较好

最好，单一T形材

图 1-10 缝隙的处理方法

够的空间进行更好的、更方便的表面处理和涂漆保护。

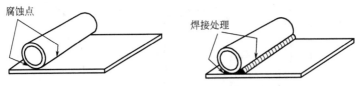

图 1-11　焊接可以杜绝缝隙腐蚀的产生

1.3.4　几何结构的影响

很多的腐蚀问题是由不规则的几何结构产生的。在典型的结构中，有许多直线形边。特别是装配时产生的切边往往不像 H 型钢那样是圆的，这就给以后的涂装工序带来了问题。涂料通常有从边上收缩和回拉的趋势，而在边上留下较薄的、较少的保护涂料，如图 1-12 所示。通常要求对锐边打磨到半径 $r>2mm$，有些要求 $r>3mm$。在涂装过程中，边缘至少应进行一次预涂，最好在每道涂层都进行预涂，以增加边上的涂层厚度。

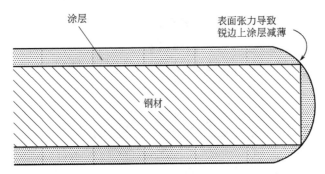

图 1-12　锐边上涂料的收缩，减薄了涂层厚度

通常，焊缝是平整表面上的粗糙部分，见图 1-13，焊缝处往往清理不当，或者根本不清理而留下焊接飞溅物、焊渣和酸性焊剂残留物，如果这些缺陷不除去，就会促进腐蚀。

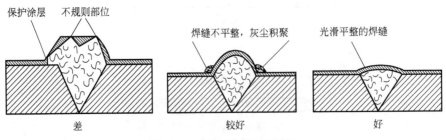

图 1-13　避免焊缝的不完整

铆钉、螺栓头和螺母都难以进行涂装，需要加以注意以保证所有表面合适清理并涂装。这些部位可能会留下难以清洁和涂装的缝隙。在这种条件下就难以保护螺栓。在可能的地方应该采用焊接来代替铆钉和螺栓结构物。用高强度螺栓的防滑接合表面是一种特殊情况，应进行清理，不涂装或采用已试验和已核准的涂料进行涂装，常用的涂料有无机硅酸锌涂料，要符合 ASTM A490 Class B 或其他相关规范关于摩擦滑移系数的要求。

在建造中，经常采用背面相靠的角。这些角的背面往往不进行涂装，采用镀锌或无机锌等进行预先涂装是一个很好的处理方法。

角落有外角和内角的区别。外角同锐边一样会发生相同的腐蚀作用，应该进行倒角处理和预涂工作。内角则会有两个问题：

① 施工在内角落上的涂料会像在自由边上一样发生收缩，形成与底材接触不好的搭桥，里面可能会形成空隙，见图 1-14。

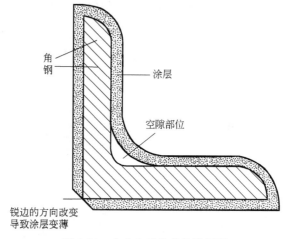

角钢
涂层
空隙部位
锐边的方向改变
导致涂层变薄

图 1-14　内角和外角的涂漆问题

② 角落会容留脏物或堆积垃圾，这样涂料就会施工在一个污染的表面上。内角落应像其他表面一样进行清理，除去脏物灰尘等，最好在施工主要涂料前进行预涂。

临时建造辅助物，如钩子、托架等，通常采用跳焊或单面焊的方式焊接在建筑物上。这些在设计时就定为竣工后要除去的临时辅助物，有时就留在了原处，并与原来施工的涂料一起进行复涂。在这种情况下，表面处理或涂料施工可能会比理想的要差，并会发生早期涂料损坏。这些辅助物应除去，再适当处理表面，并施工合适的涂料以避免周围涂料的过早损坏。在有加强材的复杂结构上面，见图 1-15，对切口的处理，要有 $r > 50mm$ 的开口，以便流水可以自由通过，并保证能够进行适当的表面处理和涂漆工作。在实际中，经常可以看到过小的切口无法进行除锈和涂漆而留下腐蚀的隐患。

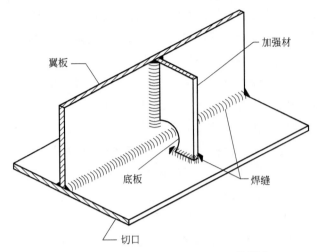

图 1-15　切口处至少要有 $r>50mm$ 的距离

在流体介质的输送管道中，磨蚀作用是比较常见的现象。对于这些管道形状的设计，要避免产生不必要的涡流。图 1-16 指出了一些管道焊接的方法，可以避免流体的流向变化。任何直角形状都要使其渐进地平滑化，使用直角弯头很容易产生磨蚀作用。

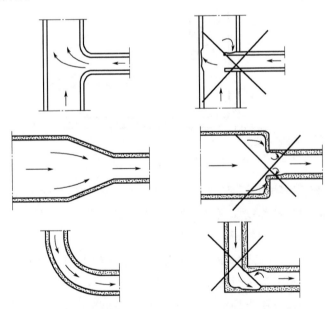

图 1-16　管道中的直弯容易引起内壁的磨蚀

1.3.5　金属的连接

不同的金属材料在有电解质的情况下互相接触时，由于不同材料的腐蚀电位的差别，会形成电化学腐蚀电池而产生电偶腐蚀。例如，将铝铆钉用在钢板上，则铆钉会腐蚀得很快，如图 1-17 所示。两种金属材料的电偶序中离得越远，电偶腐蚀的危险就越大。因此，要尽可能把不同种金属材料间进行绝缘，如图 1-18 所示。

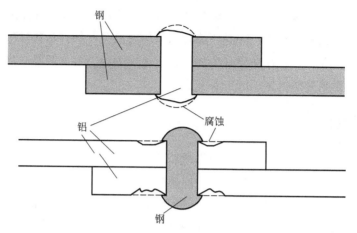

图 1-17　铆接板材引起的电偶腐蚀

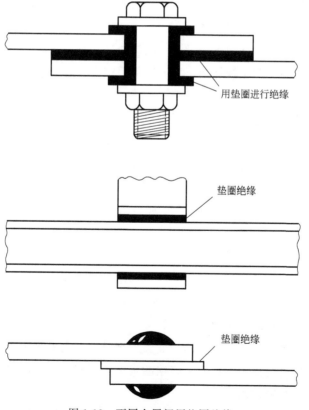

图 1-18　不同金属间用垫圈绝缘

1.4 表面保护性涂层

钢铁的防腐蚀保护有多种方法，其中应用最广泛的是保护性涂层，它们最主要的功能是把钢铁结构物与外界环境腐蚀介质隔离开，保护钢铁材料使它们保持其强度和完整性。保护性涂层有多种形式，使用涂料、金属镀层、热浸镀锌、金属热喷涂是钢铁防腐蚀保护的主要方法。

1.4.1 涂料

涂料在所有的保护涂层中，历史最悠久，应用最广泛。使用涂料防腐蚀，施工简便，易于现场维修，特别适合于面积大、结构复杂的钢结构和设备。

防腐蚀涂料在被涂物底材表面干燥固化后形成涂层，它的保护作用主要有屏蔽作用、缓蚀和电化学保护作用。涂料还可以和其他防腐蚀措施，如阴极保护、金属热喷涂、热浸镀锌等配合使用，起到双重保护作用。

根据电化学腐蚀原理，钢铁的腐蚀必须要有氧气、水和离子的存在，以及离子流通导电的途径。漆膜阻止了腐蚀介质和材料表面接触，隔断腐蚀电池的通路，增大了电阻。水、氧和离子对漆膜的渗透速率是不同的。水的渗透速率远远大于离子的；氧的渗透比较复杂，与温度关系很大。水和氧透过漆膜后可在金属表面形成腐蚀电池。离子透过漆膜较少，可以不考虑它们对底材金属的直接作用，但会增大漆膜的电导率。片状颜料在涂层中能屏蔽水、氧和离子等腐蚀因子透过，切断涂层中的毛细孔。互相平行交叠的鳞片在涂层中起迷宫效应，延长腐蚀介质渗入的途径，从而提高涂层的防腐蚀能力。主要的片状颜料有云母粉、铝粉、云母氧化铁、玻璃鳞片、不锈钢鳞片等。任何涂层都会有一定程度的渗透性，屏蔽作用不是绝对的。漆膜的屏蔽性取决于其成膜物的结构气孔和涂层针孔。

漆膜中的某些化学防锈颜料，或其与成膜物或水分的反应产物，对钢铁底材可以起缓蚀作用，包括钝化。碱性颜料与油性类成膜物反应可生成金属皂，如红丹、一氧化二铅、氰氨化铅、碱式铬酸铅、铅酸钙和碱式硫酸铅等。金属皂与水接触后，其分解物可起到缓蚀作用。另外，生成金属皂的漆膜提高了对环境的屏蔽作用。碱性颜料使漆膜和金属的界面保持微碱性，也可起防蚀作用。铬酸盐颜料与水分接触后溶解出铬酸根离子。铬酸根离子具有强氧化作用，可使金属表面钝化，从而起到防蚀作用。

涂料的电化学保护作用，即阴极保护作用，是在涂层中加入对钢铁底材能成为牺牲阳极的金属颜料，其用量又足使金属颜料间与钢材表面之间达到电接触程度，便能使钢铁免受腐蚀。锌粉是其主要的防锈颜料，因此起阴极保护作用的涂料主要是富锌涂料，包括有机富锌底漆和无机富锌底漆。在锌粉颗粒之间以及底材和锌粉之间保持直接接触，当水分浸入涂层时，就形成了由锌粉和底材钢板组成的电池。电流从锌向铁流动，从而使底材受到阴极保护。此外，锌的腐蚀产物附积在锌粉间和钢铁表面上，使涂层的屏蔽作用得到加强。

1.4.2　电镀

电镀是直流电通过阴、阳极板进入一定的电解质溶液（镀液）中，使金属或合金沉积到阴极（镀件）表面上的过程。

电镀可以在不改变零件主体性能的情况下，在镀件表面获得金属镀层，从而达到提高零件耐腐蚀、装饰、耐磨或特种功能作用等目的。镀 Au、Ag、Cu-Zn、Cu-Sn 等主要用作装饰；镀 Zn、Sn、Cu-Ni-Cr 等主要用于提高基材的防蚀性；硬 Cr、Ni-Fe、Ni-Co 等镀层则属于功能性镀层。同一镀层可能具有两种或两种以上的用途，如 Cu-Ni-Cr 多层镀层主要用途是防腐蚀，但它又具有装饰、耐磨的功能。

用于防腐蚀作用的电镀层通常只适用于大气环境的防腐蚀，所以一般都是阳极性保护镀层，其原理是使阳极优先腐蚀从而保护基体材料。

电镀锌层是典型的阳极性镀层，由于其镀层厚度（一般不能超过 $20\mu m$）所限，故主要应用于小五金工件及磁性材料的室内保护。将镀锌层在含铬酸盐的溶液中钝化处理后，可以在镀锌层表面获得一层化学稳定性较高的各种色彩的铬酸盐薄膜，其防护效果可以提高 $5\sim8$ 倍。优良的锌镀层可抗 $250\sim300h$ 的中性盐雾试验，可用于中性大气的室外防护，但在恶劣的工业大气和沿海气候中防腐性能就比较差。新开发的 Zn-Ni、Zn-Fe 电镀层，尤其是 Zn-Ni 电镀层，当镀层中 Ni 含量达 $6\%\sim10\%$ 时，$5\sim8\mu m$ 的镀层彩镀后可取得极好的防腐蚀效果。这种合金电镀层可抗 $1500h$ 以上的中性盐雾试验，现已广泛应用于户外的电器及电力输送设备部件等的保护。

镀锡层的电位比铁正，属于阴极性镀层。但它能和有机酸形成配合物，因此在有机酸环境中镀锡层变成阳极性镀层，但腐蚀率很低，不会因其孔隙腐蚀而穿孔，被广泛用于罐头工业。

1.4.3　热浸镀锌

热浸镀锌是热浸镀工艺的一种，又称热镀锌，将钢铁构件全部浸入熔化的锌液中，其钢铁金属表面即产生两层锌铁合金及覆盖上一层厚度均匀的纯锌层。

钢材在热镀锌时，锌液与钢材之间发生一系列的复杂物理化学过程。如锌液对钢材表面的浸润、铁的溶解、铁原子与锌原子之间的化学反应以及铁原子与锌原子的相互扩散等。通过上述过程，钢材表面便形成铁与锌结合的 Fe-Zn 合金层。

热浸镀锌的应用极其广泛，如热镀锌无缝钢管、钢丝、钢板、公路路灯杆、交通隔栏、长距离输电铁塔、广播电视塔桅杆等等。

热镀锌工件的使用寿命与镀锌层的附着量有直接的关系。在不同地区，若要求相同的使用寿命，对镀锌附着量的要求也有所不同。例如，在重工业区，热镀锌的腐蚀率为每年 $30\sim35g/m^2$，如果使用寿命要求 10 年以上，则锌层附着量必须在 $300\sim350g/m^2$ 以上。热镀锌的腐蚀率在各种大气中有显著的差异。如在乡镇地区为每年 $5\sim8g/m^2$，在沿海地区每年高达 $12\sim15g/m^2$。

1.4.4 机械镀

机械镀不同于电镀，也不同于热浸镀，没有高温下的化学冶金反应，也没有电镀的外电场作用下的电解沉积效应。机械镀是金属微粉在物理、化学的吸附和沉积作用下，在被镀件表面形成镀层，机械碰撞力使金属微粉变形并使镀层从此结构致密化。机械镀可以避免电镀的氢脆问题。

机械镀锌的厚度在 $25\sim90\mu m$ 间可以替代热浸镀锌，$5\sim25\mu m$ 间的厚度可以替代电镀锌的应用。

目前国内机械镀的主要应用是小五金的表面防腐蚀，近年来的突破性应是在工程机械的油箱内壁的防腐，解决了一般油箱内难以涂漆且容易早期脱落生锈的弊病。

1.4.5 金属热喷涂

热喷涂是利用热源将喷涂用材料熔化并雾化成小液滴和小固液滴，靠热源自身的动力或外加的压缩气体使这些悬浮的小液（固）滴以一定的速度喷射到基体表面，经压缩、冷却和固化等过程形成一层新的表面的工艺方法。

热喷涂的主要方法有火焰粉末喷涂、火焰线材喷涂、电弧喷涂、等离子喷涂和超音速火焰喷涂等。火焰喷涂是应用最早的一种喷涂方法。它是利用氧和乙炔的燃烧火焰将粉末状或丝状、棒状的涂层材料加热到熔融或半熔融状态后喷向基体表面而形成涂层的一种方法。随着技术的不断进步，加工要求的不断提高，应用环境的不断恶劣，火焰喷涂出现生产效率低下，喷涂质量控制不稳定，喷涂层结合力低等问题。

电弧喷涂是钢结构金属热喷涂防腐蚀施工中目前最重要的热喷涂方法。电弧喷涂是在两根丝状的金属材料之间产生电弧，电弧产生的热使金属丝熔化，熔化部分由压缩空气气流雾化并喷向基体表面而形成涂层。

金属热喷涂，常用的金属材料有锌、铝、锌铝合金、稀土铝等。它们对钢铁材料的保护机理主要有两个：一是隔离腐蚀介质对钢铁的侵蚀；二是通过金属涂层自身的牺牲起到阴极保护作用。锌和铝及其合金涂层的电极电位都比钢铁材料要低，在有电解液存在的条件下，这些金属涂层就成为阳极，钢铁则成了阴极。在腐蚀过程中，锌、铝以及锌铝合金涂层就会通过自身牺牲而保护钢铁材料。封闭涂层渗透到金属热喷涂涂层孔隙里面，对喷涂层起隔离和平整作用，大大提高了喷涂层的耐腐蚀寿命。

锌是常用的有色金属材料，呈青白色。熔点 419℃，密度 $7.14g/cm^3$，标准电极电位 $-760mV$，是很活泼的金属之一。

纯铝是银白色有色金属，熔点 660℃，密度 $2.72g/cm^3$，标准电极电位 $-1660mV$。虽然纯铝的电极电位很负，但是在空气中能迅速生成一层致密的氧化膜（Al_2O_3），所以它的阳极特性反而不如锌。

在钢结构上面，喷锌涂层的阴极保护作用突出，但是耐蚀性不如铝涂层。喷铝涂层的耐蚀性很好，但是阴极保护效果不如锌。把锌和铝结合起来，可以发挥各自的特点，体现出更为优异的防护性能。最常见的是 Zn-Al 15（即 85％ Zn-15％Al）。锌铝合金的电化学性质在静态特性方面与锌相似，电位接近锌；在动态特性方面与铝相似，腐蚀速率接近于铝。

世界上许多国家和地区都对金属热喷涂涂层体系制订了相应的标准，国际标准《钢结构防腐蚀保护-金属涂层指南》ISO 14713：1998 和我国的国家标准 GB/T 9793 对不同的腐蚀环境下推荐的涂层体系，见表 1-6 和表 1-7。

表 1-6　ISO14713 热喷涂防腐蚀涂层体系

	腐蚀环境	涂层寿命/a	涂层体系
C2	低腐蚀,室内潮湿环境等	≥ 20	喷铝 $100\mu m$ 喷铝 $50\sim100\mu m$＋封闭 喷锌 $50\mu m$＋封闭
C3	中等腐蚀,室内污染高湿,室外工业和城市内陆,无污染的海岸等	≥ 20	喷铝 $100\mu m$ 喷铝 $50\sim100\mu m$＋封闭 喷锌 $100\mu m$ 喷锌 $100\mu m$＋封闭
C4	高腐蚀,室内游泳池、化工厂,室外内陆工业和海洋城市大气	≥ 20	喷铝 $100\mu m$＋封闭 喷锌 $100\mu m$＋封闭

腐蚀环境		涂层寿命/a	涂层体系
C5-I C5-M	很高腐蚀,高湿工业大气或高盐雾海洋大气	≥20	喷铝150μm+封闭 喷锌150μm+封闭
Im2	很高腐蚀,海水腐蚀环境	≥20	喷铝250μm 喷铝150μm+封闭 喷锌250μm 喷锌150μm+封闭

表 1-7　GB/T 9793 标准推荐热喷涂防腐蚀涂层体系

腐蚀环境	涂层体系(喷涂层厚度/μm)							
	Zn	Zn+涂料	Al	Al+涂料	Al-Mg5	Al-Mg5+涂料	Zn-Al15	Zn-Al15+涂料
盐水		100	200	150	250	200	150	100
淡水	200	100	200	150	150	100	100	100
城市环境	100	50	150	100	150	100	150	50
工业环境		100	200	100	200	100	150	100
海洋工业	150	100	200	100	250	200	150	100
干燥室内	50	50	100	100	100	100	50	50

1.5 阴极保护

1.5.1　阴极保护的原理

　　阴极保护是一种控制金属电化学腐蚀的保护方法。在阴极保护系统构成的电池中,氧化反应主要集中发生在阳极上,从而抑制了作为阴极的被保护金属腐蚀。阴极保护是一种基于电化学腐蚀原理发展的一种电化学保护技术。

　　每种金属处于电解质溶液中,都有一个电极电位,当两种不同金属处于同一电解质溶液时,由于电极电位值的不同,就构成了腐蚀原电池,电位较负的金属成为阳极,电位相对较正的金属成为阴极。如远洋船舶的船体是钢,推进器是青铜制成的,铜的电位比钢高,所以电子从船体流向青铜推进器,船体受到腐蚀,青铜推进器得到保护。

1.5.2　牺牲阳极保护

　　在腐蚀电池中,阳极腐蚀,阴极不腐蚀或腐蚀极小。基于这一原理,以牺牲阳极优先溶解,使金属结构成为阴极而实现保护的方法称为牺牲阳极法。

常用的牺牲阳极有锌及锌合金、铝合金和镁合金三大类。

锌是一种普通的金属，原子序数 30，原子量 65.37，密度 $7.14g/cm^3$，化合价为 2，熔点 419℃。锌的标准电极电位为 $-0.76V$（SHE），比铁负，高纯锌在海水中的稳定电位是 $-0.82V$（SHE），相对于钢铁和常用金属结构材料来说是负电性的，是理想的牺牲阳极材料。锌在低电阻土壤和海洋环境中广泛用作牺牲阳极使用，在高电阻率的土壤和淡水中不太适用。杂质对锌的阳极行为和自溶性有很大影响。因此锌阳极的开发主要通过两个途径：一是采用限制杂质含量的未合金化锌；二是采用低合金化的锌合金，同时减少其杂质，比如 Zn-Al-Cd 三元锌合金和 Zn-Al 二元合金。

铝是典型的轻金属，原子序数 13，位于镁和硅之间，原子量 26.98，化合价为 3，密度 $2.72g/cm^3$，熔点 660℃。铝的标准电极电位为 $-1.66V$（SHE），在海水中的稳定电位约为 $-0.53V$（SHE）。铝的理论电容量为 2970A·h/kg，是锌的 3.6 倍，镁的 1.35 倍。铝是自钝化金属，表面会生成钝化膜，此时铝电位较正，因此未合金化的铝是不能作为牺牲阳极的。几种铝合金牺牲阳极中都添加了锌，比如 Al-Zn-Hg 合金、Al-Zn-In 合金和 Al-Zn-Sn 合金，其中 Al-Zn-In 合金是目前应用最广泛的铝合金牺牲阳极。铝合金大多用于海水环境金属结构或原油储罐内底板的阴极保护。埕岛浅海油田对铝牺牲阳极浸海四年、六年和七年后进行检查，由于污损生物的影响，铝阳极保持原样，而钢桩则发生了局部腐蚀。南海涠洲岛油田 1 年、5 年和 10 年检测结果也表明海生物污损对牺牲阳极起到了阻碍作用。

镁是典型的轻金属，原子序数 12，原子量 24.31，密度 $1.74g/cm^3$，化合价 2，熔点 651℃。镁的标准电极电位为 $-2.37V$（SHE）。镁阳极的特点是相对密度小，电极电位很负，极化率低，对铁的驱动电压很大。其主要缺点是电流效率很低，一般只有 50% 左右；而且碰撞容易产生火花，限制它在高安全性场合的应用。镁作为牺牲阳极主要有高纯镁、Mg-Mn 合金、Mg-Al-Zn-Mn 合金三大系列。高纯镁可以加工成带状阳极，应用于电阻率高的土壤和水中；Mg-Mn 合金主要用于高电阻率环境中；Mg-Al-Zn-Mn 合金表面溶解均匀，是土壤中应用最广泛的阳极材料。

以原油储罐罐底牺牲阳极阴极保护为例，设计步骤包括阴极保护面积（与沉积水接触的罐底与第一圈钢板上部）计算，保护电流密度及总保护电流，确定阳极总数量，根据牺牲阳极保护年限，确定单支阳极质量。一个 10 万立方米的原油罐，储油罐直径为 80m；设计温度 65℃；罐底板厚度：中幅板 11mm，边缘板 20mm，壁板 32mm；罐底板材质为 Q235A 碳钢，边缘板、壁板为 SV490Q。储罐罐底板阴极保护总面积为 $5425.92m^2$，其中罐底表面积为 $5024m^2$，底圈壁板距罐底板 1.6m 的表面积为 $401.92m^2$。阴极保护的参数见表 1-8。阳极在罐内底板分布为 6 层，即分别为 1 块、12 块、24 块、36 块、56 块和 84 块，共 213 块。阳极直接焊接在罐底的表面，在罐底上环状均匀布置。

表 1-8　10 万立方米原油储罐罐内底板阴极保护参数

保护面积/m²	电流密度/(mA/m²)	总电流/A	单支阳极质量/kg	阳极总数量/支
5425.92	30	162.75	23	213
阳极总质量/kg	保护年限/a	阴、阳极面积比	阳极类型	阳极理论发生电量/(A·h/kg)
4899	≥10	90∶1	AC-2	2550

1.5.3　外加电流阴极保护

外加电流阴极保护，又称强制电流阴极保护。它是根据阴极保护原理，通过外加直流电源作阴极保护的极化电源，将电源的负极接被保护物，将电源的正极接至辅助阳极。在电流的作用下，使被保护物对地电位向负的方向偏移，从而实现阴极保护。外加电流阴极保护主要应用于淡水、海水、土壤、碱及盐等环境中金属设施的防腐蚀。

外加电流阴极保护系统包括三个主要组成部分，直流电源、辅助阳极、被保护金属结构物（阴极）。此外，还有参比电极、检测站、阳极屏蔽、电缆和绝缘装置等。

外加电流阴极保护系统实质上是一个电解池。作为该电解池阳极的辅助阳极应该耐受环境电解质的腐蚀、电解溶解和阳极氧化的电化学作用。常用的辅助阳极的材料有高硅铸铁、石墨、铅银合金、铅银微铂、镀铂钛、铂铌丝、铂铱合金等等。在外加电流工作时，阳极排出较大的电流，周围被保护结构的电位会很负，以致产生析氢现象，使附近的防腐涂层受到破坏。为了防止这种现象的发生，确保阴极保护效果，辅助阳极周围要涂装屏蔽层，无溶剂环氧涂料是较好的阳极屏蔽材料。

船舶（水下部位）浸在海水中会产生电化学腐蚀，在其腐蚀过程中，微观电池的阳极区被腐蚀，而阴极区不受腐蚀，外加电流阴极保护如图 1-19 所示，就

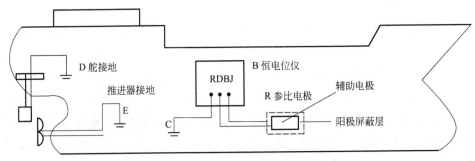

图 1-19　船体外加电流阴极保护示意图

是将船体接恒电位仪的阴极端（同时将舵及推进器接地连成一个阴极体），辅助阳极接恒电位仪阳极端，通以直流电流，使船体表面阴极极化，利用参比电极检测及控制船体表面的极化电位，当钢板极化电位达 -0.80V（相对于 Ag-AgCl 参比电极）时，船体就得到保护。

1.6 缓蚀剂

缓蚀剂（corrosion inhibitor）是一种以适当的浓度和形式存在于介质中，可以防止或减缓腐蚀的化学物质或复合物。只有那些加入量少、价格便宜又能大大降低金属腐蚀或锈蚀的物质，才是真正有实用价值的缓蚀剂。添加缓蚀剂，使用简便，易于操作，不会改变金属构件的本性或介质的基本性质。缓蚀剂被广泛应用于城市供热取暖水管的防锈、石油、天然气和煤气管道的输送方面。

缓蚀剂的应用要在一定的环境（介质）中使用，才有明显的缓蚀作用。在使用某一种缓蚀剂前，必须对缓蚀剂在使用介质中的缓蚀性能进行评定。

在各种工业腐蚀性介质中，酸性气体和液体均属于腐蚀性强的介质。利用这个特点，可以通过酸洗将金属表面的氧化物等物质除去。无论是为了减少酸气或酸液对金属的腐蚀，还是在酸洗过程中减少氧化皮除去后对金属的腐蚀，都需要在酸性环境中起作用的酸性介质缓蚀剂。在金属酸洗工艺和石油油井及气井的酸化工艺中，对酸性介质缓蚀剂质量要求相当高。在酸洗工艺和酸化工艺中，常用的酸类有硫酸、硝酸、磷酸、氢氟酸等无机酸，柠檬酸、羧基乙酸、甲酸、乙酸、草酸等有机酸。根据不同的酸洗液，要选用相应的酸洗缓蚀剂来有效地提高酸洗质量和保护金属材料。

在各种中性介质中，如循环冷却水、锅炉水、回收处理污水，以及中性盐类水溶液，采用缓蚀添加剂可以有效地减轻对金属材料的腐蚀。为了循环使用占工业用水量最大的冷却水，最突出的问题就是防止循环水系统中的结垢和腐蚀，这时就需要添加缓蚀剂来达到防结垢和防腐蚀的目的。

在大气腐蚀环境中，为了防止金属材料的生锈腐蚀，可以采用的缓蚀剂有油溶性缓蚀剂（防锈油）、水溶性缓蚀剂和气相缓蚀剂等。

在涂料工业也会用到缓蚀剂，典型的如以磷酸锌为主要防锈颜料的环氧磷酸锌防锈漆，对钢铁和其他轻金属表面都有很好的保护作用。

第 2 章

重防腐涂料

浙江余姚河姆渡文化遗址出土的一个髹漆木碗，把我国使用生漆的年代推到了7000年之前。《韩非子·十过篇》记载："舜禅天下而传之于禹，禹作为祭器，墨染其外而朱画其内，做为食器流漆墨其上。"作为有史为载的第一位油漆工，大禹使用的就是生漆。从商朝到春秋，来源于漆树中的乳白色的树液，开始广泛用以涂饰宫室、家具和棺木等。《史记·老子韩非列传》说："庄子者，蒙人也，名周，尝为漆园吏。"这说明漆树已经广为种植，并有专门的官吏管理，而历史上著名的庄子，就曾经是一个油漆官吏。战国时代，已经会使用桐油和生漆进行复配涂料，这是最早的与现代涂料相近的涂料用原材料。可以说，中国人是涂料技术的开创者。因为桐油和生漆的大量应用，从而形成了"油漆"的习惯称呼。

《圣经·创世记》中著名的诺亚方舟，里里外外涂刷的防腐涂料即是沥青。对造船行业来说，沥青的使用在诺亚方舟的冒险故事中是一次成功的试航，从此以后一直延续到今天。

什么是涂料？涂料是一种透明的或着色的成膜材料，用以施工在被涂物表面上，保护表面免受环境影响。

国际标准ISO 4618-1对涂料的定义如下。

色漆：含有颜料的液体状或黏稠状或粉状的涂层材料，施工在底材上，形成不透明薄膜，具有保护、装饰或特定的技术性特性。

清漆：施工在底材上形成固体的透明薄膜，有着保护、装饰或特定的技术性特性。

在本书中，除了大家习惯上的一些称呼会使用"油漆"外，将在行文中以"涂料"这一术语为主。

涂料可分为有机涂料和无机涂料两大类，大多数涂料为有机涂料。

什么是有机涂料呢？通俗的说法就是有机涂料是用"活的"原材料，例如油桐树（桐油）、蓖麻子（蓖麻油）、亚麻子（亚麻油）、鱼（鲱鱼油），或由"曾经活的"材料制成，如煤、石油等，其实质就是这些原材料中都含有碳。当然，有机涂料中也是需要采用无机质的原材料的，比如防锈颜料、体质颜料等。

无机涂料采用无机基料制成，如硅酸钠、硅酸钙、硅酸锂和硅酸乙酯。实际上硅酸乙酯是有机物，不是无机物，但其通常包括在无机基料清单中。在硅酸乙酯富锌涂料的固化过程中，乙醇挥发，剩下的亚铁硅酸锌成膜物是无机物。

涂料科学是个古老的领域，现代涂料开发和应用的重点是：降低有机挥发物的含量，减少能量的消耗，防止金属等材料的腐蚀。

在本章中，主要介绍防腐蚀涂料的功用、基本组成和主要应用品种的特性，同时介绍现代重防腐涂料的品种和应用。对在钢结构防腐蚀涂料涂装设计和应用中经常遇到的需要配合设计的其他一些专用功能性涂料，如磷化底漆、车间底漆、耐高温涂料、船舶防污漆、防火涂料等，也作了相应介绍。

2.1 防腐蚀涂料的作用

涂料涂覆在被涂物件的表面，通过形成涂膜而起作用。对被涂物而言，涂料的作用主要有保护作用、装饰作用和其他特殊功能作用。

2.1.1 保护作用

防腐蚀涂料的主要作用是保护作用，在国外被称为 protective coatings，应用于石油炼化、海洋平台、海上风电场（图 2-1）等领域的重防腐涂料称为 heavy duty coatings。无论是大气环境、浸泡环境还是在其他一些特殊的腐蚀环境中，物体都会受到太阳紫外线、水分、氧气、化工大气、含氯大气、海水、含氯溶液、化学品等腐蚀因子的侵蚀，造成金属的腐蚀、混凝土的劣化、木材的腐朽以及其材料的性能下降。涂料在物体表面形成保护膜，可以有效地保护材料免受侵蚀，延长使用寿命。

图 2-1　重防腐涂料保护的海上风电场

2.1.2 装饰作用

应该说，涂料早期的应用主要是装饰，这在埃及、法国和其他地区发现的装饰性原始画上面可以看出来。涂膜在被涂物表面形成不同颜色、不同光泽和不同质感的涂膜，可以得到五光十色、绚丽多彩的外观，可起到美化环境、美化人们生活的作用。这一方面在建筑物的内外墙涂料、汽车涂料等方面显得尤为明显。

防腐蚀涂料除了保护作用外，其面漆系统的装饰作用也越来越显得重要，特别是作为城市的标志性建筑的体育场馆、机场、展览馆以及桥梁等大型公共施方面。比如，桥梁的建设现在对面漆的要求，除了要有很好的耐候性和光泽外，色彩的选用方面也开始与周边环境、夜晚灯光等开始协同景观设计。

2.1.3 特殊功能作用

涂料除了保护和装饰作用外，还有一些其他方面的作用，比如作为交通、烟囱、直升机平台、管道等方面的标志漆涂刷。并且，特别设计的涂料配方具备特殊功能，比如防止墙面霉菌的生长、防止船舶的船体水下部位的海生物的生长；减少长距离输油输气管道内壁的阻力、防止火灾的发生等。此外还有防水涂料、导电涂料、绝缘涂料、隔热涂料、示温涂料等很多具备特殊功能的涂料。图 2-2 为某核电站，除了防腐涂料的应用外，核岛部分采用耐辐射的特殊的核防护涂料，厂房部分采用了防火涂料。

图 2-2 采用防腐涂料、核涂料和防火涂料防护的核电站

2.2 涂料的组成

除了一些特殊的涂料外，如粉末涂料和光固化涂料等，现代涂料主要由四个

基本成分组成：成膜物质、颜料、助剂和溶剂。

2.2.1 成膜物质

成膜物质是组成涂料的基础，因此有时也称之为基料，它具有黏结涂料中其他成分的作用，对涂料和涂膜的性质起着决定性的作用。涂料成膜物质最基本的特性是能够经过施工后形成薄层的涂膜，并为涂膜提供所需要的各种性能。因此，涂料常以主要的成膜物质来进行命名，如环氧铁红防锈底漆、丙烯酸聚氨酯面漆等。

早期使用的成膜物质是动植物油，如桐油、亚麻油和鱼油等。现代用于涂料的成膜物质主要是合成树脂，如醇酸树脂、环氧树脂、聚氨酯树脂和有机硅树脂等。现代涂料多使用几种成膜物质互为补充或互相改性，以适应多方面性能的要求。

按照涂料成膜物质本身结构与所形成涂膜的结构来划分，现代涂料的成膜物质可以分为非转化型成膜物与转化型成膜物。

非转化型成膜物质在涂料的成膜过程中不发生变化，即成膜物质与涂膜的组成结构相同。它们具有热塑性，受热软化、冷却后变硬，多具有可溶解性。常见的非转化型成膜物质可以分为三类，即天然树脂、天然高聚物的加成产品和合成的高分子线型聚合物，即热塑性树脂。

常见的天然树脂包括松香、虫胶和天然沥青等；天然高聚物的加工产品主要有硝基纤维素、氯化橡胶等；合成高分子线型聚合物有过氯乙烯、聚乙酸乙烯树脂等。

转化型成膜物质在成膜过程中组成结构发生变化，即成膜物质形成与其原来组成结构完全不同的涂膜。它们是热固性网状结构高聚物，具有能起化学反应的官能团，在热、氧气或其他物质的作用下能够聚合成与原有组成结构不同的不溶不熔网状高聚物。

转化型成膜物质主要有：干性油和半干性油，主要来源于植物油脂，具有一定数量官能团的低分子化合物；天然漆和漆酚，含有活性基团的低分子化合物；低分子化合物的加成物或反应物，如多异氰酸酯加成物等；合成聚合物，如醇酸树脂、酚醛树脂、聚氨酯预聚物、环氧树脂和热固性丙烯酸树脂等。

2.2.2 颜料

什么是颜料呢？美国出版的《Pigment Handbook》（《颜料手册》，1987年版）将颜料定义为"不被分散介质所溶解，基本上也不与这种介质发生物理和化学反应的，其粒径变化范围可从非常细的胶体粒子（约 $0.01\mu m$）到比较粗大（约 $100\mu m$）粒子的粒状物质"。

按其功能来分，颜料可以分为防锈颜料、珠光颜料、导电颜料等；按其来源可以分为天然颜料和合成颜料。从应用角度来分，颜料可以分为涂料用颜料、油墨颜料、塑料颜料、橡胶颜料、美术颜料和和医药化妆品颜料等。按其颜色分类是最为方便和实用的方法。

GB/T 3182 采用颜色分类，每一种颜料的颜色有统一标志，如白色为 BA，红色为 HO，黄色为 HU，再结合化学结构的代号和序号，组成颜料的型号等。如氧化铁红 HO-01-01、金红石型钛 BA-01-03 等。

国际上著名的《染料索引》（Color Index）也以颜色进行分类，共分为十大类别，颜料黄（PY）、颜料橘黄（PO）、颜料红（PR）、颜料紫（PV）、颜料蓝（PB）、颜料绿（PG）、颜料棕（PBr）、颜料黑（PBk）、颜料白（PW）、金属颜料（PM）；同样颜色的颜料依次序编号排列。

按颜料所含化合物的类别，无机颜料可以细分为氧化物、铬酸盐、硫酸盐、碳酸盐、硅酸盐、硼酸盐、钼酸盐、磷酸盐、钒酸盐、铁氰酸盐、氢氧化物、硫化物、金属等。有机颜料按化学结构分为偶氮颜料、酞菁颜料、蒽醌、靛族、喹吖啶酮、二噁嗪等多环颜料、芳甲烷系颜料等。

无机颜料是涂料工业中应用量最大、应用面最广的颜料，主要用于遮盖、着色、防锈防腐等，以及一些特殊功能。白色遮盖型颜料，特别是钛白粉，是其中最重要的白色无机颜料。

有机颜料由于价格昂贵，在涂料中的应用量相对较小。但是近些年来，除了在汽车涂料中高装饰性的鲜艳、着色力强的有机彩色颜料与无机颜料配合应用外，其他行业也开始得到了更多应用，其中重要的原因是由于环保法规的日趋强化，开始用有机颜料与钛白颜料和/或与金属氧化物混相颜料（特别是钛镍黄一类的金红石型混相颜料）混拼，以取代有毒的无机铬酸铅颜料和镉系颜料。

在涂料的配方设计中，最重要的因素之一就是选择基料与颜料之间的比例关系。涂料是用厚薄来表示的，即用与体积相关的量来反映涂料的性质。在涂膜中，成膜物质（基料）与颜料之间的固-固分散体系是以体积形式分布的，成膜物质填满颜料与颜料之间的空隙后多余的基料体积占多少，是判断涂膜性能的重要依据。一般，将颜料在干涂膜中所占的体积浓度称为"颜料体积浓度"，用 PVC 来表示：

$$PVC(\%) = \frac{颜料的体积}{漆膜的总体积} = \frac{颜料的体积}{颜料的体积 + 固体基料体积}$$

在 PVC 增加时，许多涂膜性能会突然发生变化，这种变化发生时的 PVC 称为临界颜料体积浓度，CPVC。

颜料体积浓度的主要特征是：在低于 CPVC 时，颜料粒子很少接触，而高于 CPVC 时，基料被空气所取代。在这一个唯一颜料体积浓度两侧，涂膜的性质会有惊人的变化。

光泽与 PVC 有着很大的关系，通常不加颜料的涂膜具有很高的光泽，起初百分之几的颜料对光泽没有影响，但是当 PVC 高于 6%～9% 时，在 PVC 和 CPVC 的范围内，光泽一直在下降。低光泽表面比平滑光亮的表面能赋予更好的层间附着力，因此底漆的 PVC 做的比 CPVC 大总是比较理想的。

按照颜料的在涂料中的用途，可以分为四大类：着色颜料、体质颜料、防锈颜料和特殊功能颜料。

着色颜料在涂料中的主要作用是着色和遮盖物面，因此除了要求它们不溶于水、油和溶剂外，主要在色彩方面要鲜艳美丽，具有良好的着色力和遮盖力，对光、热稳定性好，在一定的时间内不变色等。

值得注意的是其中的铅铬黄颜料，是铅的化合物，通常含铅 53%～64%，含铬在 10%～16% 之间，目前已经开始受到限制使用。生产颜料的公司如巴斯夫宣布在 2014 年起将停止生产含铅、铬的涂料。世界著名的防腐涂料厂商挪威 JOTUN 佐敦油漆，在 2013 年 5 月起宣布在中国完全停止生产含铅、铬的涂料。

体质颜料是低折射率的白色或无色颜料，在习惯上称为填料。体质颜料最早被加入到涂料中是为了增加涂料的固体含量和降低涂料成本。随着颜料精制技术的发展，体质颜料还可以提高涂料各方面的性能，如光泽、流动性、流平性、透气性、耐水性和机械耐磨性等。在配方设计中仔细选择，体质颜料可以更有效地提高钛白粉的遮盖力；增加涂料体积固体，降低 VOC 值；控制涂料的光泽；提高涂料的耐沉降性；调节涂料的黏度；作为涂料的补强剂和增量剂；提高涂料的耐沾污性和耐腐蚀性；提高涂料的手感等。

常用的体质颜料有碳酸钙、硫酸钡、二氧化硅、滑石粉、高岭土和云母粉等。

碳酸钙分为重质碳酸钙和轻质碳酸钙，轻质碳酸钙的相对密度小，颗粒细。碳酸钙的价格低廉，性能稳定，耐光耐候性好。硫酸钡有天然和合成两种，天然产品即重晶石粉，合成产品为沉淀硫酸钡，其性能更好，白度高，质地细腻。滑石粉是天然滑石矿经磨细而成的粉末，手触之有滑腻感可以改善涂料的施工性，其纤维状结构能降低涂膜的可渗透性，增强涂膜的耐久性。高岭土具有化学惰性，流动性良好，选用与钛白粉相同粒径的高岭土可以提高钛白粉在涂料中的遮盖力。云母粉是云母矿磨细而成的细粉，其片状结构能有效地减少水在涂膜中的穿透性，还能减少涂膜的开裂倾向，提高涂膜的耐候性。

防锈颜料的主要功能是防止金属腐蚀，提高漆膜对金属表面的保护作用。防锈颜料的作用可以分为两类：物理性防锈和化学性防锈，其中化学性防锈颜料又可以分为缓蚀型和电化学作用型两种颜料。防锈底漆的作用也因此可以分为物理性、缓蚀型和电化学保护三种。

物理性防锈颜料是借助其细密的颗粒填充漆膜结构，提高漆膜的致密性，起到屏蔽作用，降低漆膜渗透性，从而起到防锈作用，最常用的如氧化铁红。结构呈片状的颜料如铝粉、玻璃鳞片等，可以在漆膜中形成薄片相隔，增加漆膜的封闭性，提高漆膜的抗老化性能。

化学缓蚀作用的防锈颜料，依靠化学反应改变表面的性质或反应生成物的特性来达到防锈目的。化学缓蚀作用的防锈颜料能与金属表面发生作用，如钝化、磷化，产生新的表面膜层，如钝化膜、磷化膜等。这些薄膜的电极电位较原金属为正，使金属表面部分或全部避免了成为阳极的可能性；另外薄膜上存在许多微孔，便于漆膜的附着。防锈颜料还可以与某些漆料中的成分进行化学反应，生成性能稳定、耐水性好、渗透性小的化合物。有些颜色料成膜过程中形成阻蚀型络合物，提高了防锈效果。一般不能用于水下，否则易起泡。

常用的化学缓蚀颜料有铅系颜料、铬酸盐颜料、磷酸盐颜料等。红丹是一种沿用已久的铅系防锈颜料，通常和油料、酚醛树脂、醇酸树脂等配制成红丹防锈漆，缺点是毒性大，目前已被禁止使用。锌黄，其主要成分是铬酸锌，是铬酸盐类中应用最广泛的防锈颜料。除了在钢铁上应用外，主要用作铝、镁等轻金属的防锈漆。四盐基锌黄是磷化底漆的主要防锈颜料，能与聚乙烯醇缩丁醛和磷酸相互作用，形成的络合物牢固地附着在金属表面上，并提高与上层漆的结合力。新的无毒颜料、磷酸盐防锈颜料已经取代了它的应用。磷酸盐中最主要的防锈颜料是磷酸锌、磷酸钼锌和三聚磷酸铝，广泛应用于醇酸和环氧防锈漆中。

起电化学作用的防锈颜料最主要是锌粉。锌粉作为防锈颜料能在钢铁表面形成导电的保护涂层。由于锌的电极电位（$-0.76V$）比铁的（$-0.44V$）要低，锌作为阳极，铁就成为了阴极。当涂层受到损害时，首先腐蚀的是锌粉，这样就保护了钢材。锌的化学反应还能在涂层表面形成锌盐及锌的络合物等，这些生成物是极难溶的稳定化合物并沉积在涂层表面上，以防止氧、水和盐类的侵蚀，从而起到防锈效果，使钢铁得到保护。富锌漆在目前是大气环境下和海洋工程中最为普遍最为重要的防锈底漆，主要产品为无机硅酸锌底漆和环氧富锌底漆。

功能颜料可以提供给涂料特殊的功能，如耐高温、防火、导静电和防止海生物等。相应的功能性颜料将在有关功能性专用涂料中，如耐高温涂料、防火涂料、油罐内壁导静电涂料和防污漆等，进行介绍。

2.2.3 助剂

助剂，又称之为添加剂，分别在涂料的生产、储存、施工和成膜阶段发挥不同的作用，对涂料质量和涂膜性能有着极大的影响。具有特殊功能的助剂可以赋予涂料新的功能。

在涂料的生产过程中，颜料的润湿分散是关键，湿润剂和分散剂可以提高颜料的湿润分散效率，获得稳定的色浆。消泡剂可以消除涂料在生产和使用过程中产生的泡沫。

在涂膜的干燥过程中，使用催干剂可以缩短氧化聚合型涂料的干燥时间。催干剂的主要作用机理为：缩短诱导期；使吸氧加快；降低活化能，促进过氧化物的形成和分解；降低聚合时氧的需求量。主要使用的催干剂有钴催干剂、锰催干剂、铅催干剂、钙催干剂和锌催干剂等。铅催干剂因为铅的毒性问题，已经被其他催干剂所取代。

为了防止常温氧化干燥型涂料在储存中有表层与空气接触后氧化聚合而产生结皮，需要使用防结皮剂。

对交联固化型涂料，使用固化促进剂能提高固化速度。

有些涂料助剂是在涂料成膜后发挥作用，以提高涂膜的保护性能、装饰性能，延长涂膜的使用寿命等，如紫外线吸收剂、光稳定剂、防霉剂等。

防火涂料中常使用季戊四醇和多季戊四醇作为成炭剂，三聚氰胺为发泡剂。

2.2.4 溶剂

2.2.4.1 溶剂的分类

溶剂是涂料配方中的重要组分，不仅可用来溶解树脂，降低黏度以改善施工性能，而且还影响涂料的黏结性、防腐性、户外耐久性以及涂膜的表观性能，如起泡、流挂和流平性等。

防腐涂料中的挥发性组分可以分为溶剂和水。

水是水性涂料的溶剂。水性涂料可以分成两大类。一类是水溶性涂料，由水溶性树脂为基料制成的涂料，如水溶性自干或烘干涂料，电沉积涂料，包括阳极电泳和阴极电泳漆。另一类是水分散涂料，是以水为分散介质合成聚合物乳状液组成的水分散系统，如乳胶漆、水溶胶涂料等。其中以电沉积涂料和乳胶漆占主导地位，已普遍应用。以水作为溶剂既节约资源又减少污染，因此以水替代有机溶剂已是涂料开发的重点。

水溶性涂料中的水是主要的挥发性组分，尽管溶剂型防腐涂料还是占主流，但随着国家对环境保护、空气雾霾的治理越来越重视，水性工业防腐涂料在更多的行业已经开始得到应用。

按照氢键的强弱和形式，溶剂主要分为3种类型：弱氢键溶剂、氢键受体溶剂和氢键授给型溶剂。弱氢键型溶剂主要包括烃类和氯代烃溶剂。烃类溶剂又分为脂肪烃和芳香烃。商业上脂肪烃溶剂是直链脂肪烃、异构脂肪烃、环烷烃以及少量芳烃的混合物。氢键受体型溶剂主要指酮和酯类溶剂。酮类溶剂比酯类溶剂便宜，但酯类溶剂较酮类溶剂气味芳香。氢键授给型溶剂主要为醇类溶剂，常用的有甲醇、乙醇、异丙醇、正丁醇、异丁醇等。大多数的乳胶漆中也会含有挥发性慢的水溶性醇类溶剂，如乙二醇、丙二醇等，目的之一是降低凝固点。

溶剂按其在涂料在中的作用，可以分为真溶剂、助溶剂和稀释剂等。

真溶剂溶解树脂，制成树脂溶液并用作涂料的漆料。许多合成树脂都是固体的，包括大多数醇酸树脂，某些环氧树脂、氯化橡胶树脂和乙烯树脂。

有许多溶剂不能单独地溶解涂料用树脂，但是将它们与某种真溶剂混合，能获得与真溶剂相同或更大的溶解力，这类溶剂称为助溶剂，也称潜溶剂。如醇类溶剂单独不能溶解硝基纤维素，但它与酮类、酯类溶剂以一定比例混合，能够得到更大的溶解能力，因此醇类溶剂是硝基纤维素的助溶剂。助溶剂通常与真溶剂一起使用，使涂料易于施工，控制挥发速率，提高最终涂膜的质量。

稀释剂是挥发性的有机液体，主要用来稀释涂料，以达到便于施工的目的。它是多种溶剂组合成的混合溶剂。稀释剂与溶剂的区别首先在于它们对特定主要成膜物质的溶解能力有差别。稀释剂只稀释现成涂料，降低涂料的黏度，并且一般是在施工过程中才加入涂料中。而溶剂能独立溶解涂料中的成膜物质，且作为涂料的组成部分，已按一定的比例加入涂料产品中了。其次，涂料中含有的溶剂都有可能作为该涂料的稀释剂，但是有的稀释剂不一定可以作为溶剂使用。施工时在涂料中加入稀释剂，将降低涂料的黏度以及采用普通施工方法所能取得的湿膜厚度。同样，由于稀释，干膜厚度也将降低（实际上是体积固体分百分比的降低）。这就是反对过度稀释涂料的主要原因，无论是在寒冷天气为能进行施工而稀释涂料，还是为节约的假相而稀释涂料。在某些情况下，稀释剂用于降低成本。在施工中，稀释剂应在大多数主溶剂挥发完之前离开涂膜，否则将产生劣质涂膜。

加入稀释剂同时还会增加溶剂残留的危险性，而在残留溶剂从涂料中挥发时，则会影响涂膜的形成。为进行施工而稀释涂料，只应使用涂料配套中规定的稀释剂。如要使用不同的稀释剂必须征得涂料生产商技术代表的书面同意。

稀释剂的选用原则是对涂料有良好的溶解能力，能随涂料涂膜干燥速率由涂膜中挥发出去。没有不挥发的残留物质，而且易于同溶剂混合，同时还要考虑稀释剂的毒性，可燃性等因素。

溶剂在涂料中的使用量因树脂的类型和施工过程而变化。溶剂的使用量变化范围很广，在一些无溶剂环氧涂料中，几乎不含溶剂，而在乙烯涂料、磷化底漆或车间底漆中，溶剂用量可占漆料质量的约 75%。乙烯涂料目前几乎不再使用，而磷化底漆即使改性也只是改善它了毒性，溶剂含量并没有多大改变。

2.2.4.2 溶剂的挥发

在涂料的施工中，溶剂从漆膜中挥发出去，其挥发速率会影响干燥时间和最终漆膜的外观和物理性质。溶剂的挥发速率受温度、蒸气压、表面与体积之比和流过表面的空气流速四个变量的影响。水的挥发还受相对湿度的影响。

溶剂的挥发速率因施工方法不同而变化很大，喷涂最快，刷涂中等，流涂和带式浸涂的挥发速率最慢。如果采用浸涂或流涂施工，挥发速率会影响涂料的流挂性。

空气喷涂与无气喷涂的不同点在于，空气喷涂是以空气流带动雾化后的涂料喷向被涂物表面的。所以空气喷涂的溶剂挥发明显地要快于无气喷涂，这也是空气喷涂有较多漆雾的原因。

同一种涂料在户外和室内施工时，户外施工时溶剂挥发速率明显要快得多，除非室内有强制性的通风。

相对湿度一般的情况下，对溶剂的挥发影响不大，但是对水的影响至关重要。相对湿度增大时，水挥发变慢。不过，非常高的相对湿度也会抑制溶剂的挥发速率。这也是在施工时要控制相对湿度的原因之一，无论是对水还是溶剂来说。

挥发速率是选择涂料用溶剂的重要参考，相对挥发速率通常采用与醋酸正丁酯进行比较的方式来表示，用以下公式来表示：

$E = t_{90}$（醋酸正丁酯）$/t_{90}$（待测溶剂），其中 t_{90} 表示 90% 的溶剂挥发所需要的时间。

醋酸正丁酯是硝基纤维素的标准溶剂，而最早的涂料对溶剂并没有很大的选择，硝基纤维素在 20 世纪初出现以后，溶剂才成为涂料配方的最大挑战。醋酸正丁酯的闪点为 38℃（100℉），并指定其挥发速率为 1。挥发速率是在实验室条件下，温度 25℃，相对湿度低于 5%，空气流动速度为 25L/min，由已知量的测试溶剂与已知量的醋酸正丁酯一起挥发来进行测定的。醋酸正丁酯的挥发时间（分钟）除以测试溶剂的挥发时间即为挥发速率。数值为 0.5 表示测试溶剂的挥发速率只有醋酸正丁酯的一半，而数值为 4 则表示其挥发速率是醋酸正丁酯的 4 倍之快。

根据溶剂的挥发值，溶剂可以分为三类：快速挥发，>10；中等挥发，0.8～

3.0；低挥发，<0.8。

以上简要介绍的是单一纯溶剂的挥发，实际上涂料中的溶剂为混合溶剂，其挥发行为更为复杂。

2.2.4.3 溶剂的可燃性

大多数涂料用溶剂都是可燃的，因此在实验室、涂料工厂和涂料施工作业场所，必须十分小心。

测定溶剂的可燃性，主要测定的是溶剂的闪点，它随着蒸气压的下降而上升，随沸点和分子量的增高而增高。一般来说，蒸气浓度有上下限限制着燃烧和爆炸。满桶的溶剂可能会比刚用空的桶燃烧危险较小，前者的气相中溶剂浓度可能高于爆炸上限，而空桶可以在爆炸上下限之内。所有含有溶剂的作业场所，必须强调良好通风的重要性，密度比空气大的的溶剂可能会静止在空气中成层，并富集在工作场所的下方位置。

闪点的测定有开杯和闭杯两种方法。开杯的结果适宜指示于暴露空气，闭杯近似地指示在密闭容器中的危险程度。

许多涂料使用的都是混合溶剂，但是其中最易燃组分的闪点并不是混合溶剂的闪点，必须用实验来测定其闪点，并在涂料说明书中标出。

根据闪点，将可燃性液体分为两类4级，如表2-1所示。闪点越低，危险越大。溶剂的密度越小，挥发速率越快，闪点就越低。

表 2-1　易燃和可燃液体的易燃性分级标准

类　　别		闪点/℃	举例
易燃液体	一级	<28	汽油、乙醇、苯
	二级	28~45	煤油、松节油
可燃液体	三级	45~120	柴油
	四级	>120	甘油

2.2.4.4 VOC 管控法规

20 世纪 50 年代，人们开始认识到大气中的有机化合物会引起严重的空气污染问题。涂料中的溶剂，即挥发性有机化合物 VOCs，排放在大气中，有三个最重要的最终效应：刺激眼睛、浮尘和毒性氧化剂。VOCs 会与 NO_x 在太阳光紫外线的作用下（图 2-3）反应生成臭氧，增加地面的臭氧浓度，地面的臭氧浓度，超过 $0.1\mu L/L$ 时，人就会产生头痛、喉咙干燥、浑身乏力等症状。美国在 1990 年颁布的空气洁净法修订版中，明确了 VOC 会与氮氧化合物（NO_x）发生光化学反应，生成地面臭氧。氮氧化合物不来自涂料，它主要来自于火力发电和运输业。现在，由于人为排放的 VOCs 快速增长，臭氧水平在很多地区，特别是在城市，超过了许多植物所能抵挡的水平，危及到了人类健康。

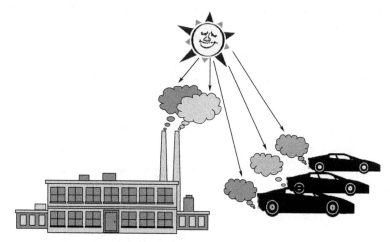

图 2-3　挥发性有机化合物 VOCs 的排放

在 1966 年，美国加利福尼亚州颁发了全世界第一个关于挥发有机化合物 VOC 的法令，即著名的"66 法规"；1990 年，美国通过了联邦空气净化法 (Clean Air Act)；1998 年美国发布了 AIM（Architectural and Industrial Maintenance Coatings Rules）条例，要求将工业涂料的 VOCs 排放限制从 1990 年的 420g/L 在 2000 年降为 250g/L；澳大利亚在 2000 年要求建筑涂料 VOC 的控制在 100g/L 以内。

GB 18582—2008 对内墙涂料的 VOCs 规定必须小于等于 120g/L。其他如汽车涂料、木器涂料、玩具涂料等，都有明确的国家标准来限制 VOCs 的含量。

中国有关防腐涂料 VOC 规范的标准 GB 30981—2014《建筑钢结构有害物质限量》，为强制性（GB）国家标准，适用于对建筑物和构筑物钢结构表面进行防护和装饰的溶剂型和水性涂料；将防腐涂料分为预涂底漆（车间底漆）、底漆、联接漆、中间漆和面漆。该标准于 2014 年 7 月 1 日颁布，2015 年 5 月 1 日开始执行。但是，须注意和理解的是，虽然是强制性标准，但相关产品的 VOC 规定也只是市场准入门槛，所以看上去数据还是显得比较高而不那么环保。这与 VOC 管控法规还是有一定差距的。

为促进节能环保，经国务院批准，自 2015 年 2 月 1 日起对电池行业、涂料行业征收消费税。对施工状态下挥发性有机物（volatile organic compounds，VOC）含量低于 420g/L（含）的涂料免征消费税。

涂料工业随着全世界的环境保护法规的发展，也在不断地促进。高固体分涂料、无溶剂涂料、粉末涂料和水性涂料等环保型涂料是未来的目标，而且已经取得了很大成就。很多涂料商生产的防腐蚀漆，体积固体分基本上都在 65％以上。

水溶性涂料中的无机富锌底漆、环氧富锌底漆、环氧漆和丙烯酸漆从底漆、中间漆到面漆已经形成整套涂装方案，可以满足大部分的大气环境中的钢结构使用。

2.2.4.5 溶剂的毒性

对于挥发性溶剂的毒性，必须考虑用毒性数据来研究。当处于一定的暴露水平之上，可以认为，所有溶剂都有毒。穿戴好防护服可以防止与皮肤的接触，但是最大潜在危害是溶剂的吸入。

有机溶剂通过呼吸进入人体，会对人体不同器官和部位产生损害。伯醇类（甲醇除外）、醚类、醛类、酮类、部分酯类和苄醇类等溶剂会损害人的神经系统；羧基甲酯、甲酸酯类会使肺中毒；苯及其衍生物、乙二醇类等毒害人的血液；四氯乙烷和乙二醇类会损害人的肾脏；卤代烃影响人的肝脏及新陈代谢。

特别需要指出的是，乙二醇醚及其酯类的毒性相当严重，对人体液循环系统、淋巴系统、动物生殖系统均有极大的危害，会导致雌性不育、胎儿中毒、畸形胎、胚胎消溶、幼子成活率低或先天性低智等病害，在欧美国家早已禁用。

了解溶剂的毒性，必须了解三种通用毒害数据：

① 急性毒害数据，指的是致伤或致死的一次摄入量；

② 每天 8h 长期暴露的安全水平，这类数据用于封闭工作环境中的溶剂浓度上限；

③ 低水平暴露多年会增大健康危害的，比如癌症。通过动物试验，发觉某一溶剂可能致癌，便把允许浓度设定很低，最终就是禁用致癌溶剂。

在涂料行业中，使用低毒溶剂是一个大趋势，如 DBE 溶剂（丁二酸二甲酯、戊二酸二甲酯和己二酸二甲酯的混合溶剂）、DMC（碳酸二甲酯）和乙酸仲丁酯等。

烷基酚聚氧乙烯醚类化合物 APEO，具有良好的润湿、渗透、乳化和分散作用，常被用于涂料的分散剂/乳化剂；同时 APEO 具有较大的毒性，生物降解性差，在生产过程中会有有害副产物。欧盟在 2005 年 1 月 17 日起全面限制了 APEO 的生产和使用。美国的 GS-11 规范也禁止了 APEO 在涂料中的使用。

2.3 涂料的分类和命名

国家标准 GB/T 2705—1992 对涂料进行分类的方法是按照主要成膜物质来进行的。新的涂料产品分类、命名和型号的标准 GB/T 2705—2003 对比于 1992 年版本，有了很大的区别。最大的变化就是 2003 版标准中取消了涂料产品的型号。

新标准 2003 版提出了两种分类方法，增加了以涂料产品用途为主线并适当辅以主要成膜物质分类方法；补充完善了以主要成膜物为基础的分类方法，适当辅以产品的主要用途，并将建筑涂料重点突出来。

由于 GB/T 2705—1992 多年来形成的影响，我国大多数涂料企业，以及进行防腐蚀涂料的涂装工作者对这些涂料的型号和名称有着很深的印象和习惯，所以在此有也简述该标准，以便在涂料知识方面能够承上启下，也有助于大家理解阅读早期出版的涂料技术书刊。

2.3.1 GB/T 2705—2003《涂料产品分类和命名》

涂料产品的分类方法有如下两种。

第一种以涂料的用途来划分（分类方法 1），将涂料分成三个主要类别：建筑涂料、工业涂料和通用涂料及辅助材料，详见表 2-2。

表 2-2 涂料的分类方法 1

主要产品类别			主要成膜物类型
建筑涂料	墙面涂料	合成树脂乳液内墙涂料 合成树脂乳液外墙涂料 溶剂型外墙涂料 其他墙面涂料	丙烯酸酯类及其改性共聚乳液；醋酸乙烯及其改性共聚乳液；聚氨酯、氟碳等树脂；无机黏合剂等
	防水涂料	溶剂型树脂防水涂料 聚合物乳液防水涂料 其他防水涂料	EVA、丙烯酸酯类乳液；聚氨酯、沥青、PVC 胶泥或油膏、聚丁二烯等树脂
	地坪涂料	水泥基等非木质地面用涂料	聚氨酯、环氧等树脂
	功能性建筑涂料	防火涂料 防霉（藻）涂料 保温隔热涂料 其他功能性建筑涂料	聚氨酯、环氧、丙烯酸酯类、乙烯类、氟碳等树脂
工业涂料	汽车涂料（含摩托车涂料）	汽车底漆（电泳漆） 汽车中涂漆 汽车面漆 汽车罩光漆 汽车修补漆 其他汽车专用漆	丙烯酸酯类、聚酯、聚氨酯、醇酸、环氧、氨基、硝基、PVC 等树脂
	木器涂料	溶剂型木器涂料 水性木器涂料 光固化木器涂料 其他木器涂料	聚酯、聚氨酯、丙烯酸酯类、醇酸、硝基、氨基、酚醛、虫胶等树脂
	铁路、公路涂料	铁路车辆涂料 道路标志涂料 其他铁路、公路设施用涂料	丙烯酸酯类、聚氨酯、环氧、醇酸、乙烯类等树脂

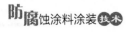

主要产品类别		主要成膜物类型
工业涂料	轻工涂料 自行车涂料 家用电器涂料 仪器、仪表涂料 塑料涂料 纸张涂料 其他轻工专用涂料	聚氨酯、聚酯、醇酸、丙烯酸酯类、环氧、酚醛、氨基、乙烯等树脂
	船舶涂料 船壳及上层建筑物漆 船底防锈漆 船底防污漆 水线漆 甲板漆 其他船舶漆	聚氨酯、醇酸、丙烯酸酯类、环氧、酚醛、氯化橡胶、沥青等树脂
	防腐涂料 桥梁涂料 集装箱涂料 专用埋地管道及设施涂料 耐高温涂料 其他防腐涂料	聚氨酯、丙烯酸酯类、环氧、醇酸、氯化橡胶、乙烯类、沥青、有机硅、氟碳等树脂
	其他专用涂料 卷材涂料 绝缘涂料 机床、农机、工程机械等涂料 航空、航天涂料 军用器械涂料 电子元器件涂料 以上未涵盖的其他专用涂料	聚酯、聚氨酯、环氧、丙烯酸酯类、醇酸、乙烯类、氨基、有机硅、氟碳、酚醛、硝基等树脂
通用涂料及辅助材料	调和漆 清漆 磁漆 底漆 腻子 稀释剂 防潮剂 催干剂 脱漆剂 固化剂 其他通用涂料及辅助材料	以上未涵盖的未明确应用领域的涂料产品 改性油脂、天然树脂、酚醛、醇酸等树脂

注：主要成膜物类型中树脂类型包括水性、溶剂型、无溶剂型、固体粉末等。

　　第二种除了建筑涂料外，以涂料产品的主要成膜物质为主线，并适当辅以产品主要用途来划分类别（分类方法2）。将涂料产品划分为两个主要类别：建筑涂料、其他涂料及辅助材料，详见表2-3。

表 2-3　分类方法 2

主要成膜物类型		主要产品类型
油脂类漆	天然植物油、动物油(脂)、合成油等	清油、厚漆、调和漆、防锈漆、其他油脂漆
天然树脂类漆	松香、虫胶、乳酪素、动物胶及其衍生物等	清漆、调和漆、磁漆、底漆、绝缘漆、生漆、其他天然树脂漆
酚醛树脂类漆	酚醛树脂、改性酚醛树脂等	清漆、调和漆、磁漆、底漆、绝缘漆、船舶漆、防锈漆、耐热漆、黑板漆、防腐漆、其他酚醛树脂漆
沥青漆类	天然沥青、(煤)焦油沥青、石油沥青等	清漆、磁漆、底漆、绝缘漆、防污漆、船舶漆、耐酸漆、防腐漆、锅炉漆、其他沥青漆
醇酸树脂漆类	甘油醇酸树脂、季戊四醇醇酸树脂、其他醇类的醇酸树脂、改性醇酸树脂等	清漆、调和漆、磁漆、底漆、绝缘漆、船舶漆、防锈漆、汽车漆、木器漆、其他醇酸树脂漆
氨基树脂漆类	三聚氰氨甲醛树脂、脲(甲)醛树脂及其改性树脂等	清漆、磁漆、绝缘漆、美术漆、闪光漆、汽车漆、其他氨基树脂漆
硝基漆类	硝基纤维素(酯)等	清漆、磁漆、铅笔漆、木器漆、汽车修补漆、其他硝基漆
过氯乙烯树脂漆类	过氯乙烯树脂等	清漆、磁漆、机床漆、防腐漆、可剥漆、胶液、其他过氯乙烯树脂漆
烯类树脂漆类	聚二乙烯炔树脂、聚多烯树脂、氯乙烯醋酸乙烯共聚物、聚乙烯醇缩醛树脂、聚苯乙烯树脂、含氟树脂、氯化聚丙烯树脂、石油树脂等	聚乙烯醇缩醛树脂、氯化聚烯烃树脂漆、其他烯类树脂
丙烯酸酯类树脂漆类	热塑性丙烯酸酯类树脂、热固性丙烯酸酯类树脂等	清漆、透明漆、磁漆、汽车漆、工程机械漆、摩托车漆、家电漆、塑料漆、标志漆、电泳漆、乳胶漆、木器漆、汽车修补漆、粉末涂料、船舶漆、绝缘漆、其他丙烯酸酯类树脂漆
聚酯树脂漆类	饱和聚酯树脂、不饱和聚酯树脂等	粉末涂料、卷材涂料、木器漆、防锈漆、绝缘漆、其他聚酯树脂漆
环氧树脂漆类	环氧树脂、环氧酯、改性环氧树脂等	底漆、电泳漆、光固化漆、船舶漆、绝缘漆、划线漆、罐头漆、粉末涂料、其他环氧树脂漆
聚氨酯树脂漆类	聚氨(基甲酸)酯树脂等	清漆、磁漆、木器漆、汽车漆、防腐漆、飞机蒙皮漆、车皮漆、船舶漆、绝缘漆、其他聚氨酯树脂漆
元素有机漆类	有机硅、氟碳树脂漆	耐热漆、绝缘漆、电阻漆、防腐漆、其他元素有机漆
橡胶漆类	氯化橡胶、环化橡胶、氯丁橡胶、氯化氯丁橡胶、丁苯橡胶、氯磺化聚乙烯橡胶等	清漆、磁漆、底漆、船舶漆、防腐漆、防火漆、划线漆、可剥漆、其他橡胶漆
其他成膜物类涂料	无机高分子材料、聚酰亚胺树脂、二甲苯树脂等以上未包括的主要成膜材料	

注：1. 主要成膜类型中树脂类型包括水性、溶剂型、无溶剂型、固体粉末等。
　　2. 天然树脂类漆包括直接来自天然资源的物质及其经过加工处理后的物质。

涂料用辅助材料主要品种有稀释剂、防潮剂、催干剂、脱漆剂、固化剂和其他辅助材料等。

涂料的命名原则一般是由颜色或颜料名称加上成膜物质名称，再加基本名称（特性或专业用途）而组成。对不含颜料的清漆，其全名一般是由成膜物质名称加上基本名称而组成。

颜色名称通常由红、黄、蓝、白、黑、绿、紫、棕、灰等颜色，有时再加深、中、浅（淡）等词构成。若颜料对漆膜性能起显著作用，则可用颜料的名称代替颜色的名称，如铁红、锌黄、红丹等。

成膜物质名称可做适当简化，例如，聚氨基甲酸酯简化成聚氨酯；环氧树脂简化成环氧；硝酸纤维素（酯）简化为硝基等。

基本名称表示涂料的基本品种、特性和专业用途，如清漆、磁漆、底漆、锤纹漆、罐头漆、甲板漆、汽车修补漆等。在标准中仅作为一种资料性材料供参阅。

在成膜物质名称和基名称之间，必要时可插入适当词语来标明专业用途和特性等，如白硝基球台漆、铁红环氧聚酯酚醛烘干绝缘漆。如名称中无"烘干"词，则表明该漆是自然干燥，或自然干燥、烘干均可。

凡双（多）组分的涂料，在名称后应增加"（双组分）"、"（三组分）"等字样，如聚氨酯木器漆（双组分）。

除了稀释剂外，混合后产生化学反应或不产生化学反应的独立包装的产品，都可认为是涂料组分之一。

2.3.2　GB/T 2705—1992

GB/T 2705—1992虽然已经废除并被GB/T 20705—2003所取代，但因其在涂料的历史上影响较大，因此在这里补充介绍。现在国内很多厂家的涂料产品还都是在此标准基础上进行命名的。了解该标准，也有助于文献资料中关于涂料产品的理解。

GB/T 2705—1992中对涂料产品的分类，主要按成膜物质为基础分成17大类，如表2-4所示。如果主要成膜物为混合树脂，则以漆膜中起主要作用的一种树脂为基础。

表2-4　涂料主要成膜物质

代号	类别	主要成膜物质
Y	油性涂料	天然动植物油,清油,合成干性油
T	天然树脂涂料	松香及其衍生物
F	酚醛树脂涂料	纯酚醛树脂涂料,改性酚醛树脂涂料
L	沥青涂料	天然涂料,石油沥青,煤焦油沥青

续表

代号	类别	主要成膜物质
C	醇酸树脂涂料	季戊四醇和各种油改性醇酸树脂
A	氨基树脂涂料	脲(或三聚氰胺)甲醛树脂
Q	硝基涂料	硝化树脂及其改性树脂
M	纤维素涂料	醋酸纤维,乙基纤维,醋丁纤维
G	过氯乙烯树脂涂料	过氯乙烯及其改性树脂
X	乙烯树脂涂料	聚乙烯醇缩丁醛树脂,氯乙烯-偏氯乙烯树脂共聚物
B	丙烯酸树脂涂料	丙烯酸树脂,丙烯酸共聚树脂及其改性树脂
Z	聚酯树脂涂料	饱和及不饱和聚酯树脂
H	环氧树脂涂料	环氧树脂,改性环氧树脂
S	聚氨酯涂料	聚氨基甲酸酯
V	元素有机聚合物涂料	有机硅,有机钛
J	橡胶涂料	天然、合成橡胶及其衍生物,如氯化橡胶、氯磺化聚乙烯
E	其他涂料	以上16大类包括不了的,如无机高聚物

涂料的名称由三部分组成,即颜色或颜料的名称、成膜物质的名称和基本名称,可以用下面这个简单的公式来表示:

涂料全名＝颜料或颜色名＋主要成膜物＋基本名称

不过生产厂家一般习惯如下称呼:主要成膜物＋颜料或颜色＋基本名称。

例如,醇酸红丹防锈漆,氯化橡胶云铁防锈漆,环氧铁红车间底漆。

当基料中有多种成膜物质时,选一种主要的成膜物来命名。有时也可选两种主要成膜物来命名,以清楚地说明其特色。如环氧煤沥青涂料、环氧酚醛涂料等。基本名称采用已广泛使用的名称,如清漆、磁漆、耐酸漆、防火漆等。为了区分同种涂料中的不同产品,每种涂料规定了型号,不同的型号表示不同的基本产品。

与钢结构防腐蚀涂料有关的基本名称代号如表2-5所示。

表2-5 涂料类别代号表

代号	基本名称	代号	基本名称	代号	基本名称
00	清油	14	透明漆	52	防腐漆
01	油漆	15	斑纹漆	53	防锈漆
02	厚漆	16	锤纹漆	54	耐油漆
03	调和漆	17	皱纹漆	55	耐水漆
04	磁漆	18	裂纹漆	60	耐火漆
05	粉末涂料	19	晶纹漆	61	耐热漆
06	底漆	40	防污漆、防蛆漆	63	涂布漆
07	腻子	41	水线漆	83	烟囱漆
09	大漆	42	甲板漆	86	标志漆
12	乳胶漆	50	耐酸漆	98	胶液
13	其他水溶性漆	51	耐碱漆	99	其他

为了区别同一类型的各种涂料,在名称之前还有型号以示区分,它用表示涂

料类别的拼音字母表示涂料类别，第1、2位阿拉伯数字表示型号，短线后的第3、4位数字表示产品序号。

产品型号名称举例如下：

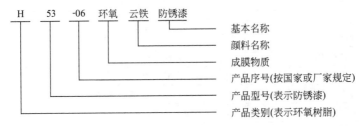

H　53　-06　环氧　云铁　防锈漆

- 基本名称
- 颜料名称
- 成膜物质
- 产品序号(按国家或厂家规定)
- 产品型号(表示防锈漆)
- 产品类别(表示环氧树脂)

对辅助材料的型号，用一个汉语拼音和1～2位阿拉伯数字组成，字母表示辅助材料的类别，数字为序号，用以区别同一类型的不同类别。见表2-6。

表2-6　辅助材料代号表

代号	辅助材料名称	代号	辅助材料名称
X	稀释剂	T	脱漆剂
F	防潮剂	H	固化剂
G	催干剂		

2.4 涂料的成膜过程

生产和使用涂料的目的是得到符合需要的涂膜，涂料形成涂膜的过程直接影响着涂料的使用效果以及涂膜的各种性能。涂料的成膜过程包括涂料施工在被涂物表面和形成固态连续漆膜两个过程。液态的涂料施工到被涂物表面后形成的液态薄层，称为湿膜；湿膜按照不同的机理，通过不同的方式变成固态连续的漆膜，称为干膜。涂料由湿膜形成干膜的过程就是涂料的干燥和固化成膜过程。

各种涂料由于采用的成膜树脂不同，其成膜机理也不相同。正确了解涂料的成膜机理，可以进一步理解涂料的性能，帮助我们正确地使用涂料。

涂料的成膜方式主要有两大类，物理干燥和化学固化。其中化学固化又可以分为氧气聚合、固化剂固化、水汽固化等。常见涂料的成膜分类如表2-7所示。

表2-7　常见涂料的成膜方式分类

物理干燥	溶剂型	沥青涂料、氯化橡胶、丙烯酸、乙烯
	水性	丙烯酸
化学固化	氧化聚合固化	油性、醇酸、酚醛、环氧酯
	双组分固化剂固化	环氧、聚氨酯、不饱和聚酯
	湿气固化	聚氨酯、无机硅酸锌
	辐射固化	不饱和聚酯、环氧丙烯酸酯、聚氨酯丙烯酸酯

2.4.1　物理干燥

物理干燥有两种形式，溶剂的挥发和聚合物粒子凝聚成膜。

溶剂型的涂料，经涂装后，溶剂挥发到大气中，就完成漆膜干燥的过程。常见的涂料产品有沥青涂料、乙烯树脂涂料、氯化橡胶涂料和丙烯酸树脂涂料等。这一类涂料的共性如下。

① 可逆性，涂膜在几个月后甚至几年后，还能被本身或更强的溶剂所溶解。溶剂分子会渗进黏结剂的分子间，迫使它们分离而后分解黏结剂；

② 溶剂敏感性，作为可逆性的结果，这些涂料不耐本身的溶剂或更强的溶剂；

③ 漆膜成型不依赖于温度，这是因为漆膜成型中没有化学反应发生；

④ 热塑性，物理干燥的涂料在高温下会变软。

分散型涂料，如乳胶漆等，在水的挥发过程中，聚合物粒子彼此接触挤压成型，由粒子状聚集变为分子状态的聚集而形成连续的漆膜。这一类涂料的共性如下：

① 在一定温度下的可逆性，其本身的或更强的接合剂或溶剂能够重新溶解漆膜；然而，只是加入水可则不可能重新分散漆膜；

② 对溶剂的敏感性，相对于上面一点而言，相似或更强的溶剂会对漆膜有一定的攻击性；

③ 漆膜成型有温度依赖性，在软化点黏结剂粒子能融合在一起，通常是5℃或更高的温度，对施工温度来说，最好是在10℃以上；

④ 如同溶剂型涂料一样，具有热塑性；

⑤ 重涂性能比较好。

2.4.2　化学固化

化学固化的涂料，由转化型成膜物质组成，主要依靠化学反应方式成膜，成膜物质在施工时聚合为高聚物涂膜。

以天然油脂为成膜物的涂料，以及含有油脂成分的天然树脂涂料和以油料为原料合成的醇酸树脂涂料、酚醛树脂涂料和环氧酯涂料等都是依靠氧化聚合成膜的。这是一种自由基链式聚合反应。这些涂料中的不饱和脂肪酸通过氧化而使分子量增加，其氧化聚合速率与其所含亚甲基基团数量、位置和氧的传递速率有关。为了加快氧化干燥过程，可以使用催干剂。在大多数情况下，氧首先进攻 C═C 键，或 α-位的亚甲基基团。使用金属盐催干剂，如钴、锰和铅等，将有利于氧的进攻。因为多价金属盐可以为氧的载体，或与双键结合形成更易被氧进攻的新的化合物。

需要用固化剂反应成膜的涂料，通常为双组分包装，一组分为基料含树脂、溶剂、颜料和填料等，另一组分为固化剂。使用时，把固化剂倒入基料中搅拌均匀才能使用。常见的有环氧涂料、聚氨酯涂料和不饱和聚酯涂料等。

涂料的固化机理还有其他几种化学反应或聚合过程。

① 湿气固化：基料的分子与水汽相反应，如无机硅酸锌漆和单组分的聚氨酯涂料。

② 二氧化碳固化：基料的分子与空气中的二氧化碳反应，如硅酸钠/钾的无机富锌漆。

③ 高温触发固化反应：有机硅在 200℃ 的温度下几个小时后才能达到固化程度。

化学固化的涂料具有以下一些基本性能。

① 不可逆转性，固化后的漆膜是不可溶解的。

② 耐溶剂性，不可逆转性的结果。

③ 成膜速率要依靠温度，比如说有些涂料对最低成膜温度有具体的要求，低于该温度漆膜将不会固化。

④ 非热塑性，黏结剂的分子在高交联状态下不会有移动，即使是在高温状态下也不会有变化，比如漆膜在高温下不会变软等。

⑤ 严格的重涂间隔。涂层间的重涂，必须是在固化完全结束之前进行。已经达到完全固化程度的涂层表面必须经过拉毛处理后才能涂下道漆。

2.5 重防腐蚀涂料

2.5.1 重防腐蚀涂料概述

重防腐涂料最早出现在 20 世纪 60～70 年代，英文名称为 "heavy duty coatings"，在那个年代，它是与油性涂料和醇酸树脂涂料相比而言的。在墨西哥湾和北海上的石油钻井以及采油平台纷纷建立起来，数万吨和几十万吨的油轮在各大洋各大洲上航行；在日本，连岛工程上建起了跨海大桥。在这些恶劣的海洋环境下，需要更高性能的防腐蚀涂料来保护钢铁构件。当时主要的涂料产品为富锌涂料、乙烯树脂涂料、环氧树脂涂料和氯化橡胶涂料等，厚浆型环氧煤沥青涂料更是在 20 世纪 90 年代以前的高档涂料之一。

涂料技术是不断发展的，现代重防腐涂料的意义和产品也随之赋予了新的含义。对于此类涂料的名称，英文中开始使用 protective coating（保护涂料或防护涂料），以及 high performance coating（高性能涂料）。乙烯树脂涂料、氯化橡胶涂料等已经逐步被淘汰，曾经相当重要的厚浆型环氧煤沥青涂料也已经开始为其他综合性能更好的防腐蚀涂料所替代。环氧树脂涂料也从纯环氧涂料开始向更好性能的改性环氧树脂涂料发展。

海洋工程的进一步发展，石油化工的持续发展，冶金、能源、城建和环保工程等等，都需要使用重防腐涂料。现代重防腐涂料与传统的防腐蚀涂料的重要区别如下：

① 注重环境保护，降低能源消耗，低 VOC；

② 关注涂料对人类健康的影响，不含有害溶剂、有毒颜料；

③ 严酷环境下使用寿命长，防腐效果优异；

④ 技术含量新，使用高性能的耐蚀合成树脂、新型颜填料和助剂；

⑤ 涂层厚膜化，超厚膜化；

⑥ 严格的表面处理；

⑦ 涂料配套设计科学化；

⑧ 系统化、专业化的涂装过程控制。

VOCs 是挥发性有机化合物（volatile organic compounds）的缩写。从环保意义上来说，挥发和参加大气光化学反应是 VOCs 重要的因素。在大气中，VOCs 在太阳光和热的作用下，参与氧化氮反应，形成臭氧，臭氧会导致空气质量变差，而且是夏季烟雾的主要组分。挥发性有机物和氮氧化物结合，在太阳光的照射下会生成两种（类）污染物，一种是 PM 2.5 的组成部分，叫做二次有机颗粒物，或二次有机气溶胶（SOA），是大气中 PM 2.5 的一个重要组成部分。

在环境保护法规的推动下，涂料公司发展了许多新的重防腐涂料品种，使用安全的原材料而不丧失其优良性能和耐久性。现代重防腐涂料的主要品种有：高固体分涂料和无溶剂涂料、水性工业防腐蚀涂料、富锌漆、玻璃鳞片涂料以及超耐候性涂料等。

2.5.2 高固体分涂料

提高涂料的固体分并不是单纯地靠减少有机溶剂来达到的，它涉及成膜物质低黏度化、活性稀释剂的应用，采用溶解力强、毒性小、成本低的溶剂、新型助剂的应用等一系列新原料和新技术。

高 VOCs 含量的涂料主要是热塑性树脂涂料，如氯化橡胶涂料、乙烯树脂涂料和丙烯酸树脂涂料等，用量正在下降。现在使用的低 VOC 涂料多为热固性涂料。

原来广泛使用的氯化橡胶涂料，且不谈其四氯化碳的危害，由于其固体分为35％，有着65％的溶剂，因此 VOCs 达到了 600g/L。即使是厚浆型氯化橡胶涂料，可以厚膜化施工一次喷涂达到 80μm，然而厚膜化是依靠触变剂的使用来达到的，而且也无法进一步地厚膜化。由于厚浆型氯化橡胶涂料的体积固体分在50％以下，溶剂含量在50％，如果更厚膜化地施工，氯化橡胶涂料的快干性能会使大量的溶剂截留在漆膜里面，影响涂料的性能。到了 2000 年，高固体分环氧涂料开始普遍地得到应用，体积固体分达到 75％时，溶剂含量仅为 25％，VOCs 只有 210g/L。实际上，很多的高固体分环氧涂料的体积固体分达到了80％～90％。

在高固体分涂料中，环氧树脂涂料的应用最为广泛。传统的环氧树脂涂料中体积固体分为 50％左右，而高固体分涂料的体积固体分至少达到了 65％以上。重防腐涂料体系中的环氧云铁中间漆，有很多厂商的产品，其体积固体分更是达到了 80％以上。不同体积固体分数的环氧云铁中间漆，其 VOC 含量的变化如表2-8 所示。

表 2-8　环氧云铁中间漆的 VOC 含量的变化

体积固体分数	VOC(EPA,方法 24)/g/L
54％	420
65％	380
80％	175

2.5.3　无溶剂涂料

无溶剂涂料的使用，减少了有机挥发物的排放，对个人防护、防火、防爆等安全也起到了无可估量的作用。正因为无溶剂涂料含极少量或不含挥发性的溶剂，所以适用于特种环境下的重防腐涂装。

无溶剂涂料与其他产品的最大区别是无论在熟化还是在应用时都不需要溶剂或水，低黏度的胺固化剂、液态的树脂和颜料结合形成的涂层具有非同一般的特性。

边缘覆盖性：无溶剂环氧涂层对没有处理过的钢板边缘具有强大的覆盖能力，比溶剂型环氧漆效果更好。

不收缩，无伸长力：不含溶剂的环氧树脂在熟化过程中不收缩，涂层在干燥以后没有伸长，这是无溶剂环氧涂层经久耐用的主要特点。溶剂型的环氧涂层在干燥时由于溶剂挥发会导致破裂，而无溶剂环氧的不收缩性使其在遇到不平钢板时，不易发生裂纹。

无溶剂涂料与溶剂型高固体分涂料在施工方面还是有很大区别的。

以无溶剂环氧树脂涂料为例，由于采用了不同的固化体系，因此双组分混合后的可使用时间大大缩短，通常在23℃时，只有30min左右。因此，对无溶剂涂料的施工，最好采用双组分加热喷漆泵。

在表面处理方面，无溶剂涂料由于比溶剂型涂料对表面的润湿性要差，所以钢材要求通过喷砂来增加表面粗糙度。

2.5.4 富锌漆

2.5.4.1 富锌漆中的锌粉

锌可以被熔融并加工净化成细颗粒的高纯度锌粉，是防锈漆中非常重要的防锈颜料。锌粉的标准电位（-0.76V）比钢铁的（-0.44V）低，涂膜在受到侵蚀时，锌粉作为阳极先受到腐蚀，基材钢铁为阴极，受到保护。

锌作为牺牲阳极形成的氧化产物对涂层起到一种封闭作用，仍可加强涂层对底材的保护。在富锌涂料中，锌粉在保护过程中逐渐被消耗，但速度很慢。其腐蚀产物的形成，使涂层与底材电位差有所减小，当漆膜被损伤时，又露出新的金属锌，电位差立即增大，产生较强的阴极保护作用。所以富锌漆的锈蚀不会从损伤处向周围扩散。

为了确保在富锌漆中锌粉同钢铁能紧密结合而起到导电和牺牲阳极作用，富锌漆中要求使用大量的锌粉，早期的锌粉质量分数占到整个漆膜的90%（质量分数）。近来由于成本的压力和实际的使用性能，锌粉含量下降到80%左右，再加上其他的增强型填料来提来漆膜的性能，比如减少膜厚处的龟裂现象。这些锌粉量使锌-锌-铁互相紧密接触，就可以产生阴极保护作用。

对富锌漆中锌粉的含量占干膜总质量的百分比，不同国家的规范和标准的规定如下。

BS 4652：1995 中规定，干漆膜中锌粉含量不能低于85%（质量分数）。

SSPC-Paint 20 规定，富锌漆的漆膜中锌粉质量，Ⅲ级大于等于65%，少于77%；Ⅱ级大于等于77%，少于85%；Ⅰ级大于85%。

SSPC-Paint 29 规定牺牲型锌粉底漆干膜中锌粉质量至少要达到65%。

ISO 12944-5：2007 第5.2条文中规定，富锌底漆，无论是有机还是无机，不挥发分中锌粉含量不得低于80%（质量分数），锌粉颜料要符合 ISO 3549 的规定。

HG/T 3668—2009：不挥发分中的金属锌含量的三个级别，分别要大于等于 60%、70% 和 80%。这个要求接近于 SSPC-Paint 20 锌粉含量的规定。

涂膜中锌粉含量的测定方法可以参考 BS 4652 和 HG/T 3668—2009 中的有关实验程序。

2.5.4.2　环氧富锌底漆

有机富锌漆最常用的是环氧富锌漆，此外还有氯化橡胶富锌漆等，但是因其是热塑性树脂，遇热时会变软，所以应用不多。

环氧富锌底漆是以锌粉为防锈颜料，环氧树脂为基料，聚酰胺树脂或胺加成物为固化剂，加以适当的混合溶剂配制而成的环氧底漆，其中锌粉含量很高，以形成连续紧密的涂层而与金属接触。环氧富锌要施工须喷砂至 Sa 2.5 的表面上，与大多数涂料相兼容（除了醇酸漆会皂化），是多道涂层系统中很好的底漆，不管是新建还是现场维修的施工。环氧富锌经常用作临时底漆，用于大型钢结构维修。它干燥迅速，重涂间隔相对较短，附着力好，耐碰撞，耐热可达 120～140℃。耐磨性能也很好。

2.5.4.3　水性无机富锌涂料

水溶性后固化无机富锌漆，主要以硅酸钠（又名水玻璃）为黏结剂，与锌粉混合后，涂在钢铁表面，当涂膜干燥后，再喷上酸性固化剂，如稀磷酸（H_3PO_4），使涂层固化。由于施工比较麻烦，这种无机富锌涂料已经不再使用。

水溶性自固化无机富锌漆，其中锌粉不仅是防锈颜料，而且还起帮助固化的作用。碱金属盐是主要的成膜基料，不同的碱金属种类和硅氧化物与碱金属氧化物的摩尔比不同，可以为几种性能差别极大的基料，碱金属可以是钠、锂和钾。硅酸锂的水溶性很差，不易制得较高浓度的溶液，而且价格较高；硅酸钠易溶于水，价格低，但是易于被碳酸化，因此硅酸钾是最为常用的水性无机富锌中的基料。高摩尔比的硅酸钾可以得到更好的涂料性能，硅酸钾水溶液按其组成中 SiO_2 与 K_2O 的比例，现在的已经从低摩尔比（3.3：1）提高到（4.8～5.3）：1。基料中 SiO_2 与 K_2O 的摩尔比越高，—OH 基团数也越多，与 Zn 发生反应的概率越大，漆膜在室温下的成膜速率也越快。锌粉混入基料硅酸钾以后，与其分子结构中的—OH 发生交联反应，最终形成网状大分子而完成漆膜的固化过程。利用空气中的二氧化碳和湿气与硅酸钾进行反应，在生成碳酸盐的同时，锌粉也同硅酸钾充分反应成为硅酸锌高聚物。它保留了对水的敏感性，直到水溶剂完全从漆膜中挥发。其固化受温度和湿度的影响较大。

水性无机富锌涂料，以水为溶剂和稀释剂，不含任何有机挥发物，无毒，无闪火点，对施工人员的损害明显比溶剂型无机富锌涂料低，对环境污染小，VOC 为零，没有火灾危险，在施工、储存和运输过程中较为安全。

2.5.4.4 溶剂型无机富锌涂料

溶剂型自固化无机富锌涂料，以醇类溶剂为主，因此也称之为醇溶性无机富锌涂料，以正硅酸乙酯水解预聚体作为成膜物，加入溶剂、超细锌粉、硅铁粉、增稠剂和助剂等组成双组分涂料。它与钢铁有着很强的附着力，防锈能力强，耐曝晒、防风化、耐磨蚀，耐水、耐盐水、耐盐雾，并且耐溶剂、油品和其他化学品，并且导电性能良好，可以作为储罐内壁涂层使用；可以长期耐400℃高温，作为高温漆中的重要品种，既耐高温又是优异的防锈底漆。溶剂型无机硅酸锌车间底漆还是钢材预处理中最为重要的车间底漆品种，$15\mu m$ 即具有室外 $6\sim12$ 个月的防锈能力。

溶剂型自固化无机富锌涂料的固化机理也很复杂。正硅酸乙酯，分子结构为 $Si(OCH_2CH_3)_4$，带有 4 个乙氧基，在蒸馏水中微量酸性水解生成部分水解产物。正硅酸乙酯分子中 SiO_2 质量占 28.84%，所以正硅酸乙酯也俗称 Si-28。正硅酸乙酯本身没有黏结性能，但是在催化剂作用下部分水解成具有黏性的聚硅酸乙酯。水解后的产物依聚合物程度高低依次为 Si-32、Si-40、Si-50 等，前两种以线型结构存在比较稳定，后一种为立体网状结构，储存时要加稳定剂。一般多选用 Si-40。催化剂多选用盐酸，使用硫酸时危险性较大，乙酸可以作为辅助催化剂。

当与锌粉混合，涂覆成膜时，部分水解的硅酸乙酯继续进行水解缩聚，形成网状高聚物。硅酸乙酯与锌和钢铁基底能同时生成络合盐类，因此与钢材表面具有良好的附着力。

溶剂型无机富锌涂料含有大量的锌粉粒子，与钢铁表面之间紧密接触，起牺牲阳极保护的作用。鳞片状锌粉的应用，除了具有阴极保护作用外，还能搭接在涂层中，有着更好的涂层屏蔽性能，并且能减少锌粉用量。锌粉与空气中的 CO_2、SO_2 或者 Cl^- 接触生成锌的各种难溶碱式盐，会填没涂层中的空隙，增加屏蔽性。紫外线对无机富锌涂层的作用也比有机涂层要小得多，因此耐老化性能要强于有机涂层。

2.5.5 玻璃鳞片涂料

玻璃鳞片涂料是以耐蚀树脂为主要成膜物质，以薄片状的玻璃鳞片为骨料，再加上各种添加剂组成的厚浆型涂料。美国欧文斯-康宁（Owens-Corning）玻璃纤维公司于 1953~1955 年间首先成功开发并制造出玻璃鳞片，并于 1957 年发表了玻璃鳞片涂料制造的第一个专利，此后开始了更广泛、深入的试验应用。

玻璃鳞片是玻璃经 1700℃高温熔化再经独特工艺吹制而成的极薄的玻璃碎

片，高温熔化状态下的玻璃，经特殊工艺加工，使得玻璃鳞片具有比普通玻璃强度大而密度小的特性。

玻璃是无机材料，其组成决定了它具有良好的耐化学药品及抗老化性能。玻璃鳞片很薄，鳞片涂料经正确施工，使得它在涂层中可与基体平行叠压排列，像片片鱼鳞，如层层盔甲，形成致密的防渗层（迷宫式结构），在 $1000\mu m$ 干膜中，玻璃鳞片可达一百层，使得腐蚀介质扩散渗透到被保护基体的途径变得曲曲折折，大大延长介质渗透的途径和时间，进而提高涂层的抗渗透性能及耐蚀寿命。

涂层中大量的玻璃鳞片形成许多小区域，使涂层中的微裂纹、微气泡相互分割，大大减慢了介质的渗透速率，使介质渗透率明显缩小。

玻璃鳞片的存在不仅减少了涂层与底材之间的热膨胀系数之差，而且也明显降低了涂层本身的硬化收缩率。这不但有助于抑制涂层龟裂、剥落等的出现，而且可提高涂层的附着力与抗冲击性能。

玻璃鳞片用硅烷型偶联剂处理，可明显增加鳞片与树脂间的黏结力，相应地有效增加涂层的抗渗性，降低涂层的吸水性。而且处理过的玻璃鳞片在树脂中的漂浮性好，有利于鳞片与基体之间的平行排列，从而提高涂层的抗渗性。

玻璃鳞片涂料常见树脂有氯化橡胶、氯磺化聚乙烯、环氧树脂、环氧煤沥青、酚醛环氧树脂（NOVLAC）、不饱和聚酯树脂和乙烯酯树脂等。其中应用最为广泛的有环氧玻璃鳞片涂料、聚酯玻璃鳞片涂料和乙烯酯玻璃鳞片涂料等。

玻璃鳞片涂料的应用领域有：

① 火力发电厂的烟气脱硫装置；

② 石油储槽内衬；

③ 海洋工程和远洋船舶；

④ 混凝土建筑方面，如于化工、医药和食品厂的地面、墙面、天花板、排水沟以及大型废水池、游泳池和海水养殖场等；

⑤ 各类化工装置，如各种储槽容器、化学反应、混合、分离各过程的塔器、管道。

环氧玻璃鳞片涂料的一般性能同环氧树脂涂料一样。溶剂型的体积固体分在 80% 到 90%，一次喷涂可以达到干膜厚度 $200\sim1000\mu m$，无溶剂玻璃鳞片涂料的固体分含量为 100%，可以一次喷涂干膜达 $500\sim1500\mu m$，能用于船舶的水线冰区。酚醛环氧玻璃鳞片涂料无溶剂型，其耐化学性能相当强，除了一般的溶剂外，还可以耐甲醇等强溶剂。

聚酯是有机酸和醇类的反应物，用于玻璃鳞片涂料中的聚酯主要是不饱和二盐基酸与二羟基醇的反应物。溶于苯乙烯单体，加入催化剂和固化剂，苯乙烯开始交联，形成固体涂膜。在固化中会有实质的收缩伴以放热反应。因此，加入玻璃鳞片可以吸收这种收缩力。聚酯玻璃鳞片涂料固化迅速，固体分高达96%～100%，对钢结构有长效的防腐蚀效果，特别是耐压耐磨性。特殊配方也可以用于混凝土表面。不含苯乙烯的聚酯涂料，用乙烯基甲苯代替了其中的苯乙烯，消除了气味，符合环保要求。

聚酯玻璃鳞片涂料可以厚涂型施工，一次喷涂干膜厚度 $600～1500\mu m$，聚酯玻璃鳞片涂料的最低施工温度为5℃，但是10℃以上为佳。聚酯玻璃鳞片涂料干燥很快，在23℃时，只要2h就可以搬运或在上面走动。

聚酯玻璃鳞片涂料耐淡水和海水的性能突出。高度的耐磨性能，适合于甲板通道、直升机甲板、破冰船船壳、海洋工程钢结构或混凝土的潮汐飞溅区。耐阴极保护涂层剥离。良好的耐化学品性能，包括原油、润滑油、盐水溶液和其他溶剂。

在海洋工程主面，北海ECOFISK油气田（图2-4）上从1980起采用挪威佐敦涂料（JOTUN）的聚酯玻璃鳞片漆Baltoflake防护有着35年的成功应用实例。

图2-4　聚酯玻璃鳞片对海洋工程35年以上的免维护防腐

乙烯酯玻璃鳞片涂料的主要成膜物为乙烯酯树脂。乙烯酯预聚物由环氧树脂与含有乙烯基团的丙烯酸或甲基丙烯酸反应生成，通常使用双酚A和酚醛环氧。双酚A乙烯酯有突出的耐化学品性能，而酚醛乙烯酯涂料有着更为突出的耐酸耐溶剂性能，又具有很好的耐热性。乙烯酯在固化时在本质上会收缩（小于聚酯），同时伴以放热反应，加入玻璃鳞片可以吸收这种收缩应力。

乙烯酯玻璃鳞片涂料主要用于有硫酸露点腐蚀的地方，如火力发电厂的烟气脱硫装置、烟囱内壁等。用于混凝土表面，要先涂一道乙烯酯清漆，以便整个系统能获得最佳的附着力。如果要进行针孔测试，须先涂一道导电底漆。由于其杰出的耐化学性能和耐溶剂性能，它能有效地耐广泛的化学品，包括无铅汽油、盐水、钻井泥浆和处理水等。乙烯酯涂料比聚酯涂料的耐化学品性能更高，耐碱性超强，耐酸性稍强。乙烯酯玻璃鳞片涂料具有很好的耐高温性能，又具有很好的耐酸性，因此是火力发电厂 FGD 烟气脱硫装置中成功应用的涂料型衬里材料。

2.5.6　陶瓷涂料

陶瓷涂料可以应用于石油化工、海洋工程、电力、氯碱、化纤、制药和化肥等行业中。2008 年北京奥运会的 43000 根火炬，就是使用的陶瓷涂料，在耐高温的同时，还保持了中国红的颜色特性。

在耐高温涂料方面，高分子合成物如酚醛环氧、乙烯基酯等热固型树脂，以其网状特性的高交联密度涂层获得了很好应用。但是这些树脂高分子链上的羟基、酯基功能团遇到三酸二碱和有机溶剂介质侵蚀反应就会使分子链断裂，尤其是在高温环境下。

有机-无机陶瓷涂料，不含羟基和酯基功能团，代之以（—C—O—C—）化学键的有机无机-无机复合高分子-环硅五缩水甘油醚聚合物，结构稳定，不受高低浓度酸碱和有机溶剂介质的侵蚀。这类涂料甚至可耐受 98% 的浓硫酸、温度达 60℃ 的 99% 的二氯乙烷的多管热交换器等。在海洋工程方面，无溶剂陶瓷涂料有着杰出的耐磨性能，抗冷热交变。

2.6　防腐涂料的主要类型

2.6.1　生漆

生漆，是我国的特产，应用在防腐涂料方面有着 7000 多年的历史。其主要成分为漆酚，结构呈现的四种方式见图 2-5，生漆漆酚为四种成分的混合物。漆酚的结构赋予了生漆漆膜独特的超耐久性能和各种化学品性能。苯环上含有的不饱和长碳链使漆酚具有脂肪烃的性质，苯环赋予漆酚芳香烃的性质，苯环上的两个酚羟基使其具有酚类物质的特性。

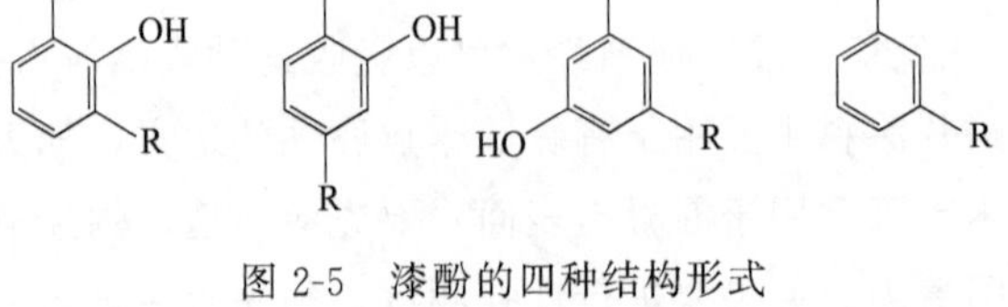

图 2-5　漆酚的四种结构形式

目前常用的改性漆酚树脂产品包括漆酚清漆、漆酚醛树脂、漆酚环氧树脂、漆酚钛树脂、漆酚硅树脂等。

改性漆酚树脂在低浓度无机酸溶液中一般有较好的使用效果（盐酸介质慎用），有机酸条件下，应视酸的种类而定，甲酸、乙酸溶液中不建议使用。在碱溶液中改性漆酚树脂的应用效果相对较差，耐碱性比环氧树脂还有较大差距，更不耐氨水。改性漆酚树脂能耐大多数无机盐水溶液的腐蚀。

漆酚清漆、漆酚钛、漆酚硅的耐水效果较理想，特别是在沸水或者伴有水蒸气的条件下。对常温或中低温水介质的防护，可以采用环氧防腐涂料。在油介质中，除漆酚外，其他产品的耐油品性能比较理想，在高温油介质中尤以漆酚钛和漆酚硅树脂为佳，可以耐到 200～380℃。单组分、自干性是改性漆酚树脂的特点，但在液态环境下使用，经烘干后的涂层，应用效果更佳。

漆酚钛树脂是一种带有不饱和脂肪族长链的二元酚。利用漆酚苯环上的 2 个互为邻位的酚羟基和不饱和脂肪族长链 R 上的双键，可参与氧化聚合反应，比如改性漆酚环氧、漆酚糠醛、漆酚有机硅。其中漆酚糠醛再与经环氧和有机钛单体醚化螯合的半成品反应即得棕色透明漆酚钛树脂液。最终以钛原子为中心和 2 个漆酚分子中的 4 个羟基结合的树脂与颜填料经分散制得的液漆是一种不溶不熔的成膜物，特别适用于换热器。可以在石油化工、化肥、冶金等需要在耐酸、耐碱、耐沸水以及耐 220℃ 的行业环境下应用。漆酚钛树脂黏度小，颜填料物理自重造成的防沉效果不好，储存期短，性脆，柔韧性较差。

2.6.2　沥青漆

制造涂料的沥青主要有三种：天然沥青、石油沥青和煤焦沥青。其中天然沥青由沥青矿中开采取得。

石油沥青由石油原油分馏分离出汽油、煤油、柴油和润滑油后剩余的副产品经加工制得。其基本组成为沥青质、饱和分、芳香分、胶质和蜡等。石油沥青主要用于石油工业的防腐材料，如埋地管道的防腐蚀，采用多层厚涂，层与层之间编绕纤维材料。

煤焦沥青是煤炭制造焦炭、煤气时得到的副产品煤焦油经分馏提取出轻油、酚油、萘油等后剩余的残渣。煤焦沥青又称为煤沥青，英文名称 coal tar，所以一些外国涂料供应商的环氧煤沥青涂料有翻译作焦油环氧的。

与天然沥青和石油沥青相比，煤焦沥青的吸水性很低，因此在防腐蚀涂料中，煤焦沥青更为重要。煤焦沥青涂料漆膜耐水性优良，对未充分除锈的钢铁表面具有良好的润湿性，价格低廉，可以获得厚浆型涂料。煤焦沥青在寒冬会发脆，夏暑会发软，曝晒后，焦油会逸出使漆膜龟裂。加入煤粉和增塑油，在

300℃时消化，可以除去低沸点馏分及酸性油，从而改善其软化点和针入度。

煤焦沥青的涂料类别主要有沥青漆、沥青防锈漆、煤焦沥青瓷漆和环氧煤沥青涂料。

沥青漆是单纯的沥青在溶剂中的溶液，如集装箱箱底漆。

沥青漆中加入铝粉和氧化铁红等防锈颜料，可以制成耐海水性良好的防锈漆，曾广泛应用于船底。在煤焦沥青中加入煤粉、煤焦油类物质及矿物填料，经加热熬制而成，从20世纪80年代开始，广泛应用于石油和天然气管道外壁的防腐蚀。

煤焦沥青可以与其他涂料混用，如氯化橡胶、聚氨酯和环氧树脂等。其中，环氧煤沥青涂料最为成功，它兼具沥青涂料和环氧树脂涂料的优点。

沥青涂料尽管是使用历史悠久的涂料品种，但是沥青对人体健康却有着很大的危害，应该逐渐退出使用。由于沥青中含有蒽、菲、吖啶、吡啶、咔啶、吲哚等光感物质，因而接触沥青的身体部位在阳光照射下就会发生光敏感性皮炎。接触到沥青的烟雾时，会引起鼻炎、喉炎和支气管炎等。临床表现为接触沥青粉尘和烟雾后，特别是在日光照射下，暴露部位如面部、颈部、手及四肢，会发生大片红斑，并有瘙痒感和烧灼感。重者局部有水肿、水疱及渗液。全身症状可有头痛、眩晕、疲倦、关节酸痛、恶心、呕吐、腹痛及腹泻等，伴有发热及白细胞增高。

由于沥青是致癌物质，欧美已经限制其在涂料中的使用，船舶压载水舱曾经是环氧煤沥青的主要应用区域，但是现在已经全面改用浅色改性环氧涂料。

2.6.3 醇酸树脂涂料

醇酸树脂是用油料，多元醇如甘油和季戊四醇等，多元酸如苯二甲酸酐等，制备而成的一种聚酯，但是它不同于单纯用多元酸和多元醇制成的合成聚酯，合成聚酯中不含有脂肪酸。其结构特点是多元酸和多元醇的酯构成醇酸树脂的主链结构，侧链为各种饱和或不饱和脂肪酸。使用单元醇和单元酸，只能制得小分子的酯，用作溶剂，而不能制得高聚物，如用丁醇和醋酸制得的醋酸丁酯。

醇酸树脂漆的性能与脂肪酸含量（油度）有很大关系，油度＝油用量/树脂理论产量。按油度可以分成短油度、中油和和长油度三类，制成的涂料各有特性。

短油度醇酸树脂主要和氨基树脂一道用于工业烘干面漆，如自行车、金属家具等。中油度醇酸树脂主要用于烘烤或者气干性的机械涂料和工业涂料，也用于汽车、货车等的修补漆。长油度醇酸树脂主要用于可以气干的防腐蚀涂料和建筑色漆。

但油度是针对传统的植物油改性醇酸树脂而言的。针对现代醇酸树脂中来自石油类产物的一元羧酸越来越多的实际情况，对于油度的新的提法是"醇酸树脂大分子中侧链的百分含量"。

醇酸树脂涂料较油性漆的干燥性能好得多，因为它的多元醇的苯二甲酸酯上的很多不饱和脂肪酸基能在空气中氧化聚合交联成膜。含非共轭双键的油类如豆油、亚麻仁油的醇酸树脂耐候性要比桐油和梓油这些含共轭双键的油类要好得多。醇酸树脂中残留有羟基和羧基，这些极性基团使漆膜具有比油性漆更好的附着力。

气干型醇酸树脂涂料是防腐蚀涂料中最主要的产品类型，依靠氧化交联反应成膜，其过程较为复杂，可以分为诱导、氧化和交联等几个过程。其中的诱导期需要的时间最长。加入催干剂可以大大缩短诱导期，加速漆膜的干燥。常用催干剂为有机酸的金属皂类，如环烷酸、异锌酸的铅、锰、锌、钴、钙以及稀土金属的皂。钴皂和锰皂常用作表干型催干剂，锌、钙等为聚合型催干剂。稀土催干剂的应用，可以替代复杂的锌、铅、锰、钙搭配。稀土催干剂常常与钴催干剂配合使用，以保证漆膜的表干性能。如果采用了铈或加有铈离子的混合型催干剂，则不必添加钴干料。

与油性涂料相比，醇酸树脂涂料的干性、保色性、耐候性、附着力等均有很大程度的提高。醇酸树脂涂料可用于户内外钢结构的干燥环境。醇酸树脂涂料耐酸碱性差，耐水性差，不能用于水下结构。

醇酸树脂的明显缺点干燥缓慢、硬度低、耐水性差，户外耐候性不良，日光照射易泛黄。鉴于醇酸树脂分子中含有羟基、羧基、苯环、酯基以及双键等活性基团，可以将它进行多方面的改性。经过改良后的醇酸树脂，将其他树脂的特点与醇酸树脂的柔韧性、颜料承载力强及工艺简单等特点结合起来，改进了性能，拓展了应用领域。但是，同时也会带来一些缺陷。

苯乙烯改性的醇酸树脂涂料干燥快，耐化学品性能和耐水性提高，但耐溶剂性及耐候性下降，可以大大改善漆膜的光泽、颜色等，主要作底漆使用。

有机硅改性的醇酸树脂涂料提高了耐候性、耐久性、保色保光性、耐热性等，特别可以用作强烈阳光下的面漆。

醇酸树脂含有不同程度的羟基，尤其是中油度和短油度醇酸树脂，都能与多异氢酸酯反应，提高其干燥性和硬度，以及耐水性和耐溶剂性，可以制成厚膜型涂料。

2.6.4 含氯防腐蚀涂料

含有大量氯原子的聚合物作为主要成膜物质所制得的防腐蚀涂料，统称为含氯防腐蚀涂料。大多数含氯防腐蚀涂料涂装后依靠有机溶剂的挥发而形成涂膜，在固化过程中不发生化学反应，聚合物分子仍保持线型结构；另一些含氯防腐涂料在成膜过程中聚合物分子可发生化学反应，交联成膜。

根据不同的聚合物，可以把含氯防腐蚀涂料分成两大类，见表 2-9。

表 2-9 含氯防腐蚀涂料的分类

乙烯类树脂涂料	聚氯乙烯树脂涂料
	过氯乙烯树脂涂料
	氯醋共聚树脂涂料
	偏氯乙烯共聚树脂涂料
	氯化乙烯-醋酸乙烯共聚物涂料
	氯化聚烯烃涂料
橡胶涂料	氯化橡胶涂料
	氯磺化聚乙烯涂料
	氯丁橡胶涂料
	氯化氯丁橡胶涂料

含氯防腐蚀涂料中含有较多的氯，因此具有诸多特性：阻燃自熄，防霉；耐水、盐、酸、碱，防腐蚀性能良好；涂膜不耐高温，受热后易析出氯化氢气体而降解，性能变坏，故使用温度受到限制，一般不超过 60℃；挥发型含氯涂料，干燥迅速，能在低温下成膜，这种涂料不耐有机溶剂；交联固化型含氯涂料，固化成膜随具体的树脂结构，固化成膜的速率则随具体的树脂结构、固化剂及施工条件而定。

2.6.4.1 氯化橡胶涂料

氯化橡胶是天然橡胶或合成的聚异戊二烯橡胶在氯仿或四氯化碳中于 80～100℃氯化而成。氯化过程包括加成、取代和环化等复杂的反应过程。最终产品为无规则环状结构的聚合物，含氯量约为 65%，相当于每一重复单元上有 3.5 个氯原子。氯化橡胶漆膜致密而发脆，常加入氯化石蜡作为增塑剂。漆膜的水蒸气和氧气透过率极低，仅为醇酸树脂的 1/10，因此具有良好的耐水性和防锈性能。氯化橡胶在化学上呈惰性，因此具有优良的耐酸性和耐碱性。可以用在混凝土等碱性底材上面。

厚浆型氯化橡胶涂料的出现，加上无气喷涂技术的使用，喷涂一道漆的干膜厚度从 40μm 到上升到 80μm。氯化橡胶涂料被广泛应用于现代重工业的防腐蚀涂料中，主要品种有氯化橡胶铁红防锈漆、氯化橡胶铝粉防锈漆、氯化橡胶云铁防锈漆和氯化橡胶面漆（氯化橡胶面漆近来已经由丙烯酸面漆所替代），可以用于各种大气环境下以及水下环境等，如化工厂、桥梁、工程机械、铁塔、港口设施、船舶和集装箱等。在防腐蚀涂料应用量最大的船舶制造业和集装箱制造业中，氯化橡胶涂料一度占据了主要地位,成为规定的标准配套方案。在欧洲,曾经有 60% 以上的氯化橡胶用于船舶涂料的生产。氯化橡胶涂料使用的优缺点见表 2-10。

表 2-10 氯化橡胶涂料使用时的优缺点

优点	缺点
(1)漆膜的水蒸气和氧气透过率极低,仅为醇酸树脂的 1/10,因此具有良好的耐水性和防锈性能 (2)氯化橡胶在化学上呈惰性,因此具有优良的耐酸性和耐碱性。可以用在混凝土等碱性底材上面 (3)氯化橡胶涂料有着很好的附着力,它可以被自身的溶剂所溶解,所以涂层与涂层之间的附着力很好,涂层即使过了一两年,其重涂性仍然很好。氯化橡胶涂料干燥快,可以在低温施工应用 (4)氯化橡胶涂料干燥快,不受环境温度的限制,可以在冬天使用	(1)氯化橡胶涂料由于是热塑性涂料,在干燥环境下 130℃ 时就会分解,潮湿环境下 60℃ 时就开始分解。所以使用温度不宜高于 60~70℃ (2)氯化橡胶不耐芳烃和某些溶剂 (3)氯化橡胶涂料能耐矿物油,但是长期接触动植物油和脂肪等,漆膜会软化膨胀 (4)化学品储罐和化工设备内壁不宜使用氯化橡胶,化学品的浸融会破坏漆膜

由于氯化橡胶是将橡胶在 CCl_4 中通氯后再在水中析出,其成品往往残留较多的四氯化碳,污染大气,目前受到各国的环保限制。根据修订后的《蒙特利尔议定书》规定,2000 年起禁止生产和使用四氯化碳。发达国家已从 1995 年起开始关闭以四氯化碳生产氯化橡胶的装置,以水相悬浮法、非四氯化碳溶剂法等新技术替代。

GB/T 25263—2010《氯化橡胶防腐涂料》规定的技术性能指标见表 2-11。

表 2-11 GB/T 25263—2010 氯化橡胶防腐涂料性能要求

项 目		指 标		
		底漆	中间层漆	面漆
在容器中的状态		搅拌混合后无硬块,呈均匀状态		
细度[①]/μm ≤		60		40
施工性		施涂无障碍		
遮盖力/(g/m²)	白色或浅色[②]	—		160
	其他色	—		商定
不挥发物含量/% ≥		50		45
漆膜外观		正常		
干燥时间/h ≤ 表干 实干			1 8	
弯曲试验/mm ≤		6		10
耐盐水性(3%NaCl 溶液,168h)		无异常		—
耐碱性[③](0.5%NaOH 溶液,48h)		—		无异常
划格试验/级 ≤		1		—

项　目		指　标		
		底漆	中间层漆	面漆
附着力(拉开法)/MPa　　　　≥		—	—	3.0
光泽度(60°)/单位值		—	—	商定
耐盐雾性(600h)		—	—	不起泡,不生锈,不剥落
耐人工气候老化性(300h)	白色或浅色②	—	—	不起泡,不生锈,不剥落,不开裂 变色≤2级,粉化≤2级
	其他色	—	—	不起泡,不生锈,不剥落,不开裂 变色≤3级,粉化≤2级

① 含片状颜料和效应颜料,如铝粉、云母氧化铁、玻璃鳞片、珠光粉等的产品除外。

② 是指以白色涂料为主要成分,添加适量色浆后配制成的浅色涂料形成的涂膜所呈现的浅颜色,按 GB/T 15608 中规定明度值为 6～9 之间(三刺激值中的 Y_{D65}≥31.26)。

③ 含铝粉的产品除外。

2.6.4.2　过氯乙烯(CPVC)

将氯乙烯溶解于氯苯中,再通氯,含氯量 50% 以上。经过深度氯化,氯的质量分数可以达到 73%。氯化后的过氯乙烯热稳定性和阻燃性都得到了提高。过氯乙烯漆耐化学性良好,耐大气性能也很好。但它的结构较为规整,所以附着力差,须有配套的底漆,如环氧酯底漆。过氯乙烯漆与环氧树脂配合使用,可以提高与钢材的附着力及耐酸、抗冲击性。过氯乙烯漆曾经是机械产品上面的主要使用涂料品种。由于过氯乙烯漆固体分含量很低,漆膜薄,需涂 6～10 道才能满足要求。为了保证其耐蚀性能,最后一道往往是过氯乙烯清漆。

2.6.4.3　氯磺化聚乙烯(SCPE)

氯磺化聚乙烯是聚乙烯的衍生物,是一种橡胶类聚合物,它与普通合成橡胶在结构上有很大差异。聚磺化聚乙烯是氯气和二氧化硫混合气体对聚乙烯进行氯化和磺化而制得的。具有耐臭氧、耐候性和抗老化性能。耐酸碱性优良,物理机械性能良好,耐水耐油性好;抗寒耐湿热,在 −40℃ 时还能保持一定的屈挠性能,但是在 −56℃ 时发脆;耐化学品性能优于同类的氯丁橡胶。

氯磺化聚乙烯的固体分低,在 30% 以内,单道成膜低,只有 10～20μm,须多道施工才能达到规定膜厚。由于含大量的溶剂,不符合环保型涂料发展的方向。用环氧树脂和聚氨酯树脂对氯磺化聚乙烯进行改性的涂料产品,在一定程度上改善了固体含量低、涂刷道数多的缺陷。

2.6.4.4　高氯化聚乙烯(HCPE)

氯化聚乙烯(CPE)和高氯化聚乙烯(HCPE)树脂的开发始于 20 世纪 60

年代，当时采用溶剂法进行氯化，现在的水相悬浮深度氯化法已经成熟，开发出了不同分子量、不同含氯量的系列产品。经高度氯化而制得的 HCPE 树脂，含氯量超过 60%，与氯化橡胶有着相似的性能，具有优异的耐水性、耐油性、耐候性良好，附着力强，单组分施工方便。可以在低温下（-15℃）施工作业，能在 -20~100℃ 的环境下使用。阻燃性和防霉性十分好。HCPE 树脂易溶于芳烃，涂料中最常用的二甲苯是其良溶剂。由于 HCPE 树脂较脆，通常加入氯化石蜡或邻苯二甲酸酯作为增塑剂。

HG/T 4338—2012《高氯化聚乙烯防腐涂料》规定了底漆和面漆两类，其性能要求见表 2-12。

表 2-12　高氯化聚乙烯防腐涂料性能要求

项　目		指　标	
		底漆	面漆
在容器中的状态		搅拌混合后无硬块，呈均匀状态	
细度①/μm ≤		60	40
不挥发物含量/% ≥		50	
遮盖力/(g/m²)	白色或浅色②	180	
	其他色	商定	
施工性		施涂无障碍	
干燥时间/h	表干 ≤	1	
	实干 ≤	24	
涂膜外观		正常	
耐冲击性/cm		50	
弯曲试验/mm ≤		6	10
划格试验/级 ≤		1	
附着力（拉开法）/MPa ≥		3.0	
耐盐水性（3%NaCl 溶液，168h）		无异常	
耐碱性③（0.5%NaOH 溶液，48h）		无异常	
耐盐雾性（600h）		不起泡，不生锈，不剥落	
耐人工气候老化性（300h）	白色或浅色②	不起泡，不生锈，不剥落，不开裂 变色≤2 级，粉化≤2 级	
	其他色	不起泡，不生锈，不剥落，不开裂 变色≤3 级，粉化≤2 级	

① 含片状颜料和效应颜料，如铝粉、云母氧化铁、玻璃鳞片、珠光粉等的产品除外。

② 是指以白色涂料为主要成分，添加适量色浆后配制成的浅色涂料形成的涂膜所呈现的浅颜色，按 GB/T 15608 中规定明度值为 6~9 之间（三刺激值中的 $Y_{D65} \geqslant 31.26$）。

③ 含铝粉的产品除外。

2.6.4.5 氯醚

氯醚（氯乙烯-乙烯基异丁基醚）树脂是75％氯乙烯和25％的乙烯基异丁基醚的共聚物，最早由德国的 BASF 公司开发。它采用水降法为连续相的微悬浮聚合方法，是一种环保型产品。

氯醚树脂呈粉末状颗粒。它不含可皂化的酯键，具有耐酸、碱、盐的功能，与其他树脂有着很好的混溶性；能溶于包括芳香烃溶剂在内的大多数溶剂中；不含反应性基团，与大多数颜料的润湿性能好。

共聚单体乙烯基异丁基醚的内增塑作用强，因而在配制涂料时不必加入常用的增塑剂，这样就避免了增塑剂在涂层使用过程中渗出的老化现象。氯醚涂料为单组分挥发性涂料，能用于钢材、铝、塑料、木材和混凝土表面。氯醚涂料耐化工气老化，优于氯化橡胶和氯磺化聚乙烯涂料。

低黏度氯醚树脂与环氧树脂可以制备高固体分涂料，由于涂层中含有热塑性氯醚树脂，涂层之间有一定的溶胀性，解决了环氧树脂涂料施工间隔过长导致涂层剥落的问题，同时也提高了环氧涂层的干性，缩短了施工间隔。

中黏度的氯醚树脂与醇酸树脂有良好的混溶性，用以制备耐化学品腐蚀防腐涂料，氯醚树脂不含反应性双键，因此不易被大气氧化而降解，耐光稳定性好，不易泛黄及粉化。

中黏度氯醚树脂与环氧树脂制备防锈底漆，由于含有共聚的氯乙烯醚键，可以保证在各种底材，包括轻金属如铝、锌、镀锌钢等表面的良好附着力。

高黏度氯醚树脂可以制备耐化学介质的防腐涂料，由于氯醚具有不含可皂化的酯键，所结合的氯原子十分稳定，因此涂膜具有良好的耐水、耐化学品腐蚀性能。

HG/T 4568—2013《氯醚防腐涂料》规定的底漆、中间漆和面漆的性能要求见表2-13。

表 2-13　氯醚防腐涂料的性能要求

项　目		指　标		
		底漆	中间漆	面漆
在容器中的状态		搅拌混合后无硬块，呈均匀状态		
细度[①]/μm　≤		60		40
不挥发物含量/%　≥		50		45
遮盖力/(g/m²)	白色或浅色[②]			180
	其他色			商定
施工性		施涂无障碍		
干燥时间/h	表干　≤	1		
	实干　≤	24		

续表

项 目		指 标		
		底漆	中间漆	面漆
涂膜外观		正常		
耐冲击性/cm		50		
弯曲试验/mm ≤		3		
划格试验/级 ≤		1		
附着力（拉开法）/MPa ≥				3
耐盐水性（3%NaCl溶液,168h）		无异常		无异常
耐碱性③（0.5%NaOH溶液,48h）		无异常		
耐盐雾性（600h）		不起泡,不生锈,不剥落		
耐人工气候老化性（300h）	白色或浅色②			不起泡,不生锈,不剥落,不开裂 变色≤2级,粉化≤2级
	其他色			不起泡,不生锈,不剥落,不开裂 变色≤3级,粉化≤2级

① 含片状颜料和效应颜料，如铝粉、云母氧化铁、玻璃鳞片、珠光粉等的产品除外。

② 是指以白色涂料为主要成分，添加适量色浆后配制成的浅色涂料形成的涂膜所呈现的浅颜色，按GB/T 15608 中规定明度值为 6～9 之间（三刺激值中的 $Y_{D65} \geqslant 31.26$）。

③ 含铝粉的产品除外。

2.6.5 丙烯酸涂料

涂料用丙烯酸树脂通常由丙烯酸酯或/和甲基丙烯酸酯，以及以苯乙烯为主的乙烯系单体共聚而成。丙烯酸树脂的主链是碳-碳键，对光、热、酸和碱十分稳定，用它制成的漆膜具有优异的户外耐候性能，保光保色性好。它的侧链可以是各种基团，通过侧链基团的选择，可以调节丙烯酸树脂的物理机械性能、与其他树脂的混溶性及可交联性能等。它可以单独作为主要成膜物质制成各种各样的涂料，以及可用来对醇酸树脂、氯化橡胶、聚氨酯、环氧树脂、乙烯树脂等进行改性，构成许多类型的改良型涂料。

丙烯酸树脂涂料有两类，热塑性和热固性。

热塑性丙烯酸树脂的大分子链节上不含可参与交联反应的活性基团，易溶解熔融。用作面漆，具有优异的保色保光性能，树脂水白，透明度高，在紫外线照射下不易褪光及变色，户外耐久性远较醇酸和乙烯类涂料要好。漆膜光亮丰满，耐酸耐碱性和耐腐蚀性好。其缺点是对温度敏感，遇热易软化发黏，打磨时会粘砂纸。近年来，随着氯化橡胶的生产得到一定的限制，丙烯酸树脂涂料因具备同氯化橡胶相类似的施工性能，如快干、无涂装间隔，已逐步取代了氯化橡胶涂料，现在所使用的面漆已经完全是热塑性自干型丙烯酸面漆。

含官能基的丙烯酸树脂分为两类。自交联型丙烯酸聚合物大分子中含有两个以上的活性官能团，在热或者催化剂的作用下，相互间发生交联反应形成网络结构。反应型丙烯酸聚合物中的官能团，要在其他具有两个以上活性基团交联剂的存在下参与交联反应，一般含有氨基、羧基、羟基、环氧基、酰氨基以及异氰酸酯基等。

羟基丙烯酸树脂，俗称羟丙，是重防腐蚀涂料中应用最为广泛的树脂。羟基含量对漆膜除了柔韧性有较为负面的影响外，其他如铅笔硬度、附着力、冲击性、耐磨性、耐水性等均有良好的趋势。

苯乙烯单体在羟基丙烯酸树脂中因为价格低廉而多被采用，但是对漆膜的耐候性能会有一定影响，不过同时它对提高漆膜的硬度、光泽，降低成品黏度有一定好处。

通常丙烯酸类树脂的玻璃化温度在 $0\sim20℃$，羟基含量在 $2.5\%\sim3.5\%$，分子量为 $10000\sim15000$ 时，这类丙烯酸树脂与异氰酸酯交联后，可以获得较为理想的综合性能。以丙烯酸多元醇作为甲组分，缩二脲、HDI 三聚体等多异氰酸酯为乙组分的丙烯酸聚氨酯涂料是一种高装饰性、高耐候性的保护面漆，在沿海地区、工业地区广泛应用。

2.6.6　有机硅树脂涂料

有机硅高聚物简称有机硅，以 Si—O 键为主链，因此有着很好的耐热性。对于 silicone 一词，也有翻译成硅酮的。有机硅高聚物有硅树脂、硅橡胶和硅油三种类型。用于涂料的有机硅高聚物主要是有机硅树脂及有机硅改性树脂。

有机硅树脂一般以甲基氯硅烷单体或苯基氯硅烷单体经过水解、浓缩、缩聚等步骤来制备。

有机硅树脂涂料具有优良的耐热性、电绝缘性、耐高低温、耐晕、耐潮湿和抗水性；对臭氧、紫外线和大气的稳定性良好，对一般化学药品的抵抗力也很好。

有机硅树脂有着优良的突出的耐热性，因此有机硅以及有机硅改性涂料在耐高温涂料中有着重要的地位。

有机硅耐热涂料可以在常温下干燥，但是实际上这是一种"假干"，在使用中需要借助物件的高温状态进行固化，通常在 $150\sim250℃$ 下需要 2h 的高温固化。

纯硅树脂在高温下不易分解、变色或炭化，但是与普通的有机树脂相比，纯硅树脂与金属、塑料、橡胶等基材的黏结性差。有机硅改性的有机树脂可以提高有机树脂的耐热性、耐候性、耐臭氧和耐紫外线的能力，而且还可以改善硅树脂的黏结性。因此，用有机硅改性树脂制备的涂料具有优良的保光性和抗颜料粉化性。

有机硅树脂改性的方法有两种，物理方法和化学方法。

物理方法，即冷并法，以有机树脂及与其混溶性好的有机硅树脂冷并混合均匀而成，有机硅树脂的用量为 30% 左右。方法简单，但是效果不如化学方法改性的好。

化学方法是以有机树脂的活性基团，如羟基、不饱和烃基等，和适当的有机硅低聚物中的羟基、烷氧基（主要是甲氧基、乙氧基），不饱和烃基进行缩聚或聚合反应，制成有机硅改性树脂。

有机硅改性醇酸树脂涂料有机硅含量达 20%～30%，漆膜的耐候性可以提高 50% 以上，保光性和保色性增加两倍，抗粉化性能等比未改性的醇酸树脂涂料有很大的提高。

有机硅改性环氧树脂涂料，可以用胺类固化剂在常温下固化；如果使用低分子聚酰胺树脂固化，可以进一步提高漆膜的附着力和柔韧性。

环氧改性有机硅，是将有机硅树脂与低分子量的环氧树脂进行酯交换反应制得的，有机硅含量在 50%～70% 之间。加入云铁、硅酸盐类耐热颜填料、膨润土、硅烷偶联剂等，可以制得环氧改性有机硅涂料，耐海水，耐 300℃ 至室温的冷热循环，附着力和柔韧性优良。

有机硅改性丙烯酸涂料比未改性的丙烯酸涂料有着更为优良的耐候性、保光性和抗粉化性，广泛用于彩钢板（卷材）上面。

有机硅改性的含有活性羟基聚酯和聚氨酯预聚物合用的双组分聚氨酯涂料，能在常温下固化，提高其耐热性和耐候性。

2.6.7　环氧树脂涂料

环氧树脂最早在 1938 年由瑞士人 Pierre Castan 合成，1939 年美国人 Sylvan O. Greenlee 也合成了环氧树脂。中国于 1956 年开始研制环氧树脂，并于 1958 年试产成功。到如今，环氧树脂产量不断发展，质量不断提高，新品种不断出现。用于涂料工业的环氧树脂占其总量的一半之多。

含有环氧基的化合物，统称为环氧化合物。环氧树脂是在环氧化合物的分子结构中含有两个或两个以上的环氧基的一类高聚物的总称。

用于防腐蚀涂料的环氧树脂主要有双酚 A 环氧树脂、双酚 F 环氧树脂和酚醛环氧树脂。

双酚 A 环氧树脂由双酚 A 和环氧氯丙烷在氢氧化钠的催化下聚合而成，是应用最广泛的环氧树脂，也是许多特种树脂的生产原料。

双酚 F 与环氧氯丙烷聚合可以制得双酚 F 型环氧树脂。双酚 F 环氧树脂的黏度比双酚 A 环氧树脂的低。

酚醛与环氧氯丙烷反应生成的酚醛环氧树脂比双酚 A 环氧树脂含有更多的环氧基，固化后树脂的结构较为紧密，因此酚醛环氧树脂涂料比双酚 A 环氧树脂涂料有更好的耐化学介质性能。

环氧树脂涂料要使用固化剂才能固化成膜，环氧树脂中可反应官能团主要是环氧基和羟基。

环氧树脂的固化剂大约有 300 多种，常用的也有 40 多种，防腐蚀环氧树脂涂料中最常用固化剂类别有聚酰胺、胺和胺加成物、异氰酯固化剂。

聚酰胺固化剂对各种基材的附着力良好，有着很大的抗剥离强度，涂膜韧性好。传统的聚酰胺固化剂与环氧树脂的混溶性较差，配制的涂料常需要一定的诱导期才能进行施工。改性聚酰胺固化剂改善了与环氧组分的混溶性，不需要诱导期，并且黏度低，可以用于高固体分环氧涂料。

胺类固化剂中，脂肪族胺固化剂易于和环氧树脂混合，操作方便，可以在室温下固化。但是，这类固化剂的毒性较大，比如乙二胺的动物急性中毒半数致死量 LD_{50} 为 620mg/kg，蒸气压高达 146.5Pa，施工人员极易因吸入乙二胺而引起皮肤过敏、头昏胸闷等神经系统疾病和肝病，严重者甚至会引起急性中毒或死亡。芳香胺的间苯二甲胺具有部分脂肪族结构特点，为液态，其他在室温下均为固态，与树脂混合不便。除间苯二甲胺外，固化速率均较慢，主要用于加热固化工艺。脂环族胺在室温下为液态而且黏度较低，适用于高固体和无溶剂涂料，固化物色泽浅，涂膜光泽好。与聚酰胺固化剂比，脂环族胺固化剂耐化学性好，不会泛白，无须诱导期，加入促进剂后可以在室温下固化。

聚胺加成物由相对低分子量的环氧树脂与过量的典型聚胺，如二亚乙基三胺，进行反应而制得。它降低了挥发性以及低分子量胺的安全危害。胺加成物固化剂自由单体很少，胺发白或胺向表面迁移的倾向性很小。聚胺加成物固化剂可以用脂肪族或芳香胺固化剂制成（脂肪族固化剂是开放链的化学结构，芳香胺固化剂含有苯环）。脂肪族胺加成物固化的涂料要求有着 10～15℃的固化温度，芳香胺加成物固化剂可以在 0～5℃时固化。

腰果酚（phenalkamine）固化剂，以腰果油为主要原料，是带有脂肪族侧链的芳香族化合物。以带有不饱和双键的碳 15 直链取代酚为基础，通过反应引入的多元氨基与相邻的弱酸性酚羟基是环氧树脂固化反应的催化剂，从而使这种体系在低温下也能快速固化，同时极性的羟基增加固化剂的极性，从而增强对底材的润湿性和附着力。与脂肪族的聚酰胺相比，苯环结构与双酚 A 环氧树脂有着更好的相容性，从而进一步降低体系的黏度和涂层的整体强度。这种固化剂固化的涂料有着很好的表面润湿性和渗透性，可以用于低表面处理级别的钢材表面，还能用于带湿表面，因此可以用在重防腐维修涂料方面。通常它们可以在低温到0℃的情况下进行固化。该类固化剂固化的涂料有着很好的耐溶剂性能、柔韧性和附着力。

多异氰酸酯固化剂可以与环氧树脂上的羟基起反应，由于其活性高，易在低温下进行反应，特别适用于0℃以下的固化。因此，它可以用于低温固化环氧煤沥青涂料。

环氧树脂涂料的主要特性如下：

① 优异的附着力。环氧树脂的分子结构中有着强极性的醚键和羟基，使环氧树脂与基材表面，特别是金属表面间产生很强的黏结力，与其他材料，比如混凝土、木材等表面也有优良的附着力。

② 良好的耐化学品性能。环氧树脂在固化后，涂膜分子量中含有双酚A链段（两个苯环和一个亚丙基，共15个碳原子的羟基），分子结构较为紧密，因此对化学介质有着较好的稳定性，特别是耐碱和耐盐水性能好。

③ 粉化性双酚A环氧树脂中含有芳香醚键，因此在阳光下受紫外线的照射容易降解断链，涂膜就容易失光和粉化。环氧涂料的粉化只是影响它的外观，对整体的防腐蚀性能并不会产生很大的影响。而且，有些涂料在老化后体现出来的是龟裂，相对于这种现象来说，粉化当然是轻微的缺陷。

④ 温度依赖性。环氧树脂的固化有着温度的依赖性，通常低于5℃就会停止固化，因此一般环氧涂料建议在10℃以上施工，能获得较好的施工和固化温度。在25℃时，环氧树脂的固化为7天。

⑤ 最大重涂间隔的限制。环氧树脂在完全固化后，漆膜坚硬光滑，后道漆的附着力会受到影响，因此建议必须在规定的涂装间隔内进行下道漆的施工。为了改善这一问题，可以使用含云母氧化铁的环氧涂料，表面比较粗糙，从而有利于后道漆的附着。有些涂料商可以提供没有最大重涂间隔的环氧涂料产品，但是同时它的耐化学品性能也会下降。

双酚A环氧树脂与脂肪酸反应，生成环氧酯树脂，可以制成单包装涂料。选用干性油脂脂肪酸如亚麻油酸、桐油酸等可以制成常温下干燥的产品。不干性油脂肪酸，如椰子油等能制造烘干型产品。

环氧酯因含脂肪酸的量不同，可以分为短油度、中油度和长油度。环氧酯的油度越长，溶解性越好。长油度环氧酯可以用200#溶剂汽油等脂肪烃溶剂溶解，中油度环氧酯可以用二甲苯等芳烃溶剂溶解，短油度的环氧酯要用类似于环氧树脂的溶剂二甲苯与正丁醇的混合溶剂来溶解。

中长油度的干性脂肪酸环氧酯涂料为常温干燥型，其保色性和耐候性接近于长油度醇酸树脂涂料，而耐化学品性能与桐油酚醛涂料相近。烘干型环氧酯涂料为短油度环氧酯，可作为氨基醇酸涂料相配套底漆或中间漆。

环氧酯涂料与钢、铝金属底材的附着力很好，涂膜坚韧、耐冲击性好。常用的防锈涂料有环氧酯铁红底漆和环氧酯锌黄底漆。环氧酯涂料有酯基，所以耐碱性不好，但强于醇酸树脂涂料的耐碱性。

HG/T 4340—2012《环氧云铁中间漆》规定了用于防腐涂层中的含云母氧化铁的中间涂层的技术要求，见表2-14。

表2-14　环氧云铁中间漆性能要求

项　目		指　标
在容器中状态		搅拌混合后无硬块,呈均匀状态
不挥发物含量/%	≥	70
流挂性/μm		商定
适用期[①](5h)		通过
储存稳定性(沉降性)/级		8
干燥时间/h 表干 实干	≤	3 24
弯曲试验/mm		3
耐冲击性/cm	≥	40
附着力(拉开法)/MPa	≥	5
耐水性(240h)		无异常
耐盐雾性(1000h)		漆膜无起泡、生锈、开裂、剥落等现象

① 冬用型产品除外。

HG/T 4564—2013《低表面处理容忍性环氧涂料》，用于非理想状态表面（包括不能彻底除锈、高压水喷射、喷湿砂或附着良好的旧漆膜等表面）时，尚能保持较好的性能，性能要求见表2-15。

表2-15　低表面处理容忍性环氧涂料性能要求

项　目		指　标
在容器中状态		正常
密度/(g/cm³)		符合商定值,允许偏差±0.05
不挥发物含量/%		80
干燥时间/h 表干 实干		4 24
弯曲试验/mm	≤	2

项　目	指　标
耐冲击性/cm	50
附着力(拉开法)/MPa	3
耐水性(240h)	无异常
耐盐雾性(1000h)	漆膜无起泡、生锈、开裂、剥落等现象
与旧漆膜相容性能	无异常

HG/T 2239—2012 环氧酯底漆，规定了用于金属底材打底防锈的环氧酯底漆的技术要求，见表2-16。

表 2-16　环氧酯底漆技术要求

项　目		指　标
在容器中状态		搅拌混合后无硬块,呈均匀状态
流出时间(ISO 6#杯)/s		45
细度/μm	≤	60
储存稳定性[(50±2)℃/30d] 　结皮性/级 　沉降性/级	≥	10 6
干燥时间 　实干/h 　烘干[(120±2)℃/h]	≤	24 通过
涂膜外观		正常
耐冲击性/cm		50
划格试验(间距1mm)/级		1
打磨性		易打磨,不粘砂纸
耐硝基漆性		不起泡、不膨胀、不渗色
耐盐水性(3%NaCl溶液)	锌黄96h	无异常
	其他48h	

2.6.8　聚氨酯涂料

聚氨酯树脂是由多异氰酸酯与多元醇聚合成，在分子结构中含氨基甲酸酯重链的高分子化合物，故称为聚氨基甲酸酯，简称聚氨酯。它是在20世纪30年代初期由德国的拜耳（Otto Bayer）等人首先发明的，到了50年代，聚氨酯树脂开始在涂料工业中得到应用。

聚氨酯分子中存在的—NCO有着很高的反应活性，因此，聚氨酯漆既可以高温固化，又可以在低温下施工，如聚氨酯涂料在0℃以下时也能正常固化，而环氧树脂则在 10℃以下时难以固化。

聚氨酯涂料可以分为单组分和双组分两大类。

单组分聚氨酯涂料包括氨酯油、氨酯醇酸树脂、湿固化聚氨酯、封闭型聚氨酯、聚氨酯分散体系等。

氨酯油和氨酯醇酸树脂比通常的醇酸树脂涂料有更好的耐碱性和耐水性，并且具有很好的耐磨性。

湿固化聚氨酯涂料含有—NCO 端基，在环境湿度下与空气中的水分反应生成脲键固化成膜。它既有聚氨酯涂料的优良性能，特别是耐磨性非常好，又有单罐装涂料施工方便的特点。湿固化聚氨酯涂料的干燥速率受温度的影响较大，温度太低干得慢。成膜时生成脲键，会产生很多 CO_2，$R—NCO + H_2 \longrightarrow R—NH_2 + CO_2$，所以漆膜不宜涂得太厚。

HG/T 2240—2012《潮（湿）气固化聚氨酯涂料（单组分）》，用于金属涂料产品的性能要求见表 2-17。

表 2-17 潮（湿）气固化聚氨酯涂料（单组分）金属用涂料产品性能

项　目		指　标
在容器中状态		搅拌混合后无硬块，呈均匀状态
涂膜外观		正常
干燥时间/h	表干	1
	实干	24
光泽(60°)/单位值		商定
弯曲试验/mm		2
耐冲击性/cm		50
划格试验(间距 1mm)/级　≤		1
铅笔硬度(擦　伤)　≥		H
耐碱性(50g/L NaOH 溶液,120h)		无异常
耐酸性(50g/L H_2SO_4 溶液,120h)		无异常
耐水性(168h)		无异常
耐盐水性(3%NaCl 溶液,72h)		无异常

封闭型聚氨酯涂料的成膜物质由多异氰酸酯及多羟基树脂两部分组成，其中异氰酸酯被苯酚或其他单官能的含活泼氢原子的物质所封闭，因此两部分可以合装而不反应，储存稳定性好。施工时需要高温烘烤，封闭剂在烘烤后挥发。

分散型聚氨酯涂料主要是在分子链上引入极性基团或亲水基团，以形成稳定的高分子量树脂水分散体系。

双组分聚氨酯涂料，带—NCO 基异氰酸酯组分和带—OH 的羟基组分，按比例混合反应而生成聚氨酯涂料。为了促进涂膜快干，常在羟基组分中加入少量催化剂。

以芳香族异氰酸酯 TDI 为原料的聚氨酯涂料价格较低，综合性能好，但是涂膜受太阳光照射后泛黄严重，易失光，耐候性较差，所以经常用于底漆、中间漆，或者应用于室内使用的深色漆。泛黄主要是因为氨酯键受紫外线照射后分解生成胺，胺再氧化，所以涂膜会泛黄。

脂肪族异氰酸酯，如以六亚甲基二异氰酸酯（HDI）为原料的聚氨酯涂料有突出的耐候性和保色保光性，具有很好的装饰性，用于制备要求有很好户外耐候性和装饰性好的面漆。它们不泛黄的主要原因是氨酯键生成的脂肪胺不易被氧化，也没有苯环的共轭作用。

在—NCO/—OH 型双组分聚氨酯涂料中，常用的多羟基树脂有聚酯、丙烯酸树脂、聚醚、环氧树脂、蓖麻油及其加工产品等。

聚酯聚氨酯涂料漆膜交联密度高，漆膜坚硬光亮，耐化学品、耐溶剂性能好，耐候性好、耐热性好。

聚醚聚氨酯涂料耐碱性、耐寒性、柔韧性优良，可以用于防腐蚀涂料和混凝土表面涂料。由于醚键的存在，在紫外线的照射下，漆膜易分解倒光粉化，所以只适宜用于户内。

含羟基丙烯酸酯与脂肪族多异氰酸酯如 HDI 三聚体反应而成的丙烯酸聚氨酯漆，漆膜具有很好的硬度又有极好的柔韧性、耐化学腐蚀、突出的耐候性、光亮丰满、干燥性好、表干快而不沾灰等特性，是目前在重防腐涂装体系中的首选面漆。

2.6.9　氟树脂涂料

溶剂型可以常温施工的氟树脂面漆，以 FEVE 聚合物为树脂，耐候性能远远超过了丙烯酸聚氨酯面漆。主要应用于强腐蚀性环境、高装饰性要求的钢结构表面，或者不易进行维修的重要钢结构表面。采用氟树脂面漆进行防护的重点工程有杭州湾跨海大桥、港珠澳大桥、国家体育馆"鸟巢"等。

FEVE 树脂由三氟（四氟）乙烯单体和乙烯基乙醚（酯）单体交替连接构成，氟乙烯单体把乙烯基醚单体从两侧包围起来，形成了屏蔽式的交替共聚物。FEVE 树脂分子结构如图 2-6 所示。

氟原子具有最高的电负性（4.0），有除了氢原子外的最小原子半径（0.135nm），氟原子取代了氢原子，它和碳原子形成的 C—F 键极短，键能高达 $451\sim485kJ/mol$，高于 Si—O 键键能 $422kJ/mol$，C—H 键键能 $410kJ/mol$，C—C 键键能 $368kJ/mol$，因此分子结构极为稳定。高键能是氟树脂用作高耐候性涂料的基础。由于 C—F

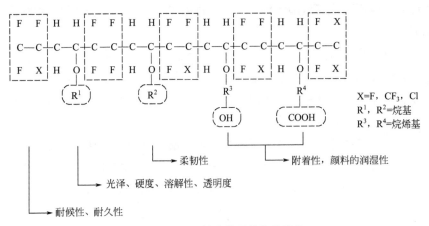

图 2-6　FEVE 树脂分子结构及特性

原子是由比紫外线能量大的键合强度连接的，阳光中的紫外线波长为 220～400nm，200nm 的光子能量为 544kJ/mol，只有小于 220nm 的光子才能使氟聚物 C—F 键破坏，因此紫外线对氟聚合物没有任何影响，这显示了氟聚合物的高耐候性。

氟聚合物具有极高的化学稳定性，电负性最高，原子半径小，C—F 键键能大，碳链上的氟原子排斥力大，碳链呈螺旋状结构且被氟原子所包围，这种屏蔽作用决定了氟聚合物极高的化学稳定性。

在重防腐涂料中主要的氟树脂涂料是由含氟烯烃 FEVE 缩二脲多异氰酸酯或 HDI 三聚体制备的含氟聚氨酯涂料。FEVE 树脂分子结构中含氟量是影响树脂性能也即影响涂层性能的一个最为重要的因素。不同的规范对含氟量有不同的要求，HG/T 3792—2014《交联型氟树脂涂料》规定为大于等于 18%。JT/T 722—2008 交通部公路桥梁防腐蚀规范要求为 22%～24%。

高键能的 C—F 键为含氟聚氨酯涂料提供化学惰性涂膜，并有很好的抗紫外线光解性，耐候性超过了丙烯酸聚氨酯涂料。经过充分的固化，含氟聚氨酯涂料具有优异的耐化学品及耐溶剂性能。致密的分子结构决定了它的涂膜坚硬、表面能低、手感光滑，耐沾污性好，与聚氨酯涂料相比，表面附着物更易于用水冲洗或用稀释剂擦洗干净。

HG/T 3792—2014《交联型氟碳树脂涂料》，适用于以含反应官能团的氟树脂为主要成膜物，以脂肪族多异氰酸酯为固化剂的双组分常温固化型建筑外墙（Ⅰ型）、混凝土表面（Ⅱ型）和金属表面用面漆（Ⅲ型），也适用于以含有反应性能官能团的氟树脂为主要成膜物，以氨基树脂或封闭型脂肪族多异氰酸酯树脂为交联剂的单组分烘烤固化型金属表面用面漆。混凝土设施和钢结构等金属表面用氟树脂技术要求见表 2-18。

表 2-18　混凝土设施（Ⅱ型）和钢结构等金属表面（Ⅲ型）用氟树脂涂料性能要求

项　目		指标	
		Ⅱ型	Ⅲ型
在容器中状态		搅拌后均匀无硬块	
细度（含铝粉、珠光颜料的涂料除外）/μm　≤		35	
不挥发物含量（含铝粉、珠光颜料的涂料除外）/%　≥	白色和浅色①	50	
	清漆和其他色	40	
基料中氟含量/%　≥	双组分	20	
	单组分	—	10
干燥时间/h　≤	表干（自干漆）	2	
	实干（自干漆）	24	
	烘干（烘烤型漆）[（140±2）℃或温度商定]	—	0.5 或商定
遮盖率（烘干型、清漆、含铝粉和珠光颜料的涂料除外）≥	白色和浅色①	0.90	
	其他色	商定	
涂膜外观		正常	
光泽（60°）/单位值		商定	
铅笔硬度（擦伤）		—	F
耐冲击性/cm		50	
划格试验/级　≤	双组分	—	—
	单组分		1
附着力（拉开法）/MPa（双组分）　≥		3	5
弯曲试验/mm		2	
耐酸性（50g/L H_2SO_4）		168h 无异常	
耐碱性（50g/L NaOH）		—	168h 无异常
耐碱性[饱和 $Ca(OH)_2$ 溶液]		240h 无异常	—
耐水性		168h 无异常	
耐湿冷热循环性（10 次）		无异常	
耐沾污性（白色和浅色①）（含铝粉、珠光颜料的涂料除外）/%　≤		—	—
耐湿热性（1000h）		不起泡、不生锈、不脱落	
耐盐雾性（1000h）		不起泡、不生锈、不脱落	
耐人工气候老化②③（3000h）	白色	不起泡、不脱落、不开裂、不粉，ΔE①≤3.0,保光率≥80%	
	其他色	不起泡、不脱落、不开裂、不粉，ΔE①≤6.0 或商定,保光率≥50%	

续表

项 目		指标	
		Ⅱ型	Ⅲ型
自然气候暴露[2][3]（3年）	白色	不起泡、不脱落、不开裂、不粉，ΔE[①] $\leqslant$ 3.0，保光率$\geqslant$80%	
	其他色	不起泡、不脱落、不开裂、不粉，ΔE[①] $\leqslant$6.0 或商定，保光率$\geqslant$50%	
	涂层损失/% $\leqslant$	15	

① 浅色是指以白色涂料为主要成分，添加适量色浆后配制成的浅色涂料形成的涂膜所呈现的浅颜色，按 GB/T 15608 的规定明度值为 6～9 之间（三刺激值中的 $Y_{D65} \geqslant 31.26$）。

② 耐人工气候老化性和天然暴晒试验两者可选一种，鼓励进行更长时间的自然气候暴露试验。

③ 试板的原始光泽≤50 单位值时，不进行保光率评定。

2.6.10 聚硅氧烷涂料

聚硅氧烷是一类以重复的 Si—O 键为主链结构，Si 原子上连接有机基团的有机/无机杂化聚合物。具有突出的耐紫外线、耐高低温、抗氧化和耐腐蚀特性。主链上重复 Si—O 结构，Si—O—Si 的键能为 446kJ/mol，C—C 键能为 358kJ/mol。具有更加优异的耐候性和耐热性。Si—OR 具有约 50% 的离子特性，易水解（酸碱条件下更容易发生）。在微量的水分存在下容易发生水解并缩合交联，形成致密的涂层。每个 Si 原子与 2～4 个氧原子相连，与 C—C 键相比，更不易被氧化降解。

与脂肪族聚氨酯涂料和氟碳涂料相比，聚硅氧烷涂料具有更加优异的保光保色性能，并且更加安全、健康和环保，是新一代重防腐涂料。

聚硅氧烷中间体具有高固体份低黏度的特点，配制的涂料也具有高固低黏的特点，VOC 含量极低。符合当前所有的排放法规。固化方式为湿固化，温度和相对湿度影响固化速率。活性官能团含量极高，可形成致密的聚合结构。不使用异氰酸酯固化剂，无毒环保。

充分交联的聚硅氧烷太脆，力学性能较差，可采用有机树脂改性以增加其柔韧性、耐冲击性等力学性能。可通过调整有机树脂的种类及用量平衡涂层的综合性能，主要有环氧改性和丙烯酸改性两大类。

环氧和聚硅氧烷互相结合而产生了新型环氧聚硅氧烷复合聚合物，其独特的物理性质使其可用于防腐蚀涂料工业中的耐久性树脂，从而产生了新型的有机聚合物改性的聚硅氧烷涂料，即环氧聚硅氧烷涂料。它于 1994 年在美国正式推向市场，投入实际应用。不同类型的环氧树脂以及硅氧烷反应基团提供了特定的涂料性能，包括耐腐蚀性能，光泽和颜色的保持性，耐久性，良好的成膜性能以及溶剂挥发控制等。所以除了应用于重防腐体系中的面漆外，新型的环氧酚醛聚硅氧烷涂料也用于储罐内壁涂料和混凝土地坪涂料等。

丙烯酸聚硅氧烷涂料主要用作重防腐涂料体系中的面漆涂层，现在已经成熟应用于海洋平台、船舶、桥梁、储罐等重防腐领域。丙烯酸聚硅氧烷涂料目前在市场上有单组分和双组分包装两种。单组分的丙烯酸聚硅氧烷涂料的体积固体分只有 55%，单道施工干膜厚度为 $50\sim75\mu m$。它的固化机理是依靠空气中的水汽进行反应固化。

有机聚合物改性的聚硅氧烷涂料是重防腐蚀涂料技术的新突破。这种新型的有机-无机复合聚合物涂料作为空气温度下进行干燥固化的工业防腐涂料，它所具备的优异性能，不是环氧涂料和聚氨酯涂料所能达到和比拟的。在环保方面，聚硅氧烷涂料体积固体分在 70% 以上，最高达 90%，VOC 含量极低，符合现行的以及正在制订和修订中的所有 VOC 法规规范。以丙烯酸聚硅氧烷涂料为代表的产品，提供了优异的光泽颜色保持性和优良的耐腐蚀性能。它改变了传统的防腐蚀涂料系统设计思路和施工程序，带来了实际施工费用的大幅度降低。在长期的使用过程中，它能更好地体现出优异性能，减少大量的维修保养费用。表 2-19 为 HG/T 4755—2014《聚硅氧烷涂料》的性能要求。

表 2-19 聚硅氧烷涂料的性能要求

项 目		指 标
在容器中状态		搅拌后均匀无硬块
细度[①]/μm	≤	商定
不挥发物含量/%	≥	75
干燥时间/h ≤	表干	2
	实干	24
涂膜外观		正常
基料中硅氧键含量(全漆)/%	≥	15
挥发性有机化合物(VOC)含量/(g/L)	≤	390
重金属含量/(mg/kg)	铅(Pb)	1000
	镉(Cd)	100
	六价铬(Cr^{6+})	1000
	汞(Hg)	1000
适用期/h(单组分除外)		商定
光泽[①](60°)		商定
铅笔硬度(擦伤)	≥	F
弯曲试验/mm	≤	3
耐冲击性/cm		50

续表

项　目	指　标
耐磨性(500g/500r)/g　　　　　≤	0.04
附着力(拉开法)/MPa　　　　　≥	5
耐酸性(50g/L H_2SO_4)	240h 无异常
耐碱性(50g/L NaOH)	240h 无异常
耐碱性[饱和 $Ca(OH)_2$ 溶液]	240h 无异常
耐湿冷热循环性(10 次)	无异常
耐湿热性(3000h)	不起泡、不生锈、不脱落
耐盐雾性(3000h)	不起泡、不生锈、不脱落
耐人工气候老化性[2](3000h)	白色或浅色	变色≤2 级,失光≤2 级,粉化≤2 级,不起泡、不脱落、不开裂
	其他色	变色≤3 级,失光≤3 级,粉化≤2 级,不起泡、不脱落、不开裂
循环老化试验[3](25 次)	粉化≤2 级,不起泡、不生锈、不脱落、不开裂

① 含效应颜料如铝粉、珠光颜料等的产品除外。

② 浅色是指以白色涂料为主要成分,添加适量色浆后配制成的浅色涂料形成的涂膜所呈现的浅颜色,按 GB/T 15608 的规定明度值为 6～9 之间(三刺激值中的 Y_{D65}≥31.26)。

③ 海上建筑及相关结构用聚硅氧烷涂料进行该项目试验;选对该项目不需再进行耐湿热性、耐盐雾性、耐人工气候老化性试验。

HG/T 4755—2014《聚硅氧烷涂料》,适用于以含反应性官能团的聚硅氧烷树脂为主要成膜物,非多异氰酸酯固化的常温固化型钢结构表面用高耐久性面漆。

该标准中首次明确了重金属含量的要求,铅、镉和汞的测试按 GB 24408—2009 附录 D 的规定执行,六价铬的测试按附录 E 的规定执行。

标准中附录 A 介绍关于硅氧键含量的测定方法,先用离心机分离出清液部分,溶剂挥发后,粉碎成粉末,经梯度灰化除去有机物,灰分即为二氧化硅,由灰分质量计算出硅氧键含量。

ISO 12944-5:2009 将聚硅氧烷涂料列入标准规范,推荐用于 C5-I 和 C5-M 的腐蚀环境。在我国,采用聚硅氧烷防护涂料的著名工程有北京 T3 航站楼、国家游泳馆水立方、重庆朝天门大桥(图 2-7)、广州白云国际机场、广州新电视塔等。

2.6.11　聚脲弹性体涂料

聚脲弹性体(polyurea)是异氰酸酯(isocyanate)与胺(amine)相反应而合成的。聚氨酯(polyurethane)由异氰酸酯与羟基(hydroxyl)合成而成。

图 2-7　聚硅氧烷涂料防护的重庆朝天门大桥

聚氨酯反应　　　　　$R-NCO+R^1-OH \longrightarrow RNHCOOR^1$

聚脲反应　　　　　　$R-NCO+R^1-NH_2 \longrightarrow RNHCONHR^1$

聚脲弹性体中，液态胺扩链剂中最常用的是二乙基甲苯二胺（diethylmethyl benzene diamine），这是一种芳香族伯胺，化学活性高，与异氰酸酯的反应速率极快；如果采用的胺扩链剂为化学活性较低的仲胺或位阻型伯胺，能降低反应速率，延长凝胶时间。

聚脲弹性体是保护钢铁构件和混凝土防湿、耐磨及防腐蚀的理想材料，性能如下：

① 固化速度快：在垂直面不会产生流挂，交联速度在 2～6s，6～9s 可以达到不粘手的程度，30～60s 就可以行走，30min 即可以投入使用。

② 对温度和湿度不敏感：高湿度和低温对聚脲弹性体的涂层性能的影响相当小。

③ 100％的固体分含量：双组分涂料，单道涂层系统，喷涂一次就可以达到相当厚的涂层（2000μm 以上），不含溶剂，零 VOC。

④ 突出的物理性能：拉力强度 14～21MPa，拉伸 240％～520％之间。

⑤ 优异的耐化学品性，可以耐多种化学介质的浸泡。

⑥ 耐热性能：热稳定性达 177℃（350℉）。

⑦ 与颜料的相容性好：可以进行颜色的调节。

⑧ 配方可调整性：从软到硬的各种聚合体涂层。

⑨ 可以增强：在喷涂过程中可以加入玻璃纤维进行增强。

聚脲弹性体与一般的涂料在施工方式上有着很大的不同，由于它的固化速度极快，因此要求使用专用施工设备，包括物料输送系统、计量系统、混合系统、雾化系统和清洗系统。

聚脲弹性体产品防水耐磨材料、防滑铺地材料、阻燃装饰材料、道具保护材料、耐磨衬里材料等系列产品,广泛应用于船舶甲板、直升机平台、石油化工、水库、污水处理、高速铁路等行业。

HG/T 3831—2006 喷涂聚脲防护材料的标准适用于以端异氰酸酯基半预聚体、端氨基聚醚和胺扩链剂为基料,经高温高压撞击式混合设备喷涂而成的聚脲防护材料。按材料的软硬度分为弹性材料和刚性材料两大类,其中弹性材料又分为通用型和防水型。其性能要求见表 2-20。

表 2-20 喷涂聚脲防护材料技术要求

项　目		指　标		
		弹性材料		刚性材料
		通用型	防水型	
外观		A组分为无色、黄色或棕色透明液体,B组分为各色液体		
固体含量/%	≥	95		
凝胶时间/s	≤	45		30
表干/min	≤	10		5
硬度	邵氏 A	75～95		—
	邵氏 D	—		55～75
耐冲击性/(kg·m)		—		1.5
耐阴极剥离性[1.5V,(65±5)℃,48h]		—		无起泡,剥离距离≤15mm
拉伸强度/MPa	≥	10	8	20
断裂强伸长率/%	≥	150	300	20
撕裂强度/(kN/m)	≥	40	25	
附着力/MPa	钢 ≥	4.5	—	8.0
	混凝土 ≥	2.0(或底材破坏)	2.0(或底材破坏)	—
耐磨性(750g/500r)/mg	≤	40		
低温柔性(−30℃在10mm轴180°弯折)		不开裂	不开裂	
不透水性(0.3MPa/30min)		—	不透水	
电气强度/(MV/m)	≥	15		
耐盐雾性(2000h)		无锈蚀、不起泡、不脱落	—	无锈蚀、不起泡、不脱落
耐水性(30d)		无锈蚀、不起泡、不脱落	—	无锈蚀、不起泡、不脱落
耐油性(0#柴油、原油,30d)		无锈蚀、不起泡、不脱落	—	无锈蚀、不起泡、不脱落
耐液体介质(10% H_2SO_4,10% NaOH,3% NaCl,30d)		无锈蚀、不起泡、不脱落	—	无锈蚀、不起泡、不脱落

2.7 水性重防蚀涂料

2.7.1 水性重防腐涂料概述

水性涂料在防腐涂料领域方面的应用呈上升趋势，如基础建设、油气和电力行业、船舶工业、集装箱行业以及机械制造业等。实际应用表明，水性重防腐涂料对钢材及混凝土的保护，至少在大气腐蚀环境下，已经完全可以达到与溶剂型涂料相同的性能。

由于水是主要溶剂，所以水也可以用来清洗和稀释水性涂料，它们几乎没有溶剂味道。同时，使用水性涂料也可以给用户带来较低的成本，如快干可以节省时间，低可燃性可以降低保险费用，较少的室内通风可以减少能耗，以及不需要溶剂和清洗剂上的花费和使用单层涂层配套（一道厚膜的水性无机硅酸锌涂料）等等。

由于水自身的特点，水性树脂的缺点之一是在低温和相对湿度高时水分挥发慢。由于水的表面张力高，因此配方中也必须引入一些助剂来改善漆对颜料和基材的润湿性。这些助剂会对漆膜的耐水性和渗透性有负面的影响。另外与溶剂型涂料相比，水性涂料的成膜性能对涂层性能的影响至关重要。

在工业防腐涂料体系中，主要应用的水性重防蚀涂料有：水性醇酸涂料、水性环氧酯涂料、水性无机富锌底漆、水性环氧富锌底漆、水性环氧涂料、水性丙烯酸涂料和水性聚氨酯涂料等。

2.7.2 水性无机硅酸锌车间底漆

车间底漆，特别是无机硅酸锌车间底漆，被广泛用于包括重型机械制造在内的装备制造业中，作为钢板的预处理底漆，以减少二次表面处理的工作量和保证最好的表面处理质量。但是传统的水性无机硅酸锌车间底漆固体含量低至28%，VOC高达680g/L，甚至更高，且由于是流水性作业，所以对产品的干燥、防锈性能等有着特别高的要求。

水性无机硅酸锌车间底漆的体积固体分高达62%，其中38%为水，VOC为0。而且在施工过程中所用的稀释剂也是水，而不是传统的高挥发性的醇类溶剂。平板干膜厚度在$15\sim25\mu m$时，保护期长达8~14个月。

溶剂型无机硅酸锌车间底漆的体积固体含量在25%~28%，除了具有VOC很高的问题，施工时也大大增加了涂料的用量。水性无机硅酸锌车间底漆具有很高的体积固体分（62%），这在车间底漆的历史上是一个革命性的突破。高固体分意味着具有更高的涂布率，从而大大减少了车间底漆的使用量（表 2-21）。减少车间底漆的使用量，意味着在运输和仓储等物流方面更为经济，在混合、搅拌和喷涂过程中也缩短了时间。

表 2-21 车间底漆的涂布率

车间底漆	体积固体分/%	理论用量/(m²/L)	
		DFT 15μm	DFT 20μm
溶剂型无机硅酸锌	28	18.7	14.0
水性无机硅酸锌	62	41.3	30.1

2.7.3 水性无机富锌涂料

醇溶性无机硅酸锌涂料是重防腐领域和重型装备制造业中的重要防腐涂料品种，但是因为体积固体分相对较低，VOC 高达 500g/L 左右。水性无机硅酸锌涂料因优异的防护性能，零 VOC，耐溶剂，硬度高。在海洋工程、船舶、桥梁、石化、公用建筑等钢结构方面有着广泛成功的应用。在相当程度上取代了醇溶性无机硅酸锌涂料的应用。

水性无机硅酸锌涂料以高模量的无机硅酸盐，如硅酸钠、硅酸钾、硅酸锂水溶液为基料，其中以硅酸钾为多。高模数硅酸钾溶液中硅酸钾以胶粒的形式存在，随着模数的增大，低聚硅酸盐向高聚硅酸盐转化时会聚集形成胶粒，黏度变大；同时硅酸盐结构中的活性硅羟基数量增大，对储存稳定性有较大影响。水性无机硅酸锌涂料不但具有环保特性，也是富锌涂料中耐腐蚀性最好的。硅酸钾的钾离子带有较弱的电荷，运动稳定，而且其价格相对便宜，是目前水性无机硅酸锌涂料主要的成膜物。

水性无机富锌涂料，制备基料时加入 10%～20% 的高分子改性硅丙乳液，其有机分子链可分布于硅酸锌网络间隙中，能屏蔽涂层的亲水基团，能使涂层更为致密，有机-无机的良好相容和有效结合可有效地提高耐腐蚀性能，也可提高涂层的耐冲击性和柔韧性。但是硅酸钾溶液碱性较强，与硅丙乳液表面电荷不同，易引起破乳，导致返粗甚至胶化，所以须控制乳液用量。

水性无机硅酸锌有着优异的综合防护性能。实验室超过 10000h 的盐雾试验和老化试验，涂层完好。其涂层长效防腐蚀、耐磨、耐化学品、耐油、耐高温 400℃，用水作施工时的稀释剂，无闪点，不燃不爆。涂层适用于大气、海水、淡水和 pH 值在 5.5～9.5 的酸碱环境下。

2.7.4　水性环氧富锌底漆

环氧富锌底漆是装备制造业、钢结构、石油化工、桥梁等领域内，与无机硅酸锌涂料同样重要的防锈底漆。但是环氧富锌底漆的 VOC 在体积固体分为 50% 时高达 $400\sim500g/L$。水性环氧富锌的开发应用，将 VOC 降到了 $100g/L$ 以下。

水性环氧富锌底漆，通常为三组分或两组分包装。如果要加入部分磷铁粉或其他填料，应该把填料加入基料研磨分散至 $40\mu m$ 以下，纯用锌粉的水性环氧富锌则无须研磨。三组分水性环氧富锌的锌粉为单独包装，混后搅拌时要先搅拌均匀主剂和固化剂，再倒入锌粉搅拌均匀。两组分的水性环氧富锌底漆、锌粉及其他颜料、助剂等，预先混合在固化剂组分中。

水性环氧富锌底漆的锌粉含量达到 80% 以上，适量加入鳞片状锌粉可以提高其防护性能，耐湿热和耐盐雾性能均达到 1000h 以上，涂层无起泡锈蚀。

2.7.5　水性醇酸树脂和水性环氧酯涂料

溶剂性的醇酸和环氧酯涂料，体积固体分在 50% 左右，其 VOC 高达 $400g/L$，而水性醇酸和环氧酯涂料的 VOC 可降低至 $100g/L$ 以下。

自干体系的水性醇酸和环氧酯树脂，在水性防腐涂料中已有广泛应用，由于此类体系分子中含有油，对颜料的润湿性好，漆膜具有优异的光泽和丰满度，成本较低。在机电、钢结构等行业已经开始应用。干膜厚度在 $110\mu m$ 时，耐盐雾性能 120h 以上漆膜无异常。水性醇酸面漆耐人工老化可以达 200h。跟溶剂型对比，由于自干交联不足，干燥较慢，目前国内自干醇酸和环氧酯应用很多需要在 $80\sim100℃$ 烘烤。

传统的醇酸树脂以二甲苯等溶剂来稀释用在涂料工业中。水性醇酸树脂的合成主要有三种方法。一种是成盐法，将聚合物中的羧基或氨基用适当的碱或酸中和，使聚合物溶于水；一种是在聚合物中引入羟基或醚基非离子基团；一种是合成两性离子型共聚物而得到一种无胺或无甲醛逸出的新型水溶性涂料体系。其中成盐法已基本实现工业化。

醇酸树脂和环氧酯涂料主要应用于普通防护要求的装备制造业，比如电机马达、发动机、变速箱等相当于 GB/T 30790（ISO 12944）中 C2 和 C3 的腐蚀环境下的零部件等。相应地水性醇酸树脂涂料也主要应用在机电领域普通钢结构防护方面。

普通水性醇酸树脂漆的耐盐雾性能在 100h 左右，通过加入改性磷酸锌和复合铁钛粉的防锈颜料配伍，采用羧酸铵盐分散剂，可以有效提高耐盐雾性能到 600h。

采用磺酸盐基水性醇酸树脂，制备成光泽度高、装饰性好的水性醇酸工业面漆。耐人工老化 200h 变色小于 2 级，粉化小于 1 级。磺酸盐基团较羧酸盐基团有更好的水溶性。自干型水性醇酸面漆体系中必须加入催干剂，再促进水性醇酸树脂面漆氧化交联的催干剂，再使用溶于芳烃或脂肪烃的催干剂，因为在水中很难分散，所有一般提前加入助溶剂中，然后再分散到水中。新型多种高活性金属复配催干剂，在水性醇酸树脂中有很好的相容性和稳定性，不会导致漆膜黄变。在低温（<13℃）和高湿度（相对湿度>80%）下也有很好的干燥性能。如 Octa-Soligen 421 的推荐用量为 4%～6%（按树脂用量计）。

pH 调节剂中，氨水（25%）的气味大，成本低，漆膜干燥快；三乙胺毒性大，漆膜干燥快，但易泛黄；AMP-95N 和 N-二甲基乙醇胺不泛黄、气味小、毒性小，但是漆膜干燥较慢。

助溶剂可选用溶解性较强、挥发性较快的醇醚类，如乙二醇单丁醚。

水溶性醇酸树脂与溶剂型醇酸树脂具有相同的干燥机理。但是水溶性醇酸树脂在储存过程中由于酯键的水解，会降低树脂的分子量，其本身的分子量也较低，由于氧气在水中的溶解度较低，自交联不足，其干燥速率比相应的溶剂型醇酸树脂慢。早期的硬度、耐水性和耐溶剂性也较差。

用苯乙烯改性可以提高其耐水性、附着力和干燥速率。苯乙烯改性醇酸树脂主要有双键共聚法、官能化苯乙烯改性法及偶氮酯自引发聚合法三种基本方法。

用丙烯酸进行改，可以提高其耐候性和快干性，提高硬度，尤其可以提高漆膜的早期性能，特别适用于水性面漆中的应用。丙烯酸改性水性醇酸树脂，可以用乳液聚合法合成醇酸乳液，或用脂肪酸法合成水溶性醇酸树脂。

采用异氰酸酯改性可提高硬度、耐候性和耐水性，改善黄变性。

环氧酯树脂是将环氧树脂用脂肪酸酯化，其酯化程度一般在 50% 以上，以达到干性的要求。环氧酯水性化，如同醇酸树脂一样，也是在其分子链中引入—COOH，然后用胺来中和达到水溶性和水分散性的目的。

2.7.6 水性环氧涂料

传统的环氧涂料体积固体分在 50% 以下，VOC 高达 400～500g/L，高固体分的环氧涂料的体积固体分在 70%～80%，VOC 可以大大降低到 200g/L 左右，无溶剂环氧的 VOC 更是低于 50g/L。

水性环氧涂料的开发应用已经有很多年，也取得了很多的成功应用。其体积固体分在 50% 时 VOC 可以降到 70g/L 以下，更低可以降到 30g/L 以下，环境保护功能更为友好。

在耐腐蚀性能方面，不同的产品，耐盐雾性能可以达到 300h、720h，甚至

1000h 以上。

水性环氧涂料，可以作为底漆、中间漆和面漆，干膜厚度 $50 \sim 150 \mu m$，可以应用于不同的钢结构装置设备表面，也能应用于铝合金、镀锌件和混凝土表面。与水性或溶剂型环氧涂料配套使用，也能与水性或溶剂型的丙烯酸面漆及水性聚氨酯面漆配套使用。

水性环氧树脂的水性化方式有三种：外加乳化剂、利用胺固化剂乳化环氧主体树脂、在环氧分子上引入亲水基团。

目前市面上有三种类型的水性环氧树脂防腐涂料。使用水性固化剂，把颜填料放在固化剂中研磨配制成 B 组分，而采用可反应性环氧活性稀释剂与混合液体环氧树脂为 A 组分；使用水性环氧树脂配制 A 组分，B 组分为常规的固化剂；使用水性固化剂和水性环氧树脂配制水性环氧涂料。

水性环氧涂料的成膜过程比溶剂型的更严格，因为这个过程有两步：一是水的挥发；二是漆基聚合交联。如果固化速度高于水分的挥发速度，漆膜中就会含有水分，性能也会有所降低。这使得施工时的温度、相对湿度和通风等条件的控制比溶剂型的更严格。施工时相对湿度不能超过 85%，最好在 65% 以下，过高的相对湿度会延缓水的挥发。在水的蒸发过程中，环氧树脂和固化剂进行交联反应，水的蒸发速度快于固化速度时，漆膜中不含水分；如果蒸发速度小于固化速度，漆膜中就会含有水分而影响漆膜性能。

涂料的正确施工可以使其达到溶剂型环氧涂料的性能。但是水性环氧漆的耐化学品性能较差。另外，水性环氧涂料也不是可以无限制地加水稀释，否则会使涂料不稳定或者破坏环氧-胺乳化液，在施工时会影响漆膜厚度引起流挂等问题。

常用的水性环氧涂料有水性环氧底漆，以磷酸锌为防锈颜料，水性环氧富锌底漆为三组分包装。

水性环氧涂料的混合使用寿命要比一般的溶剂型环氧漆短，一般在 2h 左右。与溶剂型环氧涂料不同，水性环氧涂料的混合使用期并不是由黏度增加来表现的。在 20℃ 时 3h 后的混合物看上去仍然可用，但这时油漆的保护性能已大受影响，所以不可再用。

HG/T 4759—2014 水性环氧防腐涂料所规定的技术要求见表 2-22，复合涂层的要求见表 2-23。

表 2-22　水性环氧树脂防腐涂料技术指标

项　目	底漆	中间漆	面漆
在容器中状态	正常		
漆膜外观	正常		
不挥发物含量/% ≥	40		

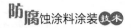

项　目		底漆	中间漆	面漆
干燥时间/h	表干　≤	4		
	实干　≤	24		
弯曲试验/mm	≤	2		
耐冲击性/cm	≥	40		
划格试验/级		1		
储存稳定性[(50±2)℃,14d]		正常	—	
挥发性有机化合物含量(VOC)/(g/L)		200		
闪锈抑制性		正常		
耐水性(240h)		不起泡,不剥落,不生锈,不开裂		
耐盐雾性(300h)		不起泡,不剥落,不生锈,不开裂		

表 2-23　水性环氧防腐涂料复合涂层性能要求

项　目	指　标
耐水性(240h)	不起泡,不剥落,不生锈,不开裂
耐酸性(50g/L H_2SO_4,24h)	无异常
耐碱性(50g/L NaOH,168h)	无异常
耐湿热性(168h)	不起泡,不剥落,不生锈,不开裂
耐盐雾性(300h)	不起泡,不剥落,不生锈,不开裂

2.7.7　水性丙烯酸树脂涂料

　　水性丙烯酸涂料,用于装备制造业中汽车底盘、电机马达、铸铁铸件、港机、农用车辆等钢铁结构的防护领域的底漆和面漆应用。

　　水性丙烯酸树脂,依据水性化方式不同分为乳液聚合丙烯酸树脂和溶液聚合树脂,这类水性树脂是目前水性树脂中产量最大、应用最广的一类树脂。

　　水性丙烯酸树脂乳液聚合型利用乳化剂的乳化作用,在水中引发聚合的高分子乳液,主要应用在内外墙漆、木器漆、塑胶漆和其他工业防腐漆及面漆,如卷材涂料等。应用特点:抗流挂性好,干燥快,光泽、丰满度差,施工易产生气泡。

　　水性丙烯酸树脂溶液聚合型是在溶剂中引发,聚合成高分子聚合物。通过在分子中引入大量亲水单体中和成盐后分散于水中,主要用来制作氨基烤漆,也有一些自干品种应用在木器和纸张上光等。透明水溶性溶液,水稀释黏度不易下降,施工固含量低。

水性丙烯酸分散体的分子量较溶剂型的大。聚合物分散体固含量较高（约为50%），因此随水分的蒸发可使其具有很快干燥速率；而高分子量确保不用后固化或氧化干燥的方法就能得到柔韧性和耐久性好的完整的漆膜。丙烯酸系聚合物抗紫外线性优异，快干，不会黄变和发生皂化反应。水性丙烯酸涂料还是单组分漆，其使用方便，喷涂容易。

单组分水性丙烯涂料中，水性苯乙烯-丙烯酸涂料有着良好的耐水性能，对金属表面附着力好，适用于底漆应用，干燥时间优于水性醇酸底漆，耐盐雾达96h。

对水性丙烯酸进一步改善，如环氧改性水性丙烯酸树脂，有着环氧树脂的高模量、高强度和高化学品性，耐腐蚀性也强，又有着丙烯酸树脂的光泽、丰满、耐候性好的特点，使用性能强。环氧改性水性丙烯酸树脂，有冷拼、酯化和接枝共聚法。接枝共聚法又分为乳液聚合和溶液聚合。可制备低VOC含量的水性快干型丙烯酸防锈底漆，或底面合一的水性丙烯酸防锈漆，也可制备水性氨基烤漆。耐盐雾600h，不起泡、不生锈，铅笔硬度在2H，附着力0级，表干30min，实干40h。

水性丙烯酸面漆，尽管其体积固体分在35%左右，但实测VOC低于40g/L。有着优良的保色、保光性能，在1400h的Q-SUN测试中，ΔE为1.9，保光率达到86%。可以作为大气环境下需要良好耐候性能的面漆使用。

水性丙烯酸涂料能制成有光和半光型，可作为底漆、面漆和用于混凝土表面的封闭漆。能在大多数的底材表面施工，如钢材、镀锌件、铝材、混凝土、砖石和木材等。

用水性涂料对重防腐保护时，基本上有两条途径可以实现，可以用纯水性涂料体系，也可以用水性涂料和溶剂型涂料混合体系。混合体系通常用溶剂型涂料作底漆，中间漆和面漆则用水性涂料，但是也可以用水性涂料作底漆，溶剂型涂料作面漆进行配套。

HG/T 4758—2014《水性丙烯酸树脂涂料》的技术要求见表2-24。

表2-24　水性丙烯酸树脂涂料性能要求

项　目	指标				
	Ⅰ型	Ⅱ型		Ⅲ型	
		底漆	面漆	底漆	面漆
在容器中的状态	搅拌混合后无硬块，呈均匀状态				
储存稳定性[(50±2)℃，7d]	无异常				
不挥发物含量 清漆/% ≥ 色漆/% ≥	30 35				

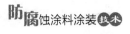

项　目	指标				
	Ⅰ型	Ⅱ型		Ⅲ型	
		底漆	面漆	底漆	面漆
细度①/μm　≤	30	—	40	—	30
干燥时间 　表干/h 　实干/h	— 商定	2 24			
漆膜外观	正常	—	正常	—	正常
耐冲击性/cm	40				
弯曲试验/mm	2				
划格试验/级（划格间距1mm）	1				
铅笔硬度（擦伤）　≥	HB	—	2B	—	B
光泽(60°)/单位值	商定	—	商定	—	商定
耐水性	168h 不起泡、不脱落，允许轻微变色	24h 不起泡、不脱落，允许轻微变色		96h 不起泡、不脱落，允许轻微变色	
耐挥发油漆（符合 SH 0004—1990 的溶剂油）	6h 不发软，不发黏，不起泡	—		6h 不发软，不发黏，不起泡	
耐盐水性(3%NaCl 溶液)	—	96h 不起泡，不生锈，允许轻微变色			
耐盐雾性	96h 无起泡、生锈、开裂、剥落等现象			48h 无起泡、生锈、开裂、剥落等现象	
耐工人气候老化性②	清漆,白色漆	500h 不起泡，不开裂，不剥落			
		粉化/级　≤	1		
		变色/级　≤	2		
		失光③/级　≤	2		
	其他色漆	500h 不起泡，不开裂，不剥落			
		粉化/级　≤	1		
		变色/级　≤	商定		
		失光③/级　≤	2		

① 含效应颜料，如珠光粉、铝粉等的产品除外。

② 仅限室外用产品，底漆除外。

③ 试板的原始光泽为 30 单位值时，不进行失光评定。

2.7.8　水性聚氨酯涂料

双组分水性聚氨酯涂料中的面漆产品，适用于高腐蚀环境下，要求更好的保光耐候性能的设备装置和钢结构使用，对光泽和鲜映性有着较高要求。

作为主体树脂含羟基的聚丙烯酸酯二级分散体和聚碳酸酯改性羟基聚酯二级分散体，前者羟值高，高光、高硬度、高耐化学品性；后者柔韧性好、高耐候性、高耐水性，并可与羟基丙烯酸水分散体混拼使用。固化剂主要采用改性的亲水改性多异氰酸酯。

水性聚氨酯面漆，有着良好的保色保光性能，耐水性好，干燥快，硬度高，力学性能良好。光泽度达到 90 以上（60°），鲜映性 DOI 值大于 80%。耐老化性能可达到1500h 粉化 0，变色 1 级（GB/T 1865）。除了一般的设备表面，还能用于要求高装饰性的高铁动车、轨道车车辆、风机塔筒、机场车站等钢结构表面。HG/T 4761—2014《水性聚氨酯涂料》，用于金属表面防护的水性聚氨酯涂料产品，技术要求见表 2-25。

表 2-25　金属表面防护的水性聚氨酯涂料技术要求

项　目		指　标	
		面漆	底漆
在容器中状态		搅拌后均匀无异常	
细度（含片状颜料、效应颜料的产品除外）/μm		40	50
不挥发物含量/%		商定	
储存稳定性[(50±2)℃,7d]		无异常	
干燥时间	表干/h	2	
	实干/h	24	
	烘干/h	通过	
漆膜外观			
铅笔硬度（擦伤）		B	—
划格试验/级		1	
弯曲试验/mm		2	
耐冲击性/cm		50	
光泽(60°)/单位值		商定	—
耐磨性(500g/500r)/g		0.06	—
耐干热性[(70±2)℃,15min]/级		2	—
复合涂层	耐水性	48h 无异常	—
	耐酸性(50g/L H_2SO_4)	24h 无异常	—
	耐碱性(50g/L NaOH)	24h 无异常	—

第 **3** 章

功能性涂料

专用性功能涂料，比如专用于轻金属表面的磷化底漆、船舶涂料中的防污漆、建筑钢结构上面的防火涂料、石化储罐的隔热反射涂料等，在重防腐体系中与重防腐涂料一起配合使用，起着非常重要的作用。

3.1 磷化底漆

磷化底漆是第二次世界大战中在美国发展起来的，英文名称为 wash primer（洗涤底漆）；在英国和日本等，又称其为 etching primer（蚀刻底漆）；在我国这类底漆称为磷化底漆。

磷化底漆主要用于镀锌件、铝合金、不锈钢、喷锌喷铝等金属表面进行打底，保证后道涂层对这些金属的附着力。飞机的外壳是高强度铝合金，区别与碳钢的底面处理，磷化底漆是其第一道连接底漆。

磷化底漆的漆膜厚度通常在 $5 \sim 10 \mu m$，不能太厚，因为不是所有磷酸都与底材起了反应，太厚的涂层会影响附着力。也正因为如此，磷化底漆不能用于自身覆涂，而只能用其他涂料覆涂。磷化底漆的主要作用是底材与后道漆形成良好的附着性，由于膜厚很薄，所以不能作为防锈底漆来使用，在多道涂层体系中，还必须使用相应的防锈底漆和中间漆来增强整个系统的防腐蚀能力。

磷化底漆由四碱式锌黄、聚乙烯醇缩丁醛、滑石粉、醇类溶剂和磷酸组成，分两罐包装。第一个磷化底漆称为 Wash Primer WP-1，亦有单罐装的磷化底漆产品。

加入醇溶性酚醛树脂、氧化铁红等，可以增加其耐水性、防锈性、耐候性能，制成长曝型磷化底漆，防锈作用可以长达 $3 \sim 6$ 个月，作为车间底漆使用。这种车间底漆曾长期在船舶行业大量使用，现在已经为无机硅酸锌车间底漆所取代。

磷化底漆中采用了锌铬黄，其防锈机理可用它同钢铁所发生的化学和电化学反应来说明。钝化作用是在阴极区发生的电化学过程所引起的，从而使铁离子与铬酸离子（Cr^{6+}）在钢铁表面形成一层金属氧化物的水合物。由于这类铬酸盐都能提供铬酸根离子，配制成涂料后，在钢铁表面起钝化作用，有防锈、防腐蚀的功能。问题是 Cr^{6+} 除了有强烈的致敏作用，刺激腐蚀呼吸道和消化膜外，还有致癌作用，在欧美等国已经限制了使用。新型的磷化底漆已经不含有六价铬颜料，而使用磷酸锌、三聚磷酸铝、硼酸锌等作为防锈颜料，与醇溶磷酸溶液配伍而成，涂层性能良好。以环氧改性的新型磷化底漆增强了附着力，提高了与环氧涂料的相容性。磷化底漆不推荐用于水下环境。

3.2 车间底漆

车间底漆，又称钢材预处理底漆或保养底漆，主要应用在钢材的一次表面处理阶段，在钢材切割电焊装配阶段起临时保护作用。它可以保护钢材在此阶段不生锈，有利于后道漆的复涂，大大减少了在分段组装后的二次除锈工作量。

车间底漆的特性与其他涂料有很大不同，必须具备的条件如下：

① 在钢材组装前至少有三个月的防锈能力；

② 不影响焊接切割速度和质量，以及焊缝的强度；

③ 焊接切割时不产生超过劳动保护允许范围的有害气体；

④ 适应自动化流水线的施工要求；

⑤ 干燥迅速（3~5min 的快干性），钢板可以在几分钟后进行搬运；

⑥ 力学性能好，耐高温处理，良好的耐蚀性能；

⑦ 不会皂化，耐水、耐溶剂和化学品；

⑧ 兼容性好，能适应大部分涂料的覆涂。

车间底漆还必须获得世界各国船级社的认可，以确认其对焊接质量无影响。这些船级社包括英国劳氏船级社 LRS（Lloyd's Register of Shipping）、美国船级社 ABS（American Bureau of Shipping）、挪威船级社 DNV（Det Norske Veritas，Germanischer Lloyd）、法国船级社 BV（Bureau Veritas）、意大利船级社（Italy and Maritime Register of Shipping）和中国船级社 CCS 等。

车间底漆发展至今，主要有四种类型：聚乙烯醇缩丁醛车间底漆（PVB）；环氧富锌车间底漆；环氧铁红车间底漆；无机硅酸锌车间底漆。不同类型的车间底漆性能比较见表 3-1。

表 3-1 不同类型车间底漆的性能比较

性能	PVB	环氧铁红	环氧富锌	无机硅酸锌		
				高锌	中锌	低锌
耐候性	3~5m	6~7m	9~12m	8~10m	6~8m	4~6m
防腐蚀保护	差	好	优异	优异	很好	好
耐水性	很好	很好	优异	优异	很好	很好
耐化学品	差	很好	好	优异	很好	很好
耐热破坏	差	一般	一般	好	很好	优异
耐磨	好	好	优异	优异	很好	很好
切割速度	好	很好	差	好	很好	优异

续表

性能	PVB	环氧铁红	环氧富锌	无机硅酸锌		
				高锌	中锌	低锌
焊接速度	满意	一般	差	好	很好	很好
健康和安全	很好	很好	很好	一般	很好	很好
焊接质量	很好	很好	很差	一般	很好	很好

　　无机硅酸锌车间底漆是目前主要应用的车间底漆类型。它以正硅酸乙酯为基料，配以锌粉，以及其他颜填料、溶剂、添加剂等。无机硅酸锌车间底漆的固化成膜依靠正硅酸乙酯吸收空气中的水分水解后缩聚，然后与锌粉及钢材表面活性铁反应生成锌-硅酸-复合盐而牢牢附着于钢铁表面。它具有极强的防锈性、力学性能优良、耐热性好、热加工时损伤面少等突出性能。

　　GB/T 6747—2008《船用车间底漆》，分为含锌粉的Ⅰ型和不含粉锌的Ⅱ型，不仅适用于船用钢板、型钢和成型件，也适用于桥梁、装备制造业的车间底漆使用。含锌粉的Ⅰ型车间底漆按耐蚀性要求分为Ⅰ-3、Ⅰ-6和Ⅰ-12三个等级，分别对应于在海洋性腐蚀环境下曝晒3个月、6个月和12个月时，生锈≤1级状态的产品。技术指标见表3-2。

表 3-2　船用车间底漆的技术指标

项目名称		技术指标
干燥时间/h		≤5
附着力/MPa		≤2
漆膜厚度/μm	含锌粉	15～20
	不含锌粉	20～25
不挥发分中的金属锌含量(仅限Ⅰ型)		按产品技术要求
耐候性(在海洋性气候环境中)	Ⅰ-12级,12个月	生锈≤1级
	Ⅰ-6级,6个月	
	Ⅰ-3级,3个月	
	Ⅱ型,3个月	生锈≤3级
焊接与切割		按 A.2 要求通过

　　超高温耐热无机锌车间底漆采用超耐热树脂对正硅酸乙酯进行改性，采用了一部分耐热防锈颜料与锌粉共用，在火工校正和电焊时对涂层的烧损面积大大减少。

　　由于锌粉在切割焊接时会产锌雾，对人体的健康不利，目前使用较多的是中等含锌型和低锌型车间底漆。减少锌粉含量可以提高焊接质量以及切割焊接的速度。

传统的无机硅酸锌车间底漆 VOC 含量在 700g/L 左右，新型的水性无机硅酸锌车间底漆 VOC 为 0，在施工过程，所用的稀释剂也是水，但是受成本和施工流水线设计的限制，正在应用推广阶段。

3.3 船舶防污漆

防污漆是应用于远洋船舶水下部位的一种特殊涂料，用来阻止海洋生物，如藤壶、牡蛎、海藻、水云、浒苔对船舶和海洋结构物上附着污损。船底污损造成的损失是很大的。它增加船舶质量，生物层叠形成一个厚达十余厘米的堆积层，质量每平方米可达二十几千克。这无疑增大了航行阻力，从而增加燃料消耗。防污漆不能直接涂在船体表面，需要用防锈漆打底，并且要有专门的连结漆来过渡。

防污漆以前按照其使用寿命可以分成传统型、长效型和自抛光型。早期主要使用的毒料是 DDT、氧化亚铜、三丁基锡化合物（TBT）。现在 DDT 和 TBT 因健康环保原因已经被淘汰。

铜很早就运用于防污漆中，最常用的是红色的氧化亚铜（Cu_2O）、奶黄色的硫氰酸亚铜（CuSCN）以及金属铜。铜对动物贝壳类相当有效，但是海藻类对铜显得越来越有抗性。氧化亚铜目前仍然是主要应用毒料之一。

于 1874 年人工合成的 DDT（二氯二苯基三氯乙烷），曾经在蚊虫控制方面是人类的福音，在防污漆中也有着相当好的防污作用。但由于其高毒性，可溶于生物体的脂肪中，难以降解，会沿食物链快速放大。所以在 2001 年 5 月 31 日签署的《关于持久性有机污染物的斯德哥尔摩公约》中，DDT 被列入首批受控的 12 种物质之一。

以 TBT 为毒料和基料的自抛光防污漆曾经是相当有效的大量使用的主要防污漆，它在海水中水解释放出有机锡，同时基料亦成为可溶性的物质溶解于海水中。大量使用含 TBT 的防污漆会带来严重的环保问题，对生态学或商业性的海生物伤害极大，影响它们的发育繁殖和生存。2000 年国际海事组织 IMO 确定了 2003 年全面禁止含 TBT 的防污漆的使用。

控制船舶水下船壳部位的海洋生物附着，而不使用三丁基锡化合物（TBT），有主要的两种技术路线：第一种，也是最通常的途径，使用非 TBT 毒料。毒料精细地分散于防污漆漆膜中，一旦浸于海水中，就会从漆膜表面释放出来。毒料型防污漆根据不同的机理来影响毒料的释放，每一种又着不同的区别。第二种更为新型的控制海生物污损的途径是使表面"不黏"，不使用毒料而达到防止海生物附着的作用。

毒料型防污漆的有效性主要依靠毒料本身和毒料有控制的释放，即毒料渗出率。测量毒料释放的标准方法是渗出率，即在一定时间和一定面积上的毒料释放量 $[\mu g/(cm^2 \cdot d)]$。毒料的释放机理取决于涂料系统所采用的技术。

自抛光共聚物（SPC）防污漆使用丙烯酸共聚物，通过在海水中的水解或离子交换来对毒料释放起作用。它们通过可控的毒料释放率，有着长达 60 个月的防污效果。这种反应只在防污漆靠近表层的部位发生，通过聚合物系统的疏水性来防止海水过度地渗透漆膜。实际上，共聚物黏结剂的可溶性被限制在表层，来达到毒料释放的高度控制，因此，SPC 系统的渗溶层（leached layer）是很薄的（<30μm）。溶解的活性区即使是在静止状态也会自动地消除。因此，漆膜的表面会持续地更新，释放出新的毒料。漆膜的消除率被称作抛光率，根据防污漆和使用环境，抛光率在 5～10$\mu m/m$。

氧化亚铜（Cu_2O）是使用最为广泛的防污剂之一，特别是对藤壶等动物类海生物最有效。氧化亚铜在海水中分解产生铜离子，使海生物赖以生存的酶失去活性，或使生物细胞蛋白质絮凝产生金属蛋白质沉淀物，从而杀死海生物。铜离子的临界渗出率为 10$\mu g/(cm^2 \cdot d)$ 时对藤壶有效，10～20$\mu g/(cm^2 \cdot d)$ 时对水螅、水母有效，20～50$\mu g/(cm^2 \cdot d)$ 时对藻类有效。除了氧化亚铜，常用的防污剂有吡啶硫酸铜、吡啶硫酮锌、二硫代碳酸盐等。

丙烯酸锌树脂基料是新型自抛光防污漆的可控水解基料，通过对环境友好的锌离子取代对环境有害的锡离子，合成出与有机锡丙烯酸树脂性能相似的丙烯酸锌树脂，利用含锌丙烯酸共聚物与海水中的钠离子发生离子交换，达到防污目的。

免污损型防污漆的主要产品类型有有机硅、有机氟防污涂料，其防止海生物附着的机理完全不同于上述毒料释放型防污漆。涂膜表面的低表面能使海生物很难在上面附着，而且一旦附着，也很容易除去。控制涂膜的表面能可以有效地防止海生物的黏附。它的优点是没有毒料，但是涂膜的硬度较低，容易碰伤刮伤。利用 100％分子水平的硅氧烷树脂形成的涂膜密度更高，以至于让海洋生物会感知其不是可以附着的表面，它采用动态表面再生技术，利用水作为催化剂，使涂层不断恢复到初始的表面能状态。

3.4 导静电涂料

用于储罐内壁的防腐蚀涂料，基本功能为保护钢质储罐不受腐蚀，并且保护油品不受污染，另外的功能就是要防静电。

液体石油产品在装料和放料过程中，处于流动状态，与罐体产生相对运动，会因摩擦而与油罐内壁产生静电荷。液体石油产品在流动、过滤、混合、喷射、冲洗、加注和晃动情况下，静电荷的产生速度高于泄漏速度，积累的静电荷使电压不断升高，并在尖端放电。当积累的静电荷放电的能量大于可燃混合物的最小引燃能，并且放电间隙中油品蒸气和空气混合物处于爆炸极限范围时，就会产生静电起火、燃烧和爆炸。在管线内，因为充满油品没有足够的空气，而在储罐内，如果不及时导出静电，储罐上部的空气与液体石油产品蒸气形成爆炸性混合气体，就极易引发安全事故。

从防腐蚀涂层的结构分析，涂层带静电主要是涂层成膜物的表面电阻过高，产生的静电荷一时很难泄漏，累积越来越多的静电荷所致。

为了保证储罐的安全使用，抑制静电荷的产生和促进电荷的泄漏，排除静电荷的积累，GB 6950—2001 规定，汽油、煤油、柴油安全静止电导率值应大于 $50pS/m$。

储罐内壁可以采用导静电涂料，涂层的体积电阻率低于 $10^8\Omega \cdot cm$，表面电阻率应低于 $10^9\Omega$。但是 GB 50393 关于石油储罐的内壁导静电涂料的规定表面电阻率为 $10^8\Omega < \rho_s \leq 10^{11}\Omega$，与其他标准有明显差异，GB 50393—2008 的标准正在修订中。国内外相关标准规范的导静电涂料指标见表3-3。

表3-3　导静电涂料指标

国名	标　　准		指　　标
美国	DOD-HDBK-263	—	$10^5\Omega < \rho_s \leq 10^9\Omega$
美国	MIL-STD-883B	—	$\rho_v < 10^8\Omega \cdot m$
中国	GB 13348—2009	《液体石油产品静电安全规程》	$\rho_v < 10^8\Omega \cdot m, \rho_s < 10^9\Omega$
中国	GB 6950—2010	《轻质油品安全静止电导率》	$10^8\Omega < \rho_s \leq 10^{11}\Omega$
中国	GB 15599—1995	《石油和石油设施雷电安全规程》	$\rho_s \leq 10^9\Omega$
中国	GB 50393—2008	《钢质石油储罐防腐蚀工程技术规范》	$10^8\Omega < \rho_s \leq 10^{11}\Omega$

导静电涂料大致有两类技术路线。一是本征型，通过分子设计制备一具有共轭π键的大分子而获得导电性，如聚乙炔（PA）、聚吡咯（PP）、聚苯硫醚（PPS）、聚苯胺（PAN）、聚喹啉（PQ）、聚对苯乙烯炔（PPV）等等；二是添加型，通过往高分子材料中添加导电物质而获得导电性，如炭系列（炭黑、碳纤维、石墨）、金属粉末（银粉、铜粉、镍粉）、半导体金属氧化物（氧化锡、氧化铁、氧化镁）、有机物合成离子型防静电助剂。

合成具有共轭π键的本征型导电高分子材料，制造成本高、制备工艺复杂、难控制，且此类高分子聚合物在一般有机溶剂中溶解困难，目前应用还不普遍。

本征型导静电涂料以聚苯胺的应用为多。聚吡咯高电导率、易成膜和无毒等，也是研究方向之一。掺杂剂诱导增容法可以将聚苯胺溶解，解决了聚苯胺导电高分子难以加工的问题。十二烷基苯磺酸掺杂的聚苯胺用量为环氧树脂的 5％时，可以有着良好的导静电性能，并且防腐性能和耐化学品性能有着很大的提高。

添加型防静电涂料是目前最为普遍的一种。

早期以炭系列为主的导静电涂料，在石油化工方面有过广泛的应用。炭系导静电涂料的附着力和耐油性差，并且颜色难看。新型的碳纳米管导静电材料，表面经酸处理，再经偶联剂表面改性，表面具有更多的极性基团，可以均匀地分散在涂膜中，降低涂层的电阻率。

金属系颜料主要有银粉、镍粉和铜粉等，其中银粉的化学稳定性好，导电性高。铜粉易于氧化，需要用抗氧化剂对铜粉进行表面处理。金属系颜料的导静电涂料价格较为昂贵，因此应用不多。无机富锌涂料本身以锌粉为防锈颜料，有着很好的导电性能，可以作为防腐性能优异的导静电涂料。

以导电云母粉为主的浅色导静电涂料、添加半导体氧化物的防静电涂料，以环氧树脂为基料，颜色可以调节，利于制成浅色导静电涂料。导电云母粉的抗化学品性能优良，耐酸、耐碱、耐溶剂，耐油类浸渍，耐腐蚀性强。云母颗粒成片状，表面积大，有利于在树脂中的分散及相互接触。云母颗粒成片状，表面积大，有利于在树脂中分散及相互接触。电导率高，半导体氧化物的特点决定其具有导电的永久性。

在导静电涂料中，以环氧树脂和聚氨酯涂料为多，有着良好的耐化学品和耐油性能，附着力强，有溶剂型和无溶剂型两类。无溶剂导静电涂料有着更好的施工环保安全性，防腐蚀效果更好。

酚醛环氧导静电涂料有着更好的耐油品浸泡温度，防腐性能好，更适合应用在浸泡温度 70℃以上的液体石油产品中。

水性环氧导静电涂料，采用自乳化水性环氧树脂、脂肪胺类非离子型水性环氧固化剂、片状导电云母粉等配制而成，解决了储罐内施工的安全问题。但是，水性漆的使用，并不意味着不需要通风，而还是要加强通风管理。

3.5 耐高温涂料

一般金属在高温氧化性环境下都会产生表面氧化，造成金属损耗，还会产生金属中合金元素的贫化，影响金属质量和力学性能。高温氧化是高温工作设备必须考虑的重要问题。

耐高温涂料是高温设备表面有效的防护措施之一。耐高温涂料一般要满足下列基本要求。

① 结构紧密，完整无孔，不透过腐蚀介质；

② 与底层金属有很强的结合力；

③ 高硬度，耐磨、耐腐蚀以及耐高温；

④ 均匀分布，和基体热容性好。

目前常用的耐高温涂料主要分为有机涂料和无机涂料两类。

有机耐高温涂料中最为普遍的是有机硅耐高温涂料。有机硅聚合物具有 Si—O—Si 无机结构，在高温下不易断裂。在超过有机硅聚合物的分解温度时，残余的 Si—O 键可与部分 Al 及 Fe 熔合生成 Si—O—Al(Fe) 合金层，可大大提高涂层与基材的黏结力，有效地阻挡氧、热的入侵，提升耐温性能。有机硅聚合物可溶于甲苯、二甲苯等芳香族溶剂及酮类溶剂，这就为制备涂料提供了可能性。

有机硅树脂在超过 200℃时，甲基、苯基开始分解，特别到了 400~600℃分解开始加速（图 3-1），到 600℃基本分解完全，相应熔融的耐高温颜料熔化铺展起到二次成膜作用。

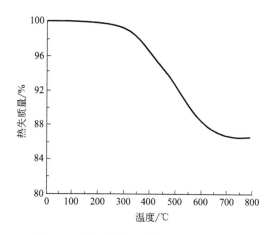

图 3-1　有机硅耐高温漆的热失质量曲线

丙烯酸有机硅涂料可以耐 200℃的高温，又具有良好的耐候性能，因此可以作为装饰性的耐高温面漆使用。

单用环氧有机硅树脂，交联密度低，涂层较软，可以适当拼用环氧树脂或酚醛环氧树脂，提高涂层硬度。环氧改性有机硅树脂则在耐水性、耐化学品、耐腐蚀性方面有着更好的性能，可用聚酰胺进行固化。

耐高温涂料的耐热性能还具体体现在所使用的颜料方面。

钛白粉热稳定性优良，可以耐 350～400℃ 不变色，600℃ 变为黄褐色，到 1200～1300℃ 才变为不可逆的黑褐色。

白色颜料中的氧化锌的耐热性为 250～300℃，立德粉适用于 250℃ 时的长期耐热。

在黑色颜料中，炭黑适用于 250℃ 时的长期耐热，如果温度高于 300℃，颜色会褪色。石墨粉和二氧化锰适用于 300℃ 以上的长期耐热。

红色颜料中的氧化铁红和镉红适用于 250℃ 时长期耐热。

黄色颜料中，锶黄和镉黄只能耐 200℃ 的长期高温。

在蓝色颜料中，酞菁蓝适用于 200℃ 以下耐热；群青可以耐 200℃ 的长期高温，在 250℃ 以上会褪色；钴蓝适用于 500℃ 时长期耐热。

绿色颜料中的三氧化二铬和钴绿适用于 250℃ 时长期耐热。

铝粉的熔点约为 600℃，因此常制备耐 500～600℃ 的高温涂料。浮型铝粉浆的铝粉鳞片可以漂浮在涂层上面，能有效地起到屏蔽作用。铝粉浆用量一般在 10%～20%。采用 2% 以下的定向剂，可以有效改善涂层致密性和耐温性。

锌粉的熔点约为 420℃，在 900℃ 气化，因此常制备 400℃ 的耐高温涂料。

耐热性良好的酚醛环氧树脂涂料可以耐 230℃ 的高温，又具有良好的耐化学性，用于管道隔热层内部。

无机耐高温涂料的基料有硅酸乙酯、硅熔胶和磷酸盐等，其中以无机硅酸锌涂料应用最为广泛。

无机硅酸锌涂料以锌粉为防锈颜料，又具有良好的耐高温性能，达 400℃，因此可以作为防腐蚀性能优异的耐高温涂料使用。

磷酸盐耐热涂料通常由磷酸盐水溶液、固化剂和耐热颜料（如金属铝粉）等组成，具有优异的耐热、防腐蚀、耐油和耐候性能，因此被用于飞机发动机上面，在石化厂高温设备上也有应用。

无机耐高温陶瓷涂料主要由陶瓷基料、高温黏结剂和添加剂组成。以碳化硅作为陶瓷基料的无机耐高温陶瓷涂料可以在 800～1000℃ 下用于碳钢表面、不锈钢表面以及中性或酸性耐火砖表面，成膜良好牢固，高温冷却后涂层无明显剥落，可以达到保护基体抗高温氧化腐蚀的要求。

3.6 反射隔热涂料

隔热涂料的功能性应用，除了节能之外，还有防止灼伤等安全作用。不同的工业设施中有很多热的管道、容器、储罐和其他设备，都是对员工造成接触性灼伤的危险源。

ASTM C 1055 概述了可逆及不可逆的皮肤灼伤，提出时间-温度阈建议。温度在 44（111℉）～48℃（118℉）时，5s 的接触时间可能会引起疼痛。在 58℃（137℉）时会造成一度灼伤，61℃（141℉）或更高温度时会发生开放式灼伤。ASTM C 1057 描述了使用温度感觉器进行计算和测量皮肤接触温度的方法。皮肤接触温度定义为皮肤的表皮和真皮层的界面处的温度，在皮肤表面以下 $80\sim100\mu m$ 处。

反射隔热涂料通过反射可见光及红外光的形式将太阳能量隔绝来达到隔热目的，采用合适的树脂、空心陶瓷粉、玻璃微珠、金属或金属氧化物（纳米）等功能性填料来制得高反射率的涂料。太阳光的能量分布为紫外线 4%、可见光 45%、红外线 51%。白色涂料的太阳光反射率可以达到 90%。

反射隔热涂料，在夏热冬冷的建筑节能领域有着一定程度的应用，因此在建筑外墙方面的研究应用较多。在工业防腐领域，尤其是在石化储罐方面，反射隔热涂料在节能安全环保方面有着实际的应用。

空心玻璃微珠有着很好的隔热效果，使用中要控制其用量，过多使用会导致热导率下降，涂膜会掉粉。同时也要控制其粒径大小，小的粒径，涂膜振实密度加大，热导率增大，但是由于球壁变薄，加工性能变差，目前 $10\sim90\mu m$ 粒径的玻璃微珠比较适合。

起增强作用的硅酸铝纤维的加入，可以有效提高涂膜的耐冲击性能。

JC/T 1040—2007《建筑外表面用热反射隔热涂料》、JG/T 235—2014《建筑反射隔热涂料》和 GB/T 25261—2010《建筑用反射隔热涂料》，是目前相应的规范标准。

JC/T 1040—2007 规定隔热性能为太阳反射比≥0.83，半球发射率≥0.85，耐人工老化后为≥0.81 和≥0.83。

JG/T 235—2014 规定隔热性能为太阳反射比（白色）≥0.80，半球发射率≥0.80，隔热温差≥10℃，隔热温差衰减（白色）外墙≤12℃。

GB/T 25261—2010 规定太阳反射比≥0.80，半球发射率≥0.80，其他产品性能满足相关国家或行业标准要求。

在实验室中试验得出的隔热温差数据不能代表实际工程中的情况，不能等同实际的隔热效果，因为模拟光源与太阳光源光谱差别较大。

3.7 防火涂料

现代建筑物的主要承重构件大都依赖于坚固又轻便的钢材，这些钢材赋予建筑物以宽阔、轻盈而又不失稳固的建筑风格。钢结构在火的作用下是不会燃烧的，但是钢材在高温火焰的直接灼烧下，强度会随着温度的上升而降低，当到达一个极限临界点时，就会显著地降低强度而失去承载力。由于高温的作用，钢材在 15～20min 后即急剧软化，这会使整个建筑物失去稳定而导致崩溃。实际上，由于各种因素的作用，有些钢结构在烈火中一般只需要 10min 即会失去支撑能力，随即变形塌落。

采用防火涂料进行阻燃的方法被认为是有效的措施之一，钢结构防火涂料在 90％ 的钢结构防火工程中发挥着重要的保护作用。将防火涂料涂敷于材料表面，除具有装饰和保护作用外，由于涂料本身的不燃性和难燃性，能阻止火灾发生时火焰的蔓延和延缓火势的扩展，较好地保护基材。在 GB 14907—2002 版中，对钢结构防火涂料按所使用的基料的不同分为有机防火涂料和无机防火涂料两类，按涂层厚度分为超薄型、薄涂型和厚涂型三类。

新的钢结构防火涂料国家标准 GB 14907，对普通建筑和特殊建筑用钢结构的防火涂料的理化性能做出了要求。对耐水极限试验取消了涂层的厚度规定，只作时间上的要求。火灾升温条件由原来单一的建筑纤维类增加了电力火灾、烃类火灾和石火灾，共四类，扩展了火灾应用范围。对涂料的分类，取消了按厚度分类的方式，按防火机理和分散介质分为膨胀型和非膨胀型，水基型和溶剂型。

烃类防火，传统上采用水泥基厚型防火涂料，但是在石油化工行业、海洋平台上面的应用发现其使用耐久性不够。新型的环氧膨胀型烃类防火涂料已经有了多年的成功应用，具有耐久性强，附着力好、耐冲击、柔韧性好、耐腐蚀等特点。

防火涂料系统，包括底漆、封闭漆、防火涂料和面漆几部分（图 3-2）。

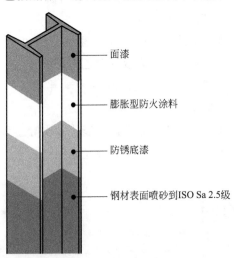

图 3-2 防火涂层系统结构示意图

在底漆的基础上进行防火涂料的施工，根据耐火要求施涂相应的厚度。如果有面漆要求，水性丙烯酸防火涂料可以复涂丙烯酸漆，环氧类防火涂料可以复涂丙烯酸聚氨酯面漆。钢结构表面清灰除油，钉上焊钉和网架（如果需要）。喷砂处理到 ISO Sa 2.5，粗糙度 $Rz40\sim75\mu m$，再进行底漆施工。底漆厚度如表 3-4 所示。

表 3-4 防火涂层体系中的底漆厚度

底漆类型	干膜厚度/μm	搭接处干膜厚度/μm
醇酸/环氧磷酸锌底漆	50～75	100
环氧富锌底漆	50～75	100
环氧富锌＋连接漆	75～110	125
无机硅酸富锌底漆	100	125

防火涂料作为功能性涂料，其主要作用是防火。钢结构的防腐蚀还是需要由防锈底漆来完成，用于钢结构防火涂料的防锈底漆，必须与防火涂料相兼容，两者间有很好的附着力。在底漆的基础上进行再防火涂料的施工，根据耐火极限要求施涂相应的厚度。

在防火涂料系统中，封闭面漆是非常重要的。由于防火涂料本身的装饰性都比较差，因此，涂上一道面漆是非常有必要的。并且，由于防火涂料的耐久性一直没有经过长期的实际考察，从理论上说，有机物都会老化、降解等，这对防火涂料的性能是比较致命的。如果涂有耐老化的面漆涂层，就可以基本解决这个问题。正如在防腐蚀涂料系统中一样，防锈底漆和中间漆通常不会受到大大的影响，维修时也只需要对面漆进行维护就可以获得长久的耐腐蚀性能，其基本道理是一样的。

封闭面漆在防火涂料面层罩面漆，其一是抵抗腐蚀性介质和外应力对防火涂料的破坏，能有效地封闭和阻挡水分、湿气渗透到涂料表层，从而与防火涂料上下配合，发挥保护钢材的总体效果；其二是对建筑总体起装饰美化作用，如良好的光泽、丰富的色彩、平整光滑的外表等。防火涂料的罩面漆主要有以下几类：醇酸漆、丙烯酸漆、氯化橡胶漆、聚氨酯漆、硅氧烷漆类、环氧漆类等。

第 **4** 章

底材表面处理

4.1 表面处理的底材

4.1.1 表面处理的重要性

在防腐蚀涂装前对被涂物件表面进行的一切准备工作，称为被涂物的表面处理。它是防腐蚀涂料施工的第一道工序，也是基础工作，用来增强涂膜与基材的结合力，提高涂膜对被涂物的防腐保护效果。底材表面在被涂覆前的处理，直接关系到整个涂装体系的防腐蚀性能和防护寿命。长期的实践证明，许多防护体系提早失效，其原因的 70% 以上是由表面处理不当引起的。

底材表面处理的作用主要分为三个：提高涂层对材料表面的附着力、提高涂层对金属基体的防腐蚀保护能力以及提高基体表面的平整度。

当底材上附着一些油污、油脂、灰尘等污染物时，会使涂层不能充分润湿底材，导致附着不好，其后果会造成涂膜整片脱落或产生各种外观缺陷，所以涂装前必须将底材表面的污染物彻底清除干净。

4.1.2 表面处理底材

凡是要进行涂装的底材，都需要进行表面处理，以增加其防腐性和耐久性，从而充分发挥涂料的作用。对不同材质的底材所使用的处理方法不尽相同，对防腐蚀涂装而言，主要是针对钢铁、有色金属和混凝土的表面处理，也会涉及玻璃钢和塑料等材质表面，以及涂层表面处理。

4.1.2.1 钢材

钢材在加工和储运过程中表面会受到许多物质的污染（图 4-1），如铁锈、焊渣、油污、机械污物以及旧漆膜等，钢材在加工过程中还有各种结构性缺陷。

图 4-1　钢材表面的污染物和结构缺陷

污染物会影响涂膜与底材的附着，结构性缺陷会影响涂膜完整性，进而影响涂膜的防腐效果，因此表面处理对保证涂层的防腐蚀能力起至关重要的作用。

表面处理方法有很多种，属于表面净化的有除油、除锈、除旧漆；属于表面改性处理的有磷化、钝化处理等。

钢结构表面处理后必须清除的污染物主要有氧化皮、铁锈、可溶性盐、锌盐、油脂和焊烟、记号、旧涂层及灰尘等等。在钢铁上附着的氧化皮主要由 Fe_2O_3、Fe_3O_4 和 FeO 组成，其在氧和水的作用下，很容易形成氢氧化物，再加上温度的变化、机械作用等，氧化皮会很快脱落。铁锈是松散物质，吸水性很强，与底材附着较差，容易使涂覆在其上的涂膜脱落。硫酸铁、氯化钠等很多可溶性盐不仅会直接破坏涂层，引起涂膜内外渗透压差造成起泡，而且会由于可溶性盐溶液的导电性而加剧腐蚀的进行。如果表面有油脂，其具有的表面张力会导致涂层对底材的浸润不好，影响附着力。焊烟、各种记号、旧涂层、灰尘会导致涂膜的附着力变差。

对钢结构底材来说，表面处理至少要包括结构处理和表面清洁度。结构处理是修正钢材本身以及在焊接过程中的缺陷，表面清洁度主要是指表面喷砂抛丸清理的洁净程度。

4.1.2.2 有色金属

铜、锌、铝等有色金属及其合金的表面在涂装前同样需要进行表面处理。有色金属的表面去除油污的方法基本与黑色金属相同，但是由于有色金属耐碱性差，不宜采用强碱性清洁液清洗，一般采用有机溶剂除油、表面活性剂除油，或用由磷酸钠、硅酸钠配制的弱碱性清洗液清洗。

为了增强附着力，可采用手工或机械打磨、喷砂或及酸洗方式处理表面，使其具有一定的粗糙度。

SSPC-SP 16 是专门针对镀锌钢材、不锈钢和非铁金属表面进行扫砂级喷射处理的标准。经过扫砂处理的表面，旧涂层要求用钝刀无法铲除而完好附着，金属表面粗糙度达到 $19\mu m$（0.75mil）。所用磨料不能是金属磨料，也不能用铜矿砂。磨料应该没有油脂，按 ASTM D 7393 标准检查。

4.1.2.3 涂层表面

涂层的表面处理，包括涂装施工时的前道涂层、维修涂装时的旧涂层、特殊的锌涂层表面、热浸锌涂层表面、金属热喷涂表面等。

涂装施工时的前道涂层，在涂装规定的间隔期内，只需要表面清洁，除油去灰。如果是化学类，如环氧树脂涂料，一旦超过最大涂装间隔期，则表面要用砂纸拉毛处理，以增强表面附着力。

旧涂层的表面处理，不仅需要进行表面的清理，还要根据实际情况决定喷砂清理。

锌涂层表面，包括富锌底漆、热浸镀锌、热喷锌表面，在潮湿空气中，特别是在沿海含氯子的环境中，表面生成的锌盐会影响涂膜的附着力。必须通过手工打磨、高压水冲洗等方法进行清理。这类涂层表面不能使用醇酸树脂涂料、环氧酯涂料、酚醛树脂涂料等油性类涂层，否则易引起皂化涂层剥落。

4.1.2.4　混凝土

混凝土表面为多孔、含有水分和盐分的非金属材料，而且充满了疏松的颗粒，其数量达 $500\sim1500\text{mg}/\text{mm}^2$，因此如果不经处理直接进行涂装，涂膜很容易产生起泡、脱层、泛白、腐蚀等现象，影响附着。

新的混凝土表面至少要经过 3～4 周的干燥使水分蒸发，盐分析出之后才能进行涂装。在工期紧的情况下应采用其他化合物对表面进行处理后再进行涂装。混凝土的含水率应在 6％以下。

4.2 钢材结构处理

钢结构建筑在选用钢材时，应该关注钢材的表面缺陷、表面锈蚀等级和结构处理，这些都对涂装和涂层质量有着相当大的影响。国内外很多标准规范都对其有明确要求，如 GB/T 14977 中对钢材缺陷的规定，GB/T 8923.3、ISO 8501-3、ISO 12944-3 和 NACE RP 0178 对结构、焊缝等的相关要求。

4.2.1　GB/T 14977—2008 钢材缺陷的相关规定

国家标准 GB/T 14977—2008《热轧钢板表面质量的一般要求》中规定了钢材表面缺陷的种类、缺陷的深度和影响面积、修整的要求以及钢板的厚度等。

典型的缺陷定义有以下 9 种：

① 轧入氧化铁皮、凹坑：是轧制表面的伤痕，是由热轧和加工前或加工期间氧化皮清除不充分造成的。

② 压痕（凹陷）和轧痕（凸起）：由轧辊或夹持辊破损造成，可按一定距离间隔或无规则分布。

③ 划伤和沟槽：由轧件和设备之间相对运动摩擦造成的机械损伤，可能有轻微的翻卷，很少含有氧化皮。

④ 重皮：由于钢锭表面的冷溅、重皮以及结疤清理不净，轧制形成的不规

则鳞片状的细小表面缺陷。

⑤ 气泡：由冶炼、浇注过程中脱氧不良造成，位于紧结表面以下。

⑥ 热拉裂：表面范围内可变取向的缺陷，出现在钢坯加工过程中。

⑦ 夹杂：表面的非金属夹杂物，尺寸和形状不同，沿轧制方向延伸，随机分布。

⑧ 裂纹：由轧件冷却过程中产生的应力造成的，在表面范围分布的缺陷。

⑨ 结疤和疤痕：为重叠的物质，形状和程度不同的表面重叠部分，不规则或氧化皮。

缺陷的深度从清除氧化皮后的产品表面进行测量，影响面积的确定与缺陷形状有关，如孤立点缺陷规定为以比缺陷外接圆大 50mm 为半径，围绕缺陷画圆定为影响面积。按缺陷深度和影响面积将缺陷分为 A、B、C、D、E 五个等级。

A 级缺陷指表面不允许有气泡、结疤、裂纹、拉裂、折叠、夹杂和压入氧化皮，这些缺陷不论其深度和数量，均需要修整。

B、C、D 和 E 级缺陷均根据钢板公称厚度规定有最大允许缺陷深度和相应的影响面积，超过规定的需要修整，否则可不予修整。对修整的要求也有相应的规定，可以采用修磨或焊补，修磨的程度要保证产品最小允许厚度等等。

4.2.2 GB/T 8923.3 和 ISO 8501-3 钢材表面缺陷的处理等级

国家标准 GB/T 8923.3—2009《涂覆涂料前钢材表面处理表面清洁度的目视评定第 3 部分：焊缝、边缘和其他区域表面缺陷的处理等级》，等同采用国际标准 ISO 8501-3：2006 "涂覆涂料前钢材表面处理 表面清洁度的评定 第 3 部分：焊缝、切割边和其他的区域的表面缺陷的处理等级"，描述了不同的表面缺陷，主要包括焊缝、切割边和一般的钢材表面。

GB/T8923.3—2009 中规定的缺陷分类有焊缝、边缘和一般表面，具体图示和规定见表 4-1。

表 4-1　缺陷及等级处理

缺陷类型		处理等级		
名称	图示	P1	P2	P3
1　焊缝				
1.1　焊接飞溅物	(a)　(b)　(c)	表面应无任何疏松的焊接飞溅物[见图示(a)]	表面应无任何疏松的和轻微附着的焊接飞溅物[见图示(a)和(b)]，图示(c)显示的焊接飞溅物可保留	表面应无任何焊接飞溅物

缺陷类型		处理等级		
名称	图示	P1	P2	P3
1 焊缝				
1.2 焊接波纹/表面成形	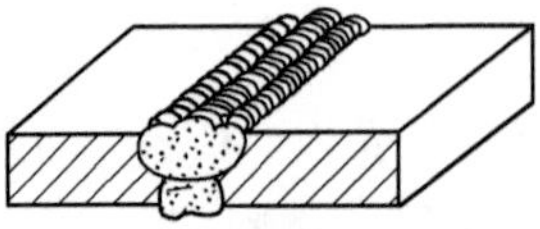	不需处理	表面应去除(如采用打磨)不规则的和尖锐边缘部分	表面应充分处理至光滑
1.3 焊渣		表面应无焊渣	表面应无焊渣	表面应无焊渣
1.4 咬边	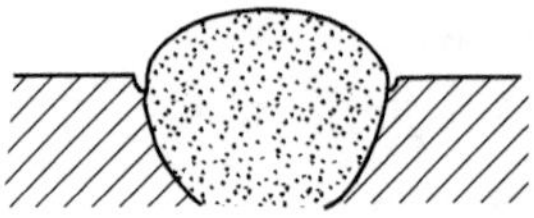	不需处理	表面应无尖锐的或深度的咬边	表面应无咬边
1.5 气孔 1—可见孔; 2—不可见孔(可能在磨料喷射清理后打开)。	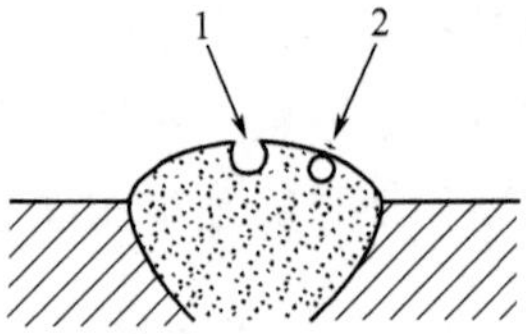	不需处理	表面的孔应被充分打开以便涂料渗入,或孔被磨去	表面应无可见的孔
1.6 弧坑(端部焊坑)	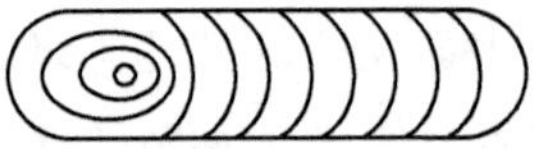	不需处理	弧坑应无尖锐边缘	表面应无可见的弧坑
2 边缘				
2.1 辊压边缘	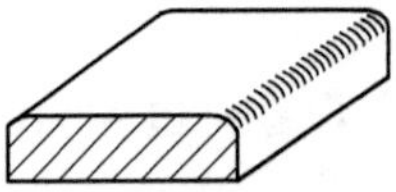	不需处理	不需处理	边缘应进行圆滑处理,半径不小于2mm(见ISO 12944-3)
2.2 冲、剪、锯或钻切边缘 1—冲压边缘; 2—剪切边缘	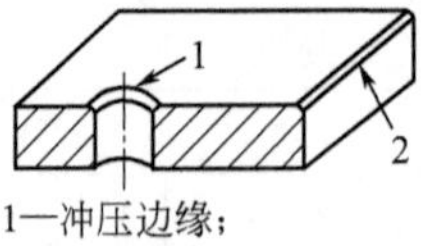	无锐边;边缘无毛刺	无锐边;边缘无毛刺	边缘应进行圆滑处理,半径不小于2mm(见ISO 12944-3)
2.3 热切边缘	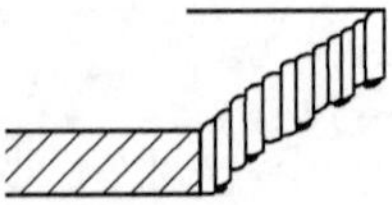	表面应无残渣和疏松剥落物	边缘应无不规则粗糙度	切割面应被磨掉,边缘应进行圆滑处理,半径不小于2mm(见ISO 12944-4)

续表

缺陷类型		处理等级		
名称	图示	P1	P2	P3
3 一般表面				
3.1 麻点和凹坑	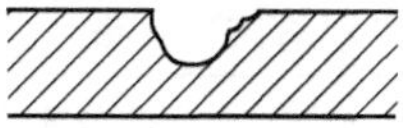	麻点和凹坑应被充分地打开以便涂料渗入	麻点和凹坑应充分地打开以便涂料渗入	表面应无麻点和凹坑
3.2 剥落 注："shelling"、"slivers"和"hackles"部可用来描述该类缺陷	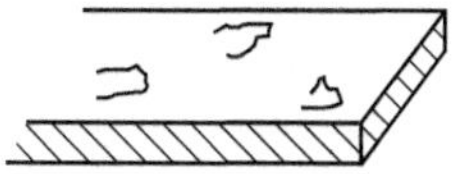	表面应无翘起物	表面应无可见的剥落物	表面应无可见的剥落物
3.3 轧制翘起/夹层	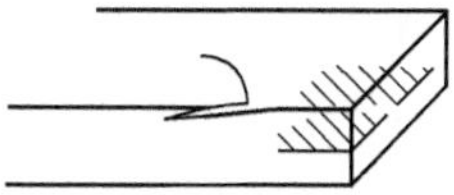	表面应无翘起物	有面应无可见的轧制翘起/夹层	表面应无可见的轧制翘起/夹层
3.4 辊压杂质	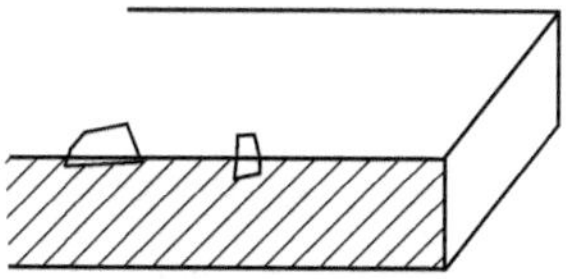	表面应无辊压杂质	表面应无辊压杂质	表面应无辊压杂质
3.5 机械性沟槽	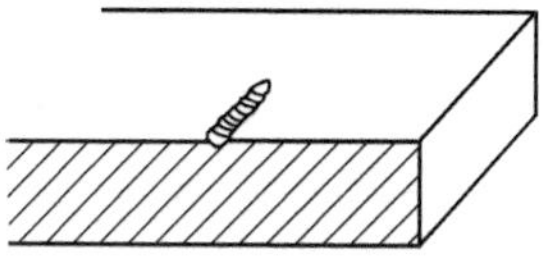	不需处理	凹槽和沟半径应不小于2mm	表面应无凹槽,沟的半径应大于4mm
3.6 凹痕和压痕	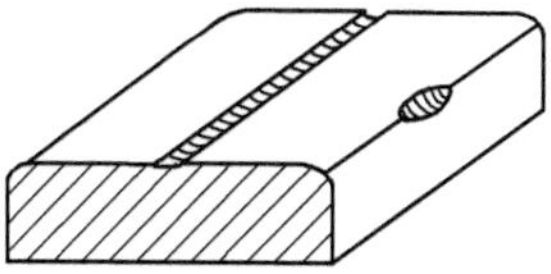	不需处理	凹痕和压痕应进行光滑处理	表面应无凹痕和压痕

对带有缺陷的钢材表面的处理等级共分三个级别：

① P1 轻度处理：在涂覆涂料前不需处理或仅进行最小程度的处理；

② P2 彻底的处理：大部分缺陷已被清除；

③ P3 非常彻底的处理：表面无重大的可见缺陷。这种重大的缺陷更合适的处理方法应由相关方依据特定的施工工艺达成一致。

达到这些处理等级的处理方法对钢材表面或焊缝区域的完整性无损是非常重要的。例如：过度的打磨可能导致钢材表面形成热影响区域，且依靠打磨清除缺陷可能在打磨区域边缘留下尖锐边缘。结构上的不同缺陷可能要求不同的处理等级。例如：在所有其他缺陷可能要求处理到 P2 等级时，咬边可能要求处理到 P3 等级，特别是当末道漆有外观要求时，即使无耐腐蚀要求（见 ISO 12944-2），也可能要求处理到 P3 等级。

表面缺陷的处理等级与钢结构暴露的腐蚀环境（ISO 12944-2）的关系见表 4-2。

表 4-2　钢结构表面缺陷处理的级别与腐蚀环境的关系

处理级别	腐蚀等级，ISO 12944-2
P1	C1 和 C2
P2	C3 和 C4
P3	C5-I 和 C5-M

4.3　钢材表面处理的标准

4.3.1　标准概述

钢材的表面处理的级别评定，要引用很多的标准，如国家标准 GB/T 8923—2011，国际标准 ISO 8501-1：2007，国际标准 ISO 8501-2：2007，瑞典工业标准 SIS 055900：1967，美国标准 SSPC/NACE 标准等以及日本标准 JSRA SPSS 标准等等。

我国的国家标准 GB 8923 现在已升级改版到 GB/T 8923.1—2011。GB/T 8923.2—2008 等同采用 ISO 8501-2：1994《涂覆涂料前钢材表面处理　表面清洁度的目视评定　第 2 部分：已涂覆过的钢材表面局部清除原有涂层后的处理等级》（英文版）。

不同的行业也有不同的表面除锈标准，例如，船舶涂装行业的 CB/T 3230—2011《船舶二次除锈评定等级》。

在北美地区，主要采用的标准是 SSPC/NACE。近年采用美国标准 SSPC/NACE 的钢结构涂装工程，在中国越来越多，因此有必要了解并吸收其内容。

本书的表面处理标准中的照片为彩色照片的黑白印刷，只作示例说明，不能作为工作中的参考照片使用。

4.3.2　钢材表面处理 ISO 和 GB 标准

一般来讲，影响涂层性能的因素包括底材上存在的铁锈和氧化皮、表面的污染物和表面粗糙度等。ISO 标准针对于这些情况，制定了相应的 ISO 8501、ISO 8502、ISO 8503 及 ISO 8504 等一系列标准来对金属表面的状况做出评价。

我国根据相应的国际标准制定了国家标准，见表 4-3。

表 4-3　钢材的表面处理 ISO 和 GB 标准

ISO 标准	内　　容	GB 标准
ISO 8501-1	钢材涂装前的预处理表面清洁度的目视评定	GB/T 8923.1
ISO 8501-2	已涂覆过的钢材表面局部清除原有涂层后处理等级	GB/T 8923.2
ISO 8501-3	焊缝、切割边缘和其他部位的表面杂质的处理等级	GB/T 8923.3
ISO 8501-4	与高压水喷射处理有关的初始表面状态、处理等级和除锈等级	GB/T 8923.4
ISO 8502-1	喷射处理过的钢材表面进行可溶性铁盐的检测方法	GB/T 18570.1
ISO 8502-2	经除锈过的钢材表面氯化物的检测方法	GB/T 18570.2
ISO 8502-3	涂装前表面灰尘沾污程度标准	GB/T 18570.3
ISO 8502-4	涂装前钢材表面结露可能性的评定	GB/T 18570.4
ISO 8502-5	涂装前钢材表面氯化物测定法，氯离子检测法	GB/T 18570.5
ISO 8502-6	表面可溶性杂质取样及测定方法，Bresle 方法	GB/T 18570.6
ISO 8502-7	涂装前表面可溶性杂质分析，氯离子现场分析法	GB/T 18570.7
ISO 8502-8	涂装前表面可溶性杂质分析，硫酸盐现场分析法	GB/T 18570.8
ISO 8502-9	可溶性盐电导率的现场检测法	GB/T 18570.9
ISO 8502-10	可溶性盐的滴定法现场检测法	GB/T 18570.10
ISO 8503-1	表面粗糙度比较样块的技术要求和定义	GB/T 13288.1
ISO 8503-2	喷射清理后钢材表面粗糙度分级——比较样块法	GB/T 13288.2
ISO 8503-3	ISO 基准样块的校验和表面粗糙度的测定方法——显微镜调焦法	GB/T 13288.3
ISO 8503-4	ISO 基准样块的校验和表面粗糙度的测定方法——触针法	GB/T 13288.4

4.3.3　钢材表面锈蚀和预处理等级的评价

4.3.3.1　GB/T 8923.1—2011 钢材锈蚀等级和表面处理等级标准

GB/T 8923.1—2011 之前的版本是 GB 8923—1988。两者的最大区别是标准号从强制性变成了推荐性，另外最大的变化是典型照片的精度和印刷性有了很大提高。本标准等效采用 ISO 8501-1：2007。ISO 8501-1：2007 版本以前为 1988 版，新版的标准并入了 ISO 8501-2，作为一个完整的标准文本，分别以英文、法文、德文和瑞典文进行文字说明，该版中没有了中文说明内容。

GB/T 8923.1—2011 是目测评定钢材锈蚀等级和表面处理等级的依据。对预处理的方法和除锈程度的若干等级由除锈作业之后表面状态的方案描述以及典型样板照片共同定义。

钢材的原始锈蚀等级分为 A、B、C 和 D 四个等级，见表 4-4 和图 4-2。

表 4-4　钢材的原始锈蚀等级

等级	文字说明
A	大面积覆盖着氧化皮,而几乎没有锈蚀的钢材表面
B	已开始锈蚀,氧化皮已开始剥落的钢材表面
C	氧化皮已因锈蚀而好剥落,或者可以刮除,但在正常视力观察下仅见到少量点蚀的钢材表面
D	氧化皮因锈蚀而剥落,在正常视力观察下,已可见到普遍发生点蚀的钢材表面

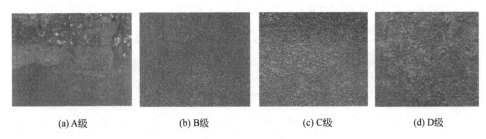

　　(a) A级　　　　　　(b) B级　　　　　　(c) C级　　　　　　(d) D级

图 4-2　钢材原始锈蚀等级（A、B、C、D）

　　每一预处理等级都标有和所采用的清理方法类别相对应的字母：Sa（磨料喷射）、St（工具打磨）或 F1（火焰清理）。如果字母后面有阿拉伯数字，则它表示清除氧化皮、铁锈和原有涂层的程度。照片标有除锈前原有锈蚀等级和预处理等级的符号，如 B Sa 2.5，表示锈蚀等级为 B 级的钢板喷射处理到 Sa 2.5 级。

　　在标准中没有 A Sa 1、A St 2 和 A St 3 的照片，因为这些预处理等级是不能实现的，现有的照片已足以表示其特征。

　　在标准中如果使用了"异物"这个术语，可能包括可溶于水的盐分和焊渣。这些异物用干法喷射清理、手工和动力工具清理或火焰清理不可能从表面上完全清除，应采用湿法喷射清理。如果氧化皮、铁锈或油漆涂层能以腻子刮刀刮掉，则应看作附着不牢。

　　以喷射清理方式进行的表面预处理，以字母"Sa"表示。喷射清理前，任何厚的锈层应予以铲除，可见的油脂和污垢也应予以清除。喷射清理后，表面应清除浮灰和碎屑。喷射除锈等级分为 Sa 1、Sa 2、Sa 2.5 和 Sa 3 四个等级，见表 4-5。

表 4-5　喷 射 清 理 等 级

除锈等级		说　　明
Sa 1	轻度喷射处理	在不放大的情况下进行观察时,表面应无可见的油脂和污垢,并且没有附着不牢的氧化皮、铁锈、油漆涂层和异物。参见照片[①]B Sa 1、C Sa 1 和 D Sa 1

除锈等级		说　明
Sa 2	彻底喷射处理	在不放大的情况下进行观察时,表面应无可见油脂和污垢,并且几乎没有氧化皮、铁锈、油漆涂层和异物。任何残留物应当是牢固附着的。参见照片 B Sa 2、C Sa 2 和 D Sa 2
Sa 2.5	非常彻底喷射处理	在不放大的情况下进行观察时,表面应无可见的油脂和污垢,并且没有氧化皮、铁锈、油漆涂层和异物。任何残留的痕迹应仅是点状或条纹状的轻微色斑。参见照片 A Sa 2.5、B Sa 2.5、C Sa 2.5 和 D Sa 2.5
Sa 3	使钢材表观洁净的喷射清理	在不放大的情况下进行观察时,表面应无可见的油脂和污垢,并且没有氧化皮、铁锈、涂料涂层和异物。该表面应具有均匀的金属色泽。参见照片 A Sa 3、B Sa 3、C Sa 3 和 D Sa 3

① 这里是标准原文的摘录,相关图片可参考标准原文。本书中其他类似情况不再一一说明。

用手工动力工具,如用手工铲刀、钢丝刷、机动钢丝刷和打磨机械等工具进行的表面预处理,以字母"St"表示。手工和动力工具清理前,任何厚的锈层应予以铲除,可见的油脂和污垢也应予以清除。手工和动力清理后,表面应清除浮灰和碎屑。

本标准不设预处理等级 St 1 级,因为达到这个等级的表面不适于涂装。手工和动力工具除锈等级,分为 St 2 和 St 3 两个等级,见表 4-6。

表 4-6　手工和动力工具清理等级

除锈等级		说　明
St 2	彻底的手工和动力工具除锈	在不放大的情况下进行观察时,表面应无可见的油脂和污垢,并且几乎没有附着不牢的氧化皮,铁锈、油漆涂层和异杂物。参见照片 B St 2、C St 2 和 D St 2
St 3	非常彻底的手工和动力工具除锈	同 St 2,但表面处理要彻底得多,表面应具有金属底材的光泽。参见照片 B St 3、C St 3 和 D St 3

用火焰清理的方式进行的表面预处理,以字母 F1 表示。在不放大的情况下进行观察时,表面应无氧化皮、铁锈、油漆涂层及其他异物,任何残留痕迹应显示为表面退色(不同颜色的阴影),不同颜色的暗影。参见照片 A F1、B F1、C F1 和 D F1(见标准 GB/T 8923.1—2011)。

火焰清理应包括最后用动力钢丝刷清除火焰加热作业而产生的附着,用手工钢丝刷清理的表面达不到涂装要求。火焰清理前,任何厚的锈层应予以铲除。

作为第一部分的资料性补充,附录 A.3(见标准 GB/T 8923.1—2011)中增加了用不同喷射磨料喷射清理时钢材外观变化的典型照片样本,是按 ISO 8501-1:1988 中规定的锈蚀等级 C、处理等级 Sa 3 的低碳钢,用六种不同的常用磨料喷射清理后的照片,为了目视比较,还包括一张原始钢材表面照片。照片说明,当相同基底用不同磨料喷射处理到相同的预处理等级,可获得不同的表面外观，包括颜色。采用的六种磨料分别是：①高碳铸钢丸等级 S 100，维氏硬度 390～530HV；②钢砂，等级 G07，维氏硬度 390～530HV；③钢砂，等级 G07，维氏硬度 700～950HV；④冷硬铁砂，等级 G070；⑤炼铜炉渣；⑥煤炉炉渣。

4.3.3.2　GB/T 8923.2 涂覆过的钢板局部除锈标准

很多情况下，要进行评估的钢板早就涂过漆了。这种表面外观与没有涂漆的钢板稍有不同，用于评估这些表面的标准是 ISO 8501-2：1994 和 GB/T 8923.2—2008 "已涂覆过的钢材表面局部清除原有涂层后处理的等级"。ISO 8501-2 中这一部分的基本要点是，经验显示在定期间隔进行维修工作时确实没有必要总是完全除去旧油漆。GB/T 8923.2—2008 等同翻译自 ISO 8501-2：1994。局部清理满足要求后，还要达到以下要求。

① 剩下的完好涂层须要有助于且使新的防腐蚀系统持久，并且完全与之相兼容；

② 在局部处理锈蚀部位至底材的时候，在周边部位不能搞得无法修补或太过于明显地被损害；

③ 尽可能节约维修工作的费用。

这份标准是和 ISO 8501-1 用同样的方法建立的，不同的锈蚀级别用文字描述，见表 4-4，并辅以照片例子来说明。此外，还列举了一些表面处理前和表面处理后典型的钢材照片样本，每一例都有文字说明。

待清理的已涂覆表面的涂层缺陷，按 ISO 4628 第 1 部分至第 6 部分的规定来评定。如果有可能，应给出与原有涂层有关的补充性资料，包括涂层体系类型、涂覆次数、制造厂史、腐蚀污染物、附着力和涂膜厚度。

在喷砂清理、钢丝刷清理或机械打磨前，应该先铲除厚锈，可见的油脂和污物以及可溶性盐分和焊剂也应该去除。

ISO 8501-2 适用于喷射清理、手工和动力工具清理以及机械打磨处理后准备涂漆的表面，并用字母（Sa、St、Ma）来说明每一处理级别及方法。其中 Ma（machine abrading）表示机械打磨，比如使用砂纸盘或特殊的旋转钢丝刷或非机织的打磨材料。字母 P 通常加在前面，来表示对旧涂层的局部清理，见表 4-7。其中喷射清理不包括 P Sa 1，手工和动力工具清理不包括 P St 1，因为这两个等级的表面不适合涂覆涂料。

表 4-7　ISO 8501-2 的清理级别

P Sa 2	彻底的局部喷射清理	牢固附着的涂层应完好无损。表面的其他部分，在不放大的情况下观察时，应无可见的油、脂和污物，无疏松涂层，几乎无氧化皮、铁锈和外来杂质。任何残留物应牢固附着。为了比较，可参考 ISO 8501-1 中给出的照片 C Sa 2 和 D Sa 2。选择哪一个，取决于腐蚀凹坑的程度

续表

P Sa 2.5	非常彻底的局部喷射清理	牢固附着的涂层应完好无损。表面的其他部分,在不放大的情况下观察时,应无可见的油、脂和污物。任何污染物的残留痕迹应仅呈现为点状或条状的轻微污斑。为了比较,见 ISO 8501-1 中给出的照片 C Sa 2.5 和 D Sa 2.5。选择哪一个,取决于腐蚀凹坑的程度。本部分给出了显示表面处理等级 P Sa 2.5 的典型照片样本
Sa 3	局部喷射清理到目视清洁钢材	牢固附着的涂层应完好无损。表面的其他部分,在不放大的情况下观察时,应无可见的油、脂和污物,无疏松涂层、氧化皮、铁锈和外来杂质。应具有均匀的金属色泽。为了比较,见 ISO 8501-1 中给出的照片 C Sa 2.5 和 D Sa 2.5。选择哪一个,取决于腐蚀凹坑的程度。本部分给出了显示表面处理等级 P Sa 2.5 的典型照片样本
P St 2	彻底的局部手工和动力工具清理	牢固附着的涂层应完好无损,表面的其他部分,在不放大的情况下观察时,应无可见的油、脂和污物,无附着不牢的氧化皮、铁锈、涂层和外来杂质。为了比较,见 ISO 8501-1 中给出的照片 C St 2 和 D St 2。选择哪一个,取决于腐蚀凹坑的程度
P St 3	彻底的局部手工和动力工具清理	同 P St 2,但被清理表面应处得更彻底,金属基底要有金属光泽。为了比较,见 ISO 8501-1 中给出的照片 C St 2 和 D St 3。选择哪一个,取决于腐蚀凹坑的程度
P Ma	局部机械打磨	牢固附着的涂层应完好无损,表面的其他部分,在不放大的情况下观察时,应无可见的油、脂和污物,无疏松涂层、氧化皮、铁锈和外来杂质。为了比较,见显示处理等级的 P Ma 的典型照片样本。选择哪一个,取决于腐蚀凹坑的程度

　　再次清理前,原有涂层的遗留部分,包括表面处理后任何牢固附着的底漆和配套的底层涂层,应无疏松和污染物,若有必要,应使其粗糙得到确保有良好的附着性。遗留涂层的附着力可按 ISO 2409 的规定进行划格试验测定,或按 GB/T 5210—2006 的规定采用便携式附着力测试仪进行附着力拉开法试验测定,或采用其他适当的检验方法进行测定。

　　与打磨或喷射清理区域交界的原有完好涂层应修斜面,形成完好和牢固的附着边缘,新涂层应与原有涂层相配套。ISO 4627 给出了评定相容性的建议。

　　标准中针对局部打磨和局部清理,选取了七张典型照片(图4-3~图4-9)实例。图4-3 和图4-4 是在非常彻底的局部喷射清理(P Sa 2.5)实践中遇到的两个典型实例及其解释。

　　第一张样本照片是一个涂有氧化铁红车间底漆的表面喷射清理后的情形(图4-3)。在照片的左边,可见一锈蚀的焊接连接处,同时,右上方也显出了锈蚀的焊缝。

　　第二张样本照片显示了一个防腐体系(红丹/云母氧化铁)已暴露较长时间的表面喷射清理前后的情形(图4-4)。照片上方可见一个广泛分布的生锈区域

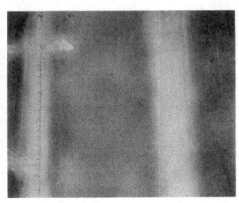

图 4-3　氧化铁红车间底漆表面喷射到 P Sa 2.5

和完好的涂层区域。在表面全部重新涂覆涂料前，完好的涂层区域应进行清理并使之达到一定的粗糙度。

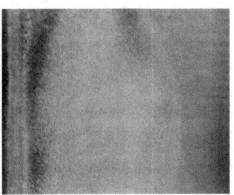

图 4-4　防腐体系表面喷射到 P Sa 2.5

图 4-5 和图 4-6 样本照片是处理等级 P Sa 2.5 可能适用范围的极端实例及其解释。

第三张照片显示一个涂层总体完好，对点蚀经局部喷射清理的实例（图 4-5），该涂层只需局部修补，也可采用打磨、刮或刷来处理损坏的涂层。第四张照片显示一个只有轻微可见锈斑，但必须全部重新涂覆的涂层，也应考虑将涂层全面清除到表面处理等级 Sa 2.5（图 4-6），注意在标准中照片原图的黄颜色的不是锈蚀，是原有的底漆颜色。

图 4-7～图 4-9 样本照片是局部打磨的 P Ma 的典型实例。

图 4-7 照片显示一个涂有两道红丹底漆（橘红色和棕色）、两道灰色合成树脂面漆，并使用了约 15a 的防腐体系。由于表面已蒸汽喷射清理过，涂层体系涂刷痕迹的风化在照片中清晰可见。照片显示了再次处理（锈蚀区域通过砂盘机械

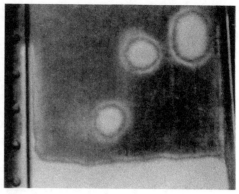

图 4-5　完好涂层点蚀的局部喷射清理

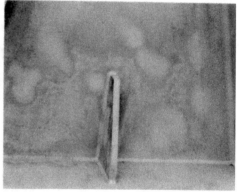

图 4-6　表面轻微锈斑全面喷射清理

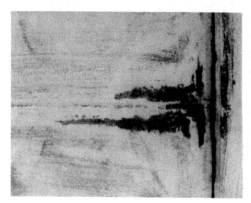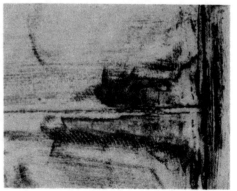

图 4-7　使用 15a 的防腐体系打磨处理表面

打磨，然后采用刷子除锈）前后的表面。

　　第六张样本照片（图 4-8）是一个钢梁的上表面，显示了一个涂有两道底漆（橘红色和棕色）、两道灰色合成树脂面漆，使用年代未知的防腐体系。表面已局部机械损坏。照片显示了再次处理（锈蚀区域通过砂盘机械打磨，然后采用刷子除锈）前后的表面。

图 4-8　未知使用年代防腐体系表面局部打磨处理

第七张照片（图 4-9）是新建工厂中动力厂管道的样本照片，显示了安装之前管道的所有外表面喷射清理到表面处理等级 Sa 2.5，焊缝处除外。然后涂覆两道环氧树脂/铬酸锌（淡红色-棕色）的底漆，再加上环氧树脂（红色/橘红色）中间涂层。照片显示了再次处理前后的一个管子表面（锈蚀区域和焊接处通过机械打磨，然后采用刷子除锈，并清除全部残留杂质）。

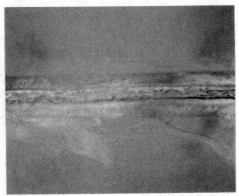

图 4-9　焊缝处机械打磨

4.3.4　美国 SSPC/NACE 标准

在北美地区，美国国家腐蚀工程师协会 NACE 已经与美国钢结构涂装协会 SSPC 在科研技术特别是在表面处理的标准制订方面进行了联合。1994 年 10 月，NACE 和 SSPC 联合制订并颁布了新的表面处理标准 SSPC/NACE VIS 1。NACE 并没有手工和动力工具除锈的标准。

常用的两个标准是 SSPC-VIS1《干式喷砂清理的钢材表面指导和参考照片》，和 SSPC-VIS 3《动力工具和手动工具清理钢材目测标准》（图 4-10）。

图 4-10 美国 SSPC 除锈标准 VIS 1 和 VIS 3

4.3.4.1 干式喷砂清理 SSPC-VIS 1

现有五种原始状态及其经喷砂处理后所达到的不同清理程度，见表 4-8。

表 4-8 SSPC 的喷射清理级别

SSPC/NACE 表面处理级别		最终状态
SP 7/No. 4	刷扫级喷射清理	所有可见油脂、松散油漆、松散锈蚀和氧化皮都被清除
SP 14/No. 8	工业级喷射清理	可见油脂和松散附着物质被清除，均匀分布和牢固附着的物质在表面每 $9in^2$（$1in=0.0254m$）上留下 10% 痕迹残留
SP 6/No. 3	商业级喷射清理	可见油脂被清除，只允许在表面每 $9in^2$ 留下 33% 的其他污染物留下的阴影、条纹和痕迹
SP 10/No. 2	近白级喷射清理	同 SP 6/No.3，但是只允许在表面每 $9in^2$ 留下 5% 的阴影、条纹和痕迹
SP 5/No. 1	出白级喷射清理	表面不允许留下任何可见污物

上表中每一级别都与 5 种相应的原始状态相对应，这五种原始状态分别为 A、B、C、D 和 G。

状态 A：表面覆盖附着牢固的氧化皮，很少或没有锈蚀。

状态 B：表面完全覆盖有氧化皮和锈蚀。

状态 C：表面完全覆盖有锈蚀，很少或没有可见坑蚀。

状态 D：表面完全覆盖锈蚀和可见坑蚀。

状态 G：涂料系统（多道涂层）施工在覆盖有氧化皮的钢板表面。

状态 A 到 D 说明了没有被涂漆的钢材表面，状态 G 是在 2002 年被加入的，说明了原有涂漆的钢材表面状态。为了说明在表面清理后坑蚀外观的影响，状态 G 又分成三种情况对 5 种不同的清理级别加以具体说明：①原先涂漆且锈蚀平滑的表面；②原先涂漆的坑蚀中等的锈蚀表面；③原先涂漆坑蚀严重的锈蚀表面。

另有 10 张照片（见标准 SSPC-VIS 1）、来说明白级钢板在不同粗糙度和光线角度下对目测评定的影响。

4.3.4.2　手动和动力工具清理 SSPC VIS 3

VIS 3 动力和手动工具清理钢材的目测标准，其原原始状态分为七种状况，见图 4-11。标准中的原图为彩色，这里仅为示意，用灰色图片，可以看出带有焊缝的钢材在锈蚀后的不同状态。作为对 VIS 1 的补充，原始状态增加了 E 和 F，其原始状态中涂层是基本完好的。状态 E 为喷砂钢材表面涂有浅色涂层的原始状态；状态 F 为喷砂钢材表面涂有富锌底漆的原始状态。该标准主要涉及四种清理状态，见表 4-9。

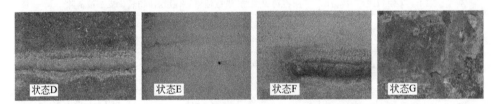

图 4-11　手动工具清理和动力工具清理的原始状态

表 4-9　SSPC VIS 3 手动和动力工具清理标准

SSPC 标准		说明
SP 2	手动工具清理	所有松散物质用手动工具而不借助动力工具清理掉
SP 3	动力工具清理	所有松散物质用手持式动力工具清理掉
SP11	动力工具清理到裸露金属	清理掉所有可见污物,在麻坑内可能会残留,具有一定的粗糙度(约 $25\mu m$)
SP 15	商业级动力工具清理	清理掉所有可见污物,随意可见的痕迹残留每 $9in^2$ 不超过 33%

手动工具清理标准 SSPC-SP 2，可使用钝刀来判断氧化皮、锈蚀及旧漆膜是否在清理后牢固附着，如果有的检查人员使用锋利刮刀，是不符合标准规定的。

动力工具清理标准 SSPC-SP 3 用于判断是否除去所有松散的氧化皮、松散的锈、松散的油漆和其他有害物质，不用于除去黏附的氧化皮、锈和油漆。同 SSPC-SP 2 一样，不能用钝刮刀铲起而除去的氧化皮、锈和油漆被认为是黏附的。

SSPC-SP 11 称作"动力工具清理至裸露金属"，它所要求的是，在磨料喷砂清理不可行或不允许时，希望得到一个清洁、粗糙而裸露的金属表面，表面粗糙度不小于 $25\mu m$。按 SSPC-SP 11 处理的金属表面，不用放大设备进行检查时，应无可见的油类、油脂脏物、灰尘、氧化皮、油漆、氧化物、腐蚀产品和其他外来物质。如果原始表面遭受点蚀，少量锈和油漆的残渣会留在腐蚀麻坑中的低洼部分。

4.3.5 日本 JSRA SPSS 标准

日本是世界第一的造船大国，日本造船研究协会在 SIS 055900 和 SSPC VIS 关于一次表面处理的基础上编制了 JSRA SPSS 标准——《涂装前钢材表面处理规范》，对于二次表面处理做了更为详尽的说明和规定。

对钢材的原始状态，规定了 JA 和 JB 两种形态（图 4-12）。JA 指钢材表面覆盖着氧化皮，仅有少量锈蚀；JB 指 JA 钢材经过曝晒一至数月后的状态，表面布满红锈。

图 4-12　钢材原始状态 JA 和 JB

相对应的一次表面处理等级有喷砂处理 Sh0、Sh1、Sh2 和 Sh3，以及喷丸处理 Sd0、Sd1、Sd2 和 Sd3。

其中 Sh0 和 Sd0 是未处理的等级，也就是原始状态。

Sh1：钢丸轻度清理，基本清除松散的氧化皮、锈蚀和其他杂质。

Sh2：彻底的喷丸除锈，除去几乎所有的氧化皮、锈蚀和杂质。

Sh3：非常彻底的喷丸除锈，氧化皮、锈蚀和其他杂质进一步被清理掉，表面呈现出均匀的金属光泽。

Sd1：钢砂或矿渣轻度清理，基本清除松散的氧化皮、锈蚀和其他杂质。

Sd2：矿渣或钢砂彻底地除锈，除去几乎所有的氧化皮、锈蚀和杂质。

Sd3：用矿渣或钢砂进行非常彻底的除锈，氧化皮、锈蚀和其他杂质进一步被清理掉，表面呈现出均匀的金属光泽。

日本 JSRA 标准制订的很详细，它针对不同的车间底漆表面进行不同除锈方法达到的不同级别进行了说明。特别是针对焊缝位置的除锈有了明确的图片指标。

涂有车间底漆的钢材表面分为 W0、Z0 和 I0，分别说明如下。

W0：在 JASh2 级别的钢材表面涂有磷化车间底漆（W）；

Z0：在 JASh2 级别的钢材表面涂有有机锌车间底漆（Z）；

I0：在 JASh2 级别的钢材表面涂有无机锌车间底漆（I）。

在进行二次表面处理前的状态分为 H0、A0、F0、D0 和 R0 几种情况，分别说明如下。

H0：手工焊接的涂有车间底漆（W、Z、I）的钢材表面暴露一个半月后的表面状态（图 4-13）；

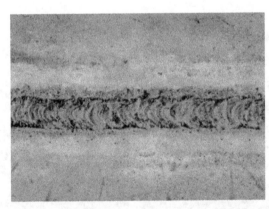

图 4-13　ZH0 涂有机富锌车间底漆的手工焊缝表面锈蚀状态

A0：自动焊接的涂有车间底漆（W、Z、I）的钢材表面暴露一个半月后的表面状态；

F0：气烧并水冷后除应力的涂有车间底漆（W、Z、I）的钢材表面暴露一个半月后的表面状态（图 4-14）；

D0：涂有有机锌和无机锌表面产生锌盐的钢材表面（图 4-15）；

R0：由于曝晒而产生点锈的涂有车间底漆（W、Z、I）的钢材表面。

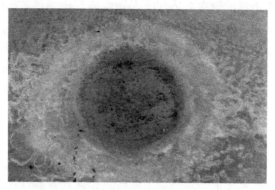

图 4-14　IF0 火工校正后涂有车间底漆的表面状态

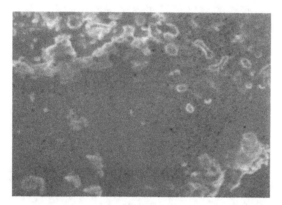

图 4-15　涂有有机锌和无机锌表面产生锌盐的钢材表面

对二次表面处理的级别如下说明。

Pt1：对表面状态（H、A、D、R）用钢丝刷进行表面处理以及对表面状态（F）用砂轮片表面处理。松散的锈和杂质基本清除。

Pt2：对表面状态（A、D、R）进行钢丝刷表面处理，对表面状态（H）进行钢丝刷和砂轮片表面处理。清除几乎所有的松散的锈和杂质。

Pt3：用钢丝刷和砂轮片对表面状态（H、A）进行表面处理，对表面状态（F）用砂轮片进行表面处理。锈蚀和杂质清除至表面呈现均匀的金属光泽。

Ss：用渣或砂粒轻度喷射清理（能看到车间底漆和锈的残痕）。

Sd2：相同于原始表面处理等级 Sd2。

Sd3：相同于原始表面处理等级 Sd3。

4.3.6　CB 3230《船体二次除锈评定等级》

CB 3220—2011《船体二次除锈评定等级》规定了评定涂有车间底漆的船体

钢材表面二次除锈质量的等级，适用于船舶建造船体钢材表面的二次除锈、海洋结构物用钢材表面的二次除锈亦可参照执行。

涂有车间底漆的钢材表面锈蚀状态分为 W、F、R 和 G 四类。对采用磨料喷射除锈的钢材表面设有 Sa 2、Sa 2.5 和 Ss 三个二次除锈质量等级；对采用的手工或动力工具除锈的钢材表面设有 St 2 和 St 3 两个二次除锈质量等级。对 W、F 和 R 类钢材不设 Ss 级。

涂有车间底漆的钢材表面，锈蚀状态分为下列四类。

① W：涂有车间底漆的钢材经焊接作业后重新锈蚀的表面（图 4-16）；

② F：涂有车间底漆的钢材经火工和矫正作业后重新锈蚀的表面（图 4-17）；

③ R：涂料车间底漆的钢材因暴露或擦伤重新锈蚀的表面；

④ G：涂有车间底漆的钢材车间底漆完好或仅附有少量白色锌盐的表面。

图 4-16　涂有车间底漆的钢材表面焊接后生锈表面

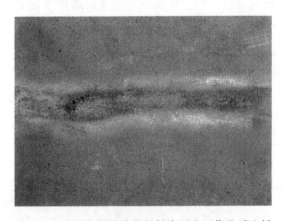

图 4-17　涂有车间底漆的钢材表面火工作业后生锈

钢材表面锈蚀状态及钢材表面二次除锈质量等级均以 1∶1 典型样板彩色照

片和文字说明共同定义。本标准对应于钢材表面的四类锈蚀状态给出了 27 张用于定义钢材表面锈蚀状态及钢材表面二次除锈质量等级的典型样本彩色照片,其中,锈蚀状态为 G 的选取了车间底漆颜色为红色和灰色两种典型样本彩色照片,代号分别 Gr 和 Gg。钢材表面二次除锈质量等级的标记符号见表 4-10。

表 4-10　钢材表面二次除锈质量等级标记符号

钢材表面锈蚀状态	钢材表面二次除锈质量等级				
	磨料喷射除锈			手工或动力工具除锈	
W	W Sa 2	W Sa 2.5	—	W St 2	W St 3
F	F Sa 2	F Sa 2.5	—	F St 2	F St 3
R	R Sa 2	R Sa 2.5	—	R St 2	R St 3
G	G Sa 2	G Sa 2.5	G Ss	G St 2	G St 3

4.4　粗糙度

4.4.1　粗糙度定义

当金属表面经过喷射清理后,就会获得一定的表面粗糙度或表面轮廓。粗糙度的形成会使金属表面的面积明显增加,同时获得很多锚固点,当然并不是粗糙度越大越好,因为涂料必须能够覆盖住这些粗糙度的波峰,容易造成波峰处的涂膜较薄,另外过大的粗糙度会由于涂料对底材的浸润不良造成涂膜防腐性和附着性的降低。

GB/T 3505—2009《产品几何技术规范(GPS)表面结构 轮廓法 术语、定义及表面结构参数》等同采用于 ISO 4287:1997,规定了用轮廓法确定表面结构(粗糙度、波纹度和原始轮廓)的术语、定义和参数。表面轮廓的定义为一个指定平面与实际表面相交所得的轮廓(图 4-18)。实际上,通常采用一条名义上与实际表面平行,并在一个适当方向上的法线来选择一个平面。该标准对表面粗糙度的定义为一个平面与一个实际表面的垂直相交线。

需要注意的是,在 GB/T 3505—2009 中,Rz 用来表示在一个取样长度内最大轮廓峰高与最大轮廓谷深之和。而在 1983 版中,其曾用于表示"不平度的十点高度"。这一点要与防腐涂装中表面粗糙度 Rz 的定义区分开。

GB/T 1031—2009《产品几何技术规范(GPS)表面结构 轮廓法 表面粗糙度参数及其数值》规定了评定表面粗糙度参灵敏及其数值系列和表面粗糙度时的一般规则。该标准采用中线制(轮廓法)评定表面粗糙度,其参数选取算术平均

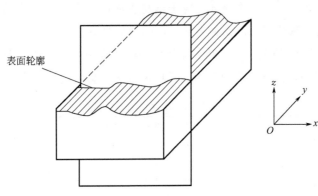

图 4-18　表面轮廓的定义

偏差 Ra 或最大高度 Rz。

　　在防腐涂料涂装中，对表面粗糙度的评定，主要采用 GB/T 13288《涂覆涂料前钢材表面处理 喷射清理后的钢材表面粗糙度特性》，等同采用 ISO 8503 的相关部分。对表面粗糙度（surface profile）一般定义为表面轮廓的最高峰相对于最低谷的高度。表面粗糙度的定义见表 4-11。

表 4-11　表面粗糙度的定义

中心算术平均线（中心线）	进行轮廓评定时的直线,面积受中心线的限制,并且两边的轮廓是相等的	
Ra	取样长度内,被测轮廓上各点到中心线距离绝对值的算术平均值	
R_{y5}	在取样长度 L 内,取 5 个最大峰值的平均值和 5 个最大谷值的平均值之和,$R_{y5}=1/5(Y1+Y2+\cdots+Y9+Y10)$	
R_y	取样长度内,波峰到波谷的最大值,也称作 R_{max},应用触针法可以测定 R_y(ISO 8503-4)	

4.4.2　表面粗糙度的评定

　　当表面钢板表面经过喷射清理后，就会获得一定的表面粗糙度或表面轮廓。表面粗糙度可以用形状和大小来进行定性。经过喷射清理，钢板表面积会明显增加很多，同时可获得很多对涂层系统有利的锚固点。当然，并不是粗糙度越大越好，因为涂料必须能够覆盖住这些粗糙度的波峰。太大的粗糙度要求更多的涂料消耗量。在重防腐涂装中，规格书中规定粗糙度一般为 $Rz40\sim75\mu m$，超厚的涂层则需要更高的粗糙度。

国际标准 ISO 8503 分成五个部分来说明表面粗糙度。国家标准 GB/T 13288《涂覆涂料前钢材表面处理 喷射清理后的钢材表面粗糙度特性》，等同翻译 ISO 8503。GB/T 13288 一共分为五个部分。

① GB/T 13288.1—2008 用于评定喷射清理后钢材表面粗糙度的 ISO 粗糙度比较样块的技术要求和定义；

② GB/T 13288.2—2011《磨料喷射清理后钢材表面粗糙度的测定方法 比较样块法》；

③ GB/T 13288.3—2009《ISO 表面粗糙度比较样块的样准和表面粗糙度的测定方法 显微镜调焦法》；

④ GB/T 13288.4—2013《ISO 表面粗糙度比较样块的校准和表面粗糙度的测定方法 触针法》；

⑤ GB/T 13288.5—2009《表面粗糙度的复制粘带测定法》。

不同标准的对应关系参见表 4-12。相应地，评定表面粗糙度主要有比较样块法、显微镜调焦法、触针法和复制胶带测定法。

表 4-12 表面粗糙度的标准规范

标准	国家标准	国际标准	美国标准
比较样块的技术要求和定义	GB/T 13288.1	ISO 8503-1	
比较样块	GB/T 13288.2	ISO 8503-2	ASTM D4417-A
显微调焦法	GB/T 13288.3	ISO 8503-3	
触针法	GB/T 13288.4	ISO 8503-4	ASTC D4417-B
复制胶带法	GB/T 13288.5	ISO 8503-5	NACE RP 0287 ASTM 4417-C

4.4.3 比较样块法

比较样块法是表面粗糙度评定时的常用方法。常用的比较样块有 Clemtex、Kean-tator 表面轮廓对比仪以及 Rugotest No.3 等。在 Rugotest No.3 中，使用的是 Ra 值，Rz 值相当于 Ra 值的 $4\sim6$ 倍。

4.4.3.1 ISO 8503-1 比较样块

ISO 8503-1 比较样块（图 4-19）有四个部分，分别用钢砂（样块 G）和钢丸（样块 S）喷射处理过。在比较样块的背面分别帖有标签 S 和 G 来进行区分，见表 4-13。

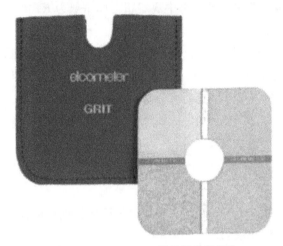

图 4-19 ISO 8503-1 粗糙度比较样块

表 4-13 ISO 表面粗糙度比较样块的名义值和公差

粗糙度样块	部位	名义值[①]/μm	公差/μm
钢砂(G)喷射	1	25	3
	2	60	10
	3	100	15
	4	150	20
钢丸(S)喷射	1	25	3
	2	40	5
	3	70	10
	4	100	15

① 当使用显微镜调焦法（ISO 8503-3）时，其名义读数为 H_y；当使用触针法（ISO8503-4）时，其名义读数为 R_{y5}。

利用粗糙度样板进行粗糙度评定时，分为细、中和粗三个级别，见表 4-14。使用 ISO 8503-1 比较样块进行粗糙度评定时，可以用目测和指划表面来比较样块与喷射处理表面，必要时，也可使用不大于 7 倍的放大镜来帮助判断。

表 4-14 钢砂和钢丸喷射处理粗糙度范围

钢砂处理表面(G)	细	表面轮廓等于样板Ⅰ－Ⅱ,但不包括Ⅱ
	中	表面轮廓等于样板Ⅱ－Ⅲ,但不包括Ⅳ
	粗	表面轮廓等于样板Ⅲ－Ⅳ,但不包括Ⅳ
钢丸处理表面（S）	细	表面轮廓等于样板Ⅰ－Ⅱ,但不包括Ⅱ
	中	表面轮廓等于样板Ⅱ－Ⅲ,但不包括Ⅳ
	粗	表面轮廓等于样板Ⅲ－Ⅳ,但不包括Ⅳ

不同的测试方法在比较样板上的数值、Elcometer 125 粗糙度比较样板的技术参数参见表 4-15。

表 4-15 粗糙度比较样板的技术参数

磨料	部位	ISO 8503-1	ISO 8503-3			ISO 8503-4		
		H_y 或 $R_{y5}/\mu m$	H_y /μm	20 个读数的实际平均偏差	最大平均偏差	$R_{y5}/\mu m$	10 个读数的实际平均偏差	最大平均偏差
S101	1	23～28	26.15	21.8%	33%	24.9	9.07%	20%
	2	35～45	35.65	16.1%	33%	39.06	8.16%	20%
	3	60～80	63.2	14.92%	33%	75.19	8.0%	20%
	4	80～115	96.45	17.03%	33%	98.28	11.62%	20%
G201	1	23～28	24.95	20.76%	33%	26.46	11.45%	20%
	2	50～70	64.3	13.14%	33%	62.7	7.91%	20%
	3	85～115	103.95	17.8%	33%	90.8	7.09%	20%
	4	130～170	153.1	16.63%	33%	147.71	11.42%	20%

4.4.3.2 Rugotest No.3 比较样块

Rugotest No.3 使用的是长方形的喷射处理过的比较样板，见图 4-20，左边标明 A 表示用钢丸处理，右边标明 B 表示用钢砂处理。左右两边分成 6 个粗糙度区，从 N6、N7、N8、N9、N10 和 N11，分别相当于平均粗糙度 Ra 0.8μm、1.6μm、3.2μm、6.3μm、12.5μm 和 25μm。用 a 和 b 来表明分别是用粗磨料和细磨料进行喷射处理。

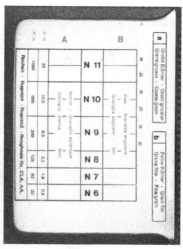

图 4-20 Rugotest No.3 粗糙度比较样板示意图

当看到有的规格书中描述喷砂处理后表面粗糙度要达到 $Ra17\mu m$ 时，就约等于 $Rz100\mu m$，当然 $Rz100\mu m$ 以上的情况通常只在使用无溶剂涂料或玻璃鳞片涂料等，或对腐蚀严重的钢板进行喷砂处理时使用。在船舶和海洋工业方面，Rugotest No.3 通常要求的粗糙度为 BN9a～BN10a，表示粗钢砂磨料喷射处理到 Ra $6.3\mu m$ 到 $12.5\mu m$，相当于 Rz $37.8～75\mu m$。

Kean-tator 粗糙度比较样板（图 4-21）分为矿砂（sand）、钢丸（shot）和钢砂（grit）三种磨料喷射处理，每一种有 5 个投射出来的样块，分别表示 5 种不同的粗糙度级别，同时还配套有 5 倍的带照明的放大镜。粗糙度使用的是英制单位密耳（mil），根据 ASTM D 4417-A 来进行粗糙度的评定，见表 4-16。注意，1mil 相当于 $25.4\mu m$。

图 4-21　Kean-tator 粗糙度比较样板

表 4-16　Kean-tator 粗糙度比较样板不同磨料的表面轮廓

表面轮廓	矿砂（sand）	钢砂（grit，G 或 S）	钢丸（shot）
各部位的表面轮廓/mil	0.5,1,2,3,4	1.5,2.0,3.0,4.5,5.5	2.0,2.5,3.0,4.0,5.5

4.4.3.3　触针法

触针法表面粗糙度仪（图 4-22）有机械式、数字式，测量的是波峰到波谷的高度，可以测量多个数据取其平均值。

这一系列粗糙度仪中间，数字式的较为先进，例如，Elcometer 224 采用了最新的表面粗糙度测量技术。测量准确，界面友好，可分为 224T 高级型带 Bluetooth（蓝牙）或不带记忆（224S 标准型）和统计型。Elcometer 224 反应相当迅速，每分钟 40＋个读数；菜单直观，有多种语言，操作使用简便；大背光屏显，读数方便；带记忆的存储多达 50000 个读数，分为 999 个批次（仅限于高级型）；读数可以下载到电脑，几秒钟内即可生成报告；每台仪器可测量的粗糙度值最高达 $500\mu m$（20mil）。坚硬的碳化钨针可在现场更换，测量寿命高达

图 4-22　表面粗糙度仪

20000 次；Bluetooth（蓝牙）无线技术（图 4-23），无需连线传输数据（仅限于高级型）。

图 4-23　采用蓝牙技术的粗糙度仪

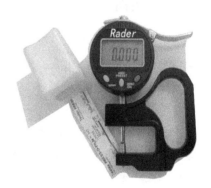

图 4-24　复制胶带和测厚仪

4.4.3.4　复制胶带法

采用复制胶带法进行磨料喷射清理钢板表面轮廓现场测量，采用的标准有 NACE RP0287、ASTM D 4417-C、ISO 8503-5 和 GB/T 13288.5。该方法可以有效地测量出表面粗糙度的具体数值。采用测厚仪来测量复制胶带（图 4-24）。复制胶带是由 Testex 公司生产的专利产品。

通常有三种类型的胶带可供选择，Coarse 粗级、X-Coarse 超粗级和 X-Coarse Plus 超超粗级。因此在测量前对喷射清理的钢材表面的粗糙度要有个预估，选用正确的胶带。每卷可以测 50 次。

Coarse 粗级用于测量 0.8～2.0mil（20～50μm）的表面粗糙度。

X-Coarse 超粗级，用于测量 1.5～4.5mil（38～114μm）的表面粗糙度。

X-Coarse Plus 超超粗级，用于测量 $4.5 \sim 5.0$mil（$115 \sim 152 \mu m$）的表面粗糙度。

测量时，将带有一块不可压缩塑料膜（mylar）和可压缩泡沫塑料小方块的胶带粘贴在喷砂清理过的表面上，暗的一面朝下。用一个硬的圆物体（摩擦工具），如搅酒棒，将泡沫紧压在喷砂清理过的表面上，使泡沫上形成实际表面粗糙度的确切的反压印（复制品）。

将胶带从表面上除去，用测微计测量泡沫和塑料膜的厚度。测微计的读数减去 mylar 薄膜的厚度 $50 \mu m$（2mil）即为表面粗糙度的深度。通常在一定的区域内要测量三点，这样可以看出粗糙度是否均匀，以及求得其平均值。胶带纸上面可以记录下构件部位及粗糙度数值，这些都有利于质量报告的数据保存。

4.5 表面清洁度

4.5.1 表面清洁度的评判标准

除去锈蚀、污垢和旧涂料后，钢材表面并非清洁到就可以涂漆了，尤其是可溶性分对涂层的危害更大。可溶性的铁腐蚀物可能仍然会污染锈蚀过的钢材，特别是那些锈蚀等级在 C 级和 D 级的钢板表面，即使喷射处理 Sa 3，因为盐类等腐蚀性物质几乎是无色的，它们会深藏在点蚀处从而无法有效地清除。表面处理等 119 级低于 Sa 2.5 的清理表面，可溶性腐蚀产物会隐藏在层层的氧化铁下面。这些腐蚀产物通常是水溶性的氯化亚铁（$FeCl_2$）和硫酸亚铁（$FeSO_4$），涂层在以后的使用过程中会引起漆膜的渗压起泡。因此，在涂漆前必须除去这些可溶性盐分，或者使它降到一个可以接受的标准。

关于表面清洁度的评判标准，国家标准 GB/T 18570《涂覆涂料前钢材表面处理 表面清洁度的评定试验》等同采用 ISO 8502，见表 4-17。

表 4-17 表面清洁度评判标准

GB/T 18570.1	可溶性铁的腐蚀产物的实验室测定	ISO 8502-1
GB/T 18570.2	清理过的表面上氯化物的实验室测定	ISO 8502-2
GB/T 18570.3	涂覆涂料前钢材表面的灰尘评定(压敏粘带法)	ISO 8502-3
GB/T 18570.4	涂覆涂料前凝露可能性的评定导则	ISO 8502-4
GB/T 18570.5	涂覆涂料前钢材表面氯化物测定(离子探测管法)	ISO 8502-5
GB/T 18570.6	可溶性杂质的取样 Bresle 法	ISO 8502-6
GB/T 18570.7	油和脂类的现场测定	ISO 8502-7

GB/T 18570.8	湿气的现场折射测定法	ISO 8502-8
GB/T 18570.9	水溶性盐的现场电导率测定法	ISO 8502-9
GB/T 18570.10	水溶性氯化的现场滴定测定法	ISO 8502-10
GB/T 18570.11	水溶性硫化物的现场浊度测定法	ISO 8502-11
GB/T 18570.12	水溶性铁离子的现场滴定测定法	ISO 8502-12
GB/T 18570.13	可溶性盐的现场电导率测定法	ISO 8502-13

其中第4部分钢材表面凝露可能性的评定导则，会在本书第6章中与涂装质量控制相关的气候条件，如温度、相对湿度和露点等的检测一起进行介绍。

4.5.2　铁盐的检测

可溶性铁腐蚀产物在实验室和现场都可以进行测定，相关标准有 GB/T 18570.1《可溶性铁的腐蚀产物的实验室测定》，以及《水溶性铁离子的现场滴定测定法》（GB/T 18570.12）。

4.5.2.1　铁盐的现场滴定测定法

GB/T 18570.12《水溶性铁离子的现场滴定测定法》，需要用重铬酸钾溶液进行操作。尽管这种滴定液的小耗量和低浓度都不足以使其构成危害（如摄取时），但应注意与该滴定液可能污染危害环境方面的有关国家和地方法规。

本方法以水作为溶剂，采用 Bresle（GB/T 18570.6）或其他常规方法对需要评估的表面杂质进行移取。移取杂质后，用大多数酸对其进行酸化，溶液中的铁离子浓度以重铬酸盐溶液为滴定剂，以二苯胺磺酸盐为指示剂进行滴定法测定。

通常测试表面积为 $1250mm^2$，选择合适的滴定浓度和液滴大小，这样就可以通过滴定的滴数乘以一个简单的转化系数得到可溶性铁离子的表面浓度。反应式如下：

$$Cr_2O_7^{2-} + 6Fe^{2+} + 14H^+ \longrightarrow 2Cr^{3+} + 6Fe^{3+} + 7H_2O$$

磷酸溶液为浓度为 85% 的去离子水溶液，体积比是 1：2（1份磷酸的体积对应 2份体积的水）。

指示剂溶液为无色的浓度为 0.5% 的二苯胺磺酸钠去离子溶液（$C_6H_5HNC_6H_4SO_3Na$），保存在 A 瓶中。为确定指示剂是否被氧化，每年应滴定检查一次，即用该溶液滴定含硫酸盐溶液，如普通自来水。

重铬酸钾溶液浓度为 $c(K_2Cr_2O_7) = 0.02mol/L$，用于滴定，保存在 B 瓶中。

采用 GB/T 18570.6 中规定的 Bresle 法或其他常规方法移取钢材表面的水溶

性杂质。采用 Bresle 法时，若无其他要求，使用型号 A-1250 的胶帖袋（空腔面积为 1250mm²），无论胶贴袋的尺寸大小如何，注入胶贴袋空腔内水溶液的体积与空腔的面积成正比，为 $(2.5\pm0.5)\mu L/mm^2$。

分析操作步骤如下。

① 将待分析的含有铁离子的溶液收集在塑料烧杯中；

② 加入约 1mL 的指示剂溶液，小心地摇晃塑料烧杯，使溶液混合均匀；

③ 按下列滴定要求测定铁离子浓度：

a. 加入 4mL 的磷酸溶液，小心摇晃塑料烧杯，使溶液混合均匀；

b. 加入作为空白的 1 滴 $[(0.050\pm0.002)mL]$ 滴定溶液；

c. 缓慢滴加滴定溶液，每滴定一滴之后，应轻微摇晃塑料烧杯溶液，使溶液颜色由无色变为浅灰蓝色直至紫色。记录颜色变化所需的滴定数（不包括作为空白加入的第 1 滴）。

如果使用 A-1250 型胶贴袋，表 4-18 给出了滴定液滴数与铁离子的表面浓度之间的关系，转换系数为每滴 $27mg/m^2$。

表 4-18　滴定结果铁离子表面浓度

滴定数	铁离子的表面浓度/(mg/m²)	
	最小	最大
1	0	27
2	27	54
3	54	81
4	81	108
5	108	135
6	135	162
7	162	189

4.5.2.2　试纸定性分析

采用 Potassium Hexocyano-ferrate 试纸定性分析法，可以分析出有还是没有盐分的存在。根据规格书要求，试验所显示出来的蓝点，可以指导我们在重新喷砂前是否需要高压水冲洗、蒸汽清洗或者进行湿喷砂，来除去所有的铁盐。这是一种较简单的方法。

经过喷砂的表面喷洒蒸馏水润湿，太多的水会把测试搞糟。当水蒸发后，用浸润了 Potassium Hexacyano-ferrate 试剂的滤纸压在湿润表面 10～15s，请戴着塑胶手套。然后检查滤纸上的蓝点，来判断是否有可溶性铁盐存在。虽然这不是定量的检测方法，但是蓝点的多少当然可以说明铁盐存在的多少。

4.5.2.3　定量测试法

定量的 Merckoquant 测试方法，可以测出 $10\sim500\mathrm{mg/m^2}$ 范围内的铁盐浓度。测试的方法也较为简单，用 50mL 的蒸馏水来溶解在 10cm×25cm 面积上的盐分，然后用试纸在取样试杯中浸润，再与标准样本进行对比。

4.5.3　表面氯化物

当钢材表面接触到水和氧气时，就会生锈腐蚀。很多化学物质存在于大气和海水中，如可溶性的氯化物和硫酸盐等，有着很强的腐蚀促进性，这些物质会形成多种的水溶性铁盐。涂层下面存在氯化物能导致起泡，这在理论上和实验中已经被证实。研究表明，如果在表面处理时不把氯化物清除降低到较为安全的范围内，那么涂层系统在钢材表面就会过早失效。

清洁表面的氯化物实验室测试法，是用水银离子与自由氯离子反应的滴定法，只能在实验室里进行。如果喷砂后的钢板表面很快就变黑，说明有大量的盐分存在。现场试验方法必须能很简单地使用，包括取样、分析和设备的使用。

在船舶和海洋工程的涂装中，可溶性盐分的测试要求是非常明确的，特别是在涉及压载水舱、饮用水舱、灰水舱和液货舱的涂装工程时，新造船和维修涂装工程都要求进行盐分测试。在正式开始喷砂工作前，冲洗的高压水和磨料也必须先行测试，达到要求才能使用。

该方法基于两个标准：

① GB/T 18570.6（ISO 8502-6）可溶性盐分的取样分析——Bresle 方法；

② GB/T 18570.9（ISO 8502-9）水溶性盐分导电率的现场测定法。

Bresle 取样胶块是一次性使用的，它由耐老化、柔性材料组成封闭空间（聚氨酯泡沫体，中央部位打了孔）。胶块的一面是弹性体薄膜，另一面涂有胶，覆涂着可撕除的保护纸片。胶块厚约 1.5mm，边框呈黏性。不同规格的胶块其分隔面积也不同，可供选用，其中，A-1250 是最常用的胶块。

胶块尺寸	分隔面积（mm²）
A-0155	155±2
A-0310	310±3
A-0625	625±6
A-1250	1250±13
A-2500	2500±25

在重度腐蚀或者有表面起鳞的地方，有两个理由不能使用 Bresle 胶块：①胶块在这种地方不能很好地粘贴住；②盐分会藏在重锈和鳞片下面，就不能有

效地溶解和取回盐分。

测试中使用的仪器材料主要有：

① 电导率测试仪：具备温度自动补偿功能，测量范围在 0mS/m 到 200mS/m（2000μS/cm）；

② Bresle 取样胶块，尺寸规格 A-1250 等；

③ 注射器针筒，容量最大为 5mL，直径 1mm 的针头，长 50mm；

④ 玻璃或塑料烧杯：大小取决于所使用的电导率测试仪，通常不超过 50mL；

⑤ 一次性的实验室用手套；

⑥ 蒸馏水或去离子水，符合 ISO 3696：1987，Grade 2 的要求，电导率在 25℃时最大值为 0.1mS/m（1.0μS/cm）；

抽取试样的第一步是水样的准备和空白对比试验，其程序如下：

① 玻璃烧杯中倒入足够的符合 ISO 3696：1987，Grade 2 的蒸馏水或去离子水，根据所使用的电导率仪，通常为 10～20mL。最好使用 10mL、15mL 或 20mL 的水，以使后面的计算简单化。

② 用针筒从烧杯中抽满水，再排空注回到烧杯中。

③ 把电导率仪的探头完全浸入烧杯的水中，缓缓搅动，记录下电导率（γ_1），单位为 μS/cm。

提取盐分的程序如下：

① 取一 Bresle 胶块（规格 A-1250），去掉外面的保护纸和中间的泡沫填料。

② 压下带胶的边框到测试表面，里面的空气量要尽可能地少。

③ 确认胶块已经牢固地粘贴在表面，在烧杯中抽取 3mL 的水。

④ 在胶块边缘，以 30°角把注射器针筒插入测试部位，如果比较难以进入测试部位，可以把针头弯曲一下再注水刺入测试部位，充分浸润表面。

⑤ 放置 1min，然而抽取溶液回到针筒里。

⑥ 不要把针从胶块中抽出，在空格内反复地抽取和注射溶液，一共进行 10 个循环。

⑦ 在最后的第 10 次循环后，抽取回收尽可能多的溶液到玻璃烧杯中，这样恢复其水量到原来的容量。试验表明，在没有点蚀的喷砂后的钢板表面，这个程序可以有效地提取接近于 100% 的表面可溶性盐分。

⑧ 特别重要的是，在注射和抽取过程中，不能有溶液的损失。如果有损失或溢出，整个程序就是报废无用的，必须再另选一点重新做测试。

在试验结束后和喷漆前，Bresle 胶块需要从钢板表面去除掉，表面残留的胶黏剂也要用溶剂去除干净。

电导率测试时，把电导率仪探头浸入烧杯中溶液中，轻轻搅动，记录下电导率（γ_2）。如果电导率仪没有自动温度补偿，那么要校正其电导率。

盐分浓度 ρ_A 由下列公式计算得出：

$$\rho_A = \frac{M}{A} \tag{4-1}$$

式中　M——胶块空格内溶解于表面的盐分质量，μg；

　　　A——胶块的表面积，cm^2。

这时的 M 值由下列公式得到：

$$M = CV\Delta\gamma \tag{4-2}$$

式中　C——经验常数，约为 $5kg/m^2/S$（$0.5\mu g/cm^2/\mu S$）；

　　　V——烧杯中原来的水容积，mL；

　　　$\Delta\gamma$——原来的水样和抽取表面盐分溶液后两个电导率的差值。

从公式（4-1）和式（4-2），可以得出下列公式：

$$\rho_A = \frac{CV\Delta\gamma}{A} \tag{4-3}$$

由于 $C = 0.5\mu g/cm^2/\mu S$，如果 $V = 10mL$ 以及 $A = 1250mm^2$（$12.5cm^2$），可得出下列公式：

$$\rho_A = \frac{0.5 \times 10 \times \Delta\gamma}{12.5} = 0.4 \times \Delta\gamma \ (\mu g/cm^2) \tag{4-4}$$

根据公式（4-4）可以得出表面盐分浓度 ρ_A；如果是其他取水量，则要取不同的 V 值，代入公式（4-3）来计算出结果。

有一种简化的计算方法，具体操作程序与上述程序和方法一致。在做空白对比试样时首先取水样 15mL（上面介绍的是 10mL），测得第 1 个电导率数据 L_1（$\mu S/cm$），在提取溶液后测得第 2 个导电率数据 L_2（$\mu S/cm$），得出其差值，然后按下列公式算：

$$可溶性盐分表面浓度(mg/m^2) = 6 \times (L_1 - L_2)$$

不同的取水量（10mL、15mL 或 20mL），前面的常数是不一样的，上面公式中因为取了 15mL 的水样，因此其常数为 6，其他常数见表 4-19。该公式的计算基础是采用 A-1250 规格的 Bresle 取样胶块。

表 4-19　Bresle 测试法取水量和常量的关系

取水量	10mL	15mL	20mL	50mL
常量	4	6	8	20

对比前面的介绍，可以得知其实两者是一样的。在公式（4-4）中已经可以看出，由于所取的水样为 10mL，其常数已经变成了 0.4，其单位是 $\mu g/cm^2$，如果单位换算成 mg/cm^2，则常数就是 4。尝试着把 15mL 的水样代入公式（4-4）中，

可以得到如下结果：

$$\rho_{\rm A}(\mu {\rm g/cm^2})=\frac{C\times V\times\Delta\gamma}{A}=\frac{0.5\times 15\times\Delta\gamma}{12.5}=0.6\Delta\gamma$$

把单位换算成 mg/cm^2，取 15mL 水样时，其常数就是 6，同样的方法，取 20mL 水时，代入公式可以得出常数就是 8。

Elcometer 130 盐污染测试仪（图 4-25），可以准确方便地测量表面的可溶性盐含量。采用 Elcomatster™ 2.0 软件可以快速地审查数据并简便地生成专业报告，并可输出到 Excel 表格格式中，在安卓系统 ANDROILD 上可以用蓝牙技术即时传送到安卓手机或平板电脑。

图 4-25　Elcometer 130 盐污染测试仪

Elcometer 130 的测试范围 S 型在 $0\sim 25\mu g/cm^2$，T 型在 $0\sim 50\mu g/cm^2$，$0\sim 6000\mu S/cm$，$(0\sim 3000)\times 10^{-6}$。整个包装包括：$100\times$ 高纯度测试纸，250mL（8.5fl oz）纯水，$20\times$ PVC 储存袋，可降解手套，$72\times$ 传感器擦拭布，$3\times$ 2.5mL（0.08fl oz）注射器，$2\times$ 塑料镊子，$4\times$ AA 电池，测试证书及操作手册，USB 线和 Elcomaster™2.0 软件（T 型配备）。

测试步骤如下：

① 用注射器吸入 1.61mL 高纯水，非纯水（$2.0\mu g/cm^2$ 以上）能被仪器自动抵消；

② 向干净未使用过的样片纸上注射 1.6mL 纯水；

③ 将湿润的样片放在测试区域，把边缘轮廓按严实，消除气泡，启动仪器上的计时器；

④ 两分钟后，将纸片从测试面上移除，再放到镀金电极上；

⑤ 合上盖子，确保磁性拉手完全啮合，自动显示读数，和纸张尺寸、温度、日期和时间一起存入内存。

在小平面上可以使用一半或四分之一尺寸的纸片进行检测，仪器会自动识别进行计算。

Elcometer 138 Bresle 盐分套装，包括 Elcomete 138 电导率仪，25 片盐分贴片，封存在透明塑料瓶中的 250mL 纯水，3×5mL（0.1fl oz）注射器，3×钝针头，30mL（1fl oz）塑料大口杯，2×CR2032 锂电池，2×标准溶液（1.41mS/cm），润湿溶液，纯化水，移液器，电导率仪存放包和提箱。

Elcomete 138 电导率仪含一个平面的传感器，一滴样本即可检测溶液的电导率（图 4-26）。可将样本放在仪器的平面传感器上或者直接将仪器浸入待测溶液。自动范围转换电导率，测量范围从 $1\mu S/cm$ 到 $19.9mS/cm$。可显示电导率或盐分含量（%）。

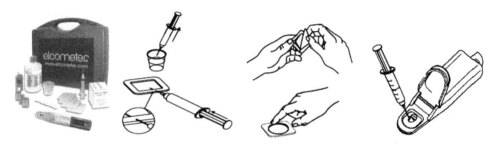

图 4-26 Elcometer 138 Bresle 盐分套装及使用

4.5.4 灰尘清洁度

钢材经过表面喷射处理后，黏附的灰尘会产生附着力问题。涂料对灰尘的附着力倒是相当好的，但是对钢板表面是没有附着力的。其次，灰尘的存在会使涂层浸水后发生起泡问题。对灰尘清洁度的检查我们使用 GB/T 18570.3（ISO 8502-3）。

Elcometer 142 灰尘测试带套装，可用来评估待涂装表面灰尘颗粒的数量和大小。包括 10×显微镜、2 节电池（LR14）和标线，符合 ISO 8502-3 标准的胶带，对比显示板、灰尘评估板、测试记录单（25 张）。

方法很简单，把胶带摩擦着压在表面，然后取起放在白色的背景上，通常是玻璃板或白纸，那么灰尘的多少和粒度就会清晰地表现出来。把它与标准中的图片进行对比判断其级别。灰尘粒子与清洁度级别从 0～5 来表示，见表 4-20 和图 4-27。

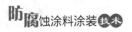
表 4-20　GB/T 18570.3—2005 灰尘尺寸等级

等　级	描　述
0	用 10 倍放大镜看不见的微粒
1	微粒用 10 倍放大镜可见,但用正常或矫正视力看不见(通常微粒直径小于 $50\mu m$)
2	以正常或矫正视力刚刚可见(通常微粒直径在 $50\mu m$ 到 $100\mu m$ 之间)
3	正常或矫正视力下清楚可见(微粒直径可达 0.5mm)
4	微粒直径在 0.5~2.5mm
5	微粒直径大于 2.5mm

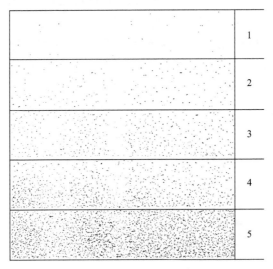

图 4-27　灰尘数量的等级参考图

4.5.5　除油质量检查方法

钢铁表面有油,将不利于涂层的附着。主要的检测标准有 GB/T 18570.7 (ISO 8503-7) 油和脂类的现场测定和 SSPC SP1,但 SSPC SP1 讲述的不仅仅是除油脂,还涉及淡水、蒸气等表面处理。

除油清洗的效果可以用试验方法进行评估,较简单易行的测定除油清洁程度的方法如表 4-21 所示。

表 4-21　钢材表面除油检查

名称	试验过程	评定方法	方法特点
水膜法	清洗后的试样(或工件)浸入干净水中,取出检查	试样(或工件)表面应带有一层连续的水膜。如果水膜破裂,表明油污没有除干净	简单、实用,表面应不留残渣,不适用于使用表面活性剂清理的表面
揩拭法	清洗后的试样用白布或白纸揩拭	白布或白纸上留有污迹,表明清洗不净	是定性方法,简单直观

续表

名称	试验过程	评定方法	方法特点
喷雾法	试样经清洗、酸浸干燥后,垂直置于蓝色溶液雾状中,当试样表面液滴将要降落时停止喷雾。将试样平置并加热,使表面状态固定	无蓝色覆盖的区域,表明带有残留油污。用带网格的透明的平定板评价未覆盖蓝色区域的百分数	此法能定量表达清洁程度,且灵敏度较高,但不能拿工件直接做试验
荧光法	试样涂布含有荧光染料的油污,做清洁试验后,再在紫外线下进行检查	用带网格的透明评定板,在紫外线下检查残留的荧光区域的大小	方法可以定量,但需制备人工油污和只能用试样做试验。其灵敏度较水膜法、喷雾法低
称重法	试样用乙醚清洗、干燥、称重,再沾油污,用清洗剂除油,干燥后再称重	前后两次称重的差值即为油污的残留量	方法可以定量,只能用试样做试验
镀铜法	清洗后的试样放入含硫酸铜15g/L、硫酸 0.9g/L 的水溶液中 20s	试样干净表面上将化学沉积一层铜,附着牢固,而残留油污的部位则无铜沉积	方法直观,适用于钢铁试样
试纸法 JB/Z 236—85	取标准 G 型极性溶液约 0.1mL,滴于被检表面,展开约 (20×40) mm^2,用 A 型验油试纸,紧贴其上约 1mm,取下试纸检查	A 型验试试纸(白色稍带黄色)若显示均匀,连续的红棕色为合格。若红棕色不均匀,不连续则表明除油不干净	检出表面残余含油量不大于 0.12g/m^2,适用于作涂装前除油程度的检查

4.6 钢材表面处理的方法

钢材表面处理的方法,主要有手工和动力工具打磨、磨料抛丸和喷射清理、酸洗等方法。GB/T 18839.1—2002 规定了"涂覆涂料前钢材表面处理的方法"。

4.6.1 手工和动力工具清理

手工清理是使用简单工具用人力进行清理,方法简单易行,但劳动强度大,生产效率低,且除锈质量差。常用的工具有榔头、锉刀、刮刀、钢丝刷和砂纸等。

动力工具清理是指以风力或电力为动力带动机械旋转,使强度很大的磨片在底材表面不断摩擦,除去表面附着物,从而达到清洁底材表面的目的。动力工具一般有风动和电动两种,设备较为简单,结构施工中所遇的死角部位较少,可以较为彻底地除去旧漆膜和锈蚀产物,在旧钢结构的涂膜修缮或已处理后的结构表面施工中使用较广。

GB/T 18839.3—2002 规定了涂覆涂料前钢材表面处理方法中的手工和动力工具打磨。

动力工具一般由压缩空气或电来驱动，可以使用的动力工具包括下列各项：

① 尖锤和旋转氧化皮清除器，用来清除难以清除的氧化皮，包括厚的层状氧化皮；

② 针束除锈器，用来清除焊缝、死角和紧固件的锈、锈垢或旧涂层；

③ 砂轮机、砂轮盘、旋转钢丝刷、旋转砂纸盘、嵌有磨料的塑料毛毡等，用来清除锈、锈垢和涂料；

④ 在表面处理之前，用砂轮机先打磨焊缝、边缘等。

电动或风动的砂轮，主要用于清除铸件的毛刺，清理焊缝，打磨厚锈层。旋转钢丝刷适用于除锈、除旧涂膜，清理焊缝，去毛刺、飞边等，使用灵活方便。影响除锈效果的主要因素是刷子的性能和刷面的运动速度。

风动打锈锤又称敲铲枪，是一种比较灵活的除锈工具，适用于比较狭小的区域。它由锤体、手柄、旋塞构成。它靠压缩空气驱动锤作往复运动，撞击金属表面铁锈，从而使其脱落除去。梅花形棱角锤头适用于平面除锈，针尖型锤头适用于边角、凹坑处除锈。

针束除锈器，适用于狭小区域、边角、凹坑处除锈。

近年新发展的钢针除锈机（图 4-28），又起到比拟于喷砂的作用，但比真空喷砂机更安全，更便捷。钢针除锈机由合金钢针在高速运转并突然加速的状态下撞击表面，产生不规则表面粗糙度，产生的白金属表面和不规则表面粗糙度满足 Sa 2.5 和 SSPC SP10 的要求。钢针打砂机能产生 $50\mu m$ 的表面粗糙度，能非常有效地增加涂层和金属表面的接触面积，大大增加涂层的附着力，而且不破坏焊缝。真空喷砂机虽然能有效地产生表面粗糙度，但真空喷砂机的损耗大，不耐用，操作不当会污染环境，损坏周围的设备和仪器。钢针打砂机是现场维修表面处理最理想的选择，不会产生粉尘，不会污染环境。

图 4-28　钢针除锈机

4.6.2 磨料喷射清理

喷射清理（blast cleaning）是以压缩空气为动力，将磨料以一定速度喷向被处理的钢材表面，以除去氧化皮和铁锈及其他污物的一种同效表面处理方法。露天开放式的喷射清理见图 4-29。喷射清理以钢丸、钢砂、石英砂等作为磨料，因此又称之为喷丸或喷砂除锈。GB/T 18839.2—2002 规定了涂覆涂料前钢材表面处理方法中的磨料喷射清理。

图 4-29　喷射清理除锈

应用磨料喷射清理中最常用的新钢板的清理标准可以参考 GB/T 8923.1 和 ISO 8501-1、NACE/SSPC 联合制定的标准 SSPC VIS 1 等。

4.6.2.1 喷射清理设备的组成

喷射清理设备系统，即喷丸机（喷砂机），主要由喷砂罐（砂缸）、空气软管、接头、喷砂软管、喷嘴、阀件和控制器等组成，如图 4-30 所示。

4.6.2.2 喷砂机的种类

按磨料在喷砂软管内的流动方式，喷丸机可分为吸送式和压送式两大类。工作时喷砂软管内压力低于大气压的喷丸清理称为吸送式喷砂，而喷砂软管内压力高于大气压的喷砂清理称为压送式喷砂。压送式喷丸的磨料运动速度要比吸送式喷丸的高出数倍，工作效率是吸送式喷砂作业远远不能比及的，因此，对于大型工件或较大规模的施工工程、难以清理的表面以及要求达到一定粗糙度的表面，压送式喷砂机是最为常用的清理机械。

最初的压送式喷丸机都是由人工控制的，即喷丸机的工作状态（停机或关机）必须由喷丸人员以外的人员控制。接通气源前，进气阀必须关闭。喷丸人员

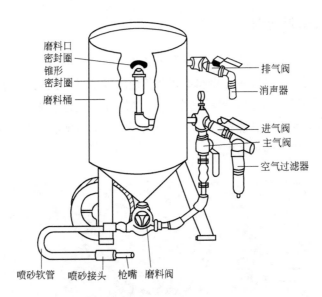

图 4-30　典型的喷丸设备

做好作业准备后，向辅助人员发出可以开机的信号。辅助人员先关闭排气阀，然后打开进气阀。一股压缩空气进入磨料桶，另一股压缩空气流向磨料阀。封闭阀在压缩空气的推动下封闭加料口，磨料桶内压力升高。磨料在磨料阀内与压缩空气混合后经喷砂软管到达喷嘴。喷丸人员需要停止工作时，也要向辅助人员发出停机信号，辅助人员先关闭进气阀，然后打开排气阀，磨料桶卸压，封闭阀下落，加料口打开，停止或结束喷丸作业。

　　遥控式喷砂机能使喷砂人员对喷丸机实现远距离控制，使喷砂人员的人身安全有了保证。喷砂工人对喷砂机实现远距离控制，保证了作业安全。一台喷砂机只需一名喷砂人员就可以正常作业，节省人工费用。喷砂人员可以根据作业的进展情况，随时控制喷砂机的工作状态，基本消除压缩空气和磨料的不必要浪费。据统计，使用遥控型喷砂机可以节省 25% 的压缩空气和磨料。

4.6.2.3　喷砂罐

　　喷砂罐的有效使用可在人工和磨料方面都节约费用。喷砂罐应每日倒空，如可能的话应保持干燥以避免磨料污染。为消除滴漏和压力损失现象应进行维修。容器应进行年度检查并用水测试压力为设计压力的 1/2～1 倍以保证其有效功能。

　　喷丸清理是一种具有潜在危险的操作。处于压力下的磨料安全问题是非常重要的。必须记住磨料和空气以极大的速度离开喷嘴，速率接近 450mile/h ［1mile＝1609.344m，660ft/s（1ft＝0.3048m），或大约机关枪发射速度的一半］并可从操作处冲击至很远的表面上或其他人员身上。

整个系统，包括软管，操作者和工件都必须接地以避免因触电而造成伤害。特别是操作者在高空工作时（触电会导致摔下）或在有毒环境中喷丸时，接地则尤为重要。

在砂罐装满砂后，打开供气阀门，砂罐封闭阀自动封闭。此时，压缩空气迅速充满砂罐，并达到额定压力，通过专业喷砂工人启动遥控键，此时砂阀与气阀同时打开，喷丸机所装的磨料即时经过砂管和砂枪高速射击，对准表面目标，起到高速喷射清理的作用。

4.6.2.4　喷砂用软管

喷砂软管输送的是高速运动的压缩空气和磨料，由于磨料的不规则运动以及摩擦力的作用，压力的下降是不可避免的。如果喷砂软管通径过小或出现弯折盘绕，压力就会明显下降。因此，喷砂软管的通径应该是选用喷嘴直径的3～4倍；喷砂软管要尽可能短，保持平直，避免弯折盘绕。

喷砂用软管由内胶层、增强层和外胶层组成。内胶层直接与磨料接触，要求有很高的耐磨性。增强层是耐压层，它的材料和结构决定喷砂软管的耐压等级。

喷砂软管的选用直接与喷嘴有关，如前所述，其规格应该是喷嘴直径的3～4倍。软管长于100ft，则内径应为喷嘴孔径的4倍，见表4-22。

表 4-22　喷嘴直径与喷砂软管的选用

喷嘴直径 /mm	喷砂软管规格							
	20mm	0.75in	25mm	1in	32mm	1.25in	38mm	1.5in
6	●		●					
8			●			●		
9.5						●		●
11						●		●
12.7								●

从上表可以看出，除了大口径喷嘴（12.7mm），其他喷嘴都有两种规格的喷砂软管可供选用，但是建议选用大规格软管。因为喷嘴在使用过程中会因磨损而增大。

在重防腐涂料涂装喷砂作业中，32mm（1.25in）的软管用得较为普遍，因此也可以看出8mm和9.5mm的喷嘴用得是较多的。

4.6.2.5　喷嘴

喷嘴的材料主要是指喷嘴的内衬材料，它是决定喷嘴使用寿命的主要因素。

20 世纪初的喷嘴是铸铁管，耐磨性差，工作时间很短，只有几个小时；而且口径很快会增大，压缩空气的消耗上升很快。

到了 20 世纪 30 年代后期，碳化钨内衬喷嘴开始应用，使用寿命可达 300h，比起早期的铸铁管喷嘴，在使用矿物磨料或煤渣等磨料时，显得经济多了。

1958 年，耐磨性非常突出的碳化硼内衬喷嘴面世，在高温高压下生产，硬度高，密度低，耐腐蚀，耐高温，使用寿命是所有喷嘴中最长的，可达 750h，对以氧化铝或碳化硅作为磨料的喷砂作业最为适合。它比碳化钨内衬喷嘴经久耐用，使用寿命是其 5~10 倍，是碳化硅内衬喷嘴的 3 倍。

到了 20 世纪 80 年代，使用寿命长达 500h 的碳化硅内衬喷嘴开发出来得到应用。碳化硅内衬喷嘴质量轻，约只有碳化钨内衬喷嘴的 1/3，非常适用于长时间的喷砂工作。

表 4-23 为不同内衬的喷嘴的使用寿命比较，这只是参考数据，不同压力、不同的磨料及其大小，会有不同的差异。

表 4-23　不同内衬喷嘴的使用寿命　　　　　　　　单位：h

喷嘴内衬	钢砂/钢丸	石英砂	氧化铝
碳化钨	500~800	300~400	20~40
碳化硅	500~800	300~400	50~100
碳化硼	1500~2500	750~1500	200~1000

喷嘴的结构形式主要有两种，直筒型和文丘里（Venturi）型两种（图 4-31）。直筒型喷嘴内部结构较为简单，只有收缩段和平直段。出口处磨料的速度大约为 349km/h。直线型喷嘴进口端存在着涡流现象，会导致压力损失，而且出口处磨料喷束图形大，呈中央密旁边稀的形状。到 1954 年，出现了文丘里喷嘴。其内部结构分为入口处较大的收缩段，逐渐在中间变成短直线段的平直段，和出口处张开的扩散段三部分。文丘里喷嘴的气体动力学性能远优于直筒型喷嘴，涡流现象得以改善，压力损失大幅度下降。在相同的压力条件下，磨料的出口速度可以增加一倍以上。文丘里喷嘴的磨料速度可达 724km/h，并且从喷嘴喷出的磨料在发散区分布均匀，对整个表面的冲击几乎完全相同，而直筒型喷嘴喷出的磨

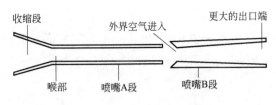

图 4-31　文丘里双孔喷嘴

料大部分集在中发散区域的中心部位。文丘里双孔喷嘴，前后有两个喷嘴，二者之间有间隔，在间隔处的四周有几个开孔。由于高速气流的作用，产生一个足够大的负压，将周围的空气吸入喷嘴内，使喷出的空气量大于进入喷嘴的压缩空气，大大提高了磨料出口处的速度。它的出口端要比一般的文丘里喷嘴大，因此磨料流的发散面也比文丘里喷嘴的发散面大了约35％，清理效率更高。

喷嘴的规格主要指其通径，我国用 mm 表示，国外用 in 表示，相邻规格间差 1/16in。为方便起见，国外还把喷嘴规格用 3♯、4♯、5♯ 等表示，♯前面的数字就表示有几个 1/16in，主要使用的喷嘴规格可以参考表 4-24。

表 4-24　不同的喷嘴所需空气消耗量

喷嘴尺寸	单位	空气消耗量						
		50psi (3.45bar)	60psi (4.14bar)	70psi (4.83bar)	80psi (5.52bar)	90psi (6.21bar)	100psi (6.89bar)	125psi (8.62bar)
1/8in (3.2mm)	ft³/min	12	13	15	18	19	21	26
	m³/min	0.34	0.37	0.42	0.51	0.54	0.59	0.74
3/16in (4.8mm)	ft³/min	25	30	35	40	43	45	60
	m³/min	0.71	0.85	0.99	1.13	1.22	1.27	1.70
1/4in (6.35mm)	ft³/min	50	55	60	70	75	80	95
	m³/min	1.42	1.56	1.70	1.98	(2.12)	2.27	2.69
5/16in (8mm)	ft³/min	80	90	100	115	125	140	190
	m³/min	2.27	2.55	2.83	3.26	(3.54)	3.96	5.38
3/8in (9.5mm)	ft³/min	110	125	145	160	175	200	275
	m³/min	3.12	3.54	4.11	4.53	4.96	5.66	7.79
7/16in (11mm)	ft³/min	150	170	200	215	240	255	315
	m³/min	4.25	4.81	5.66	6.09	6.80	7.22	8.92
1/2in (12.7mm)	ft³/min	200	225	250	275	300	340	430
	m³/min	5.66)	6.37	7.08	7.79	8.50	9.63	12.18
5/8in (16mm)	ft³/min	300	350	400	450	500	550	700
	m³/min	8.500	9.91	11.33	12.74	14.16	15.58	19.82
3/4in (19mm)	ft³/min	430	500	575	650	700	800	1100
	m³/min	12.18	14.16	16.28	18.41	19.82	22.66	31.15

注：1psi=6894.76Pa，1bar=10^5Pa。

空气消耗量也是如此，喷嘴越大，压缩空气的水耗量也越大。因此，所能用的喷嘴的最大尺寸必须取决于压缩机送入量的多少。表 4-24 为不同大小的喷嘴所需的空气量（资料来源：美国 Boride 公司）。

4.6.2.6 空气处理装置

空气处理装置又称为油水分离器、气水分离调节器或空气净化器。它可以清除压缩空气中的水分、油雾和各种碎屑，过滤和调节空气，调节压力。

在压缩空气中如果水分太多，会影响喷射清理的质量及磨料的流动性，金属磨料还会生锈结块。

喷砂除锈时，多采用后冷却器来排除压缩空气中的水分。风冷式后冷却器可以使压缩空气温度下降 11～14℃。水冷式后冷却器除可以使压缩空气比环境温度低 8.3℃，除水率还可以达 90%。冷冻式和吸附式干燥器，其除湿效率更高，可以与风冷式或水冷式后冷却器配套使用。

加装在喷砂机上的油水分离器可以清除压缩空气软管中的水汽。油水分离器的排水方式分人工和自动排水两种。自动排水型的油水分离器要优于人工排水型。使用油水分离器时，压力损失很小，大约在 0.05MPa。

检查压缩空气的清洁度，可以 ASTM D 4285 进行。方法很简单，手持白色吸收试纸放入压缩机排出的气流中，如在坚硬衬垫物上的白色吸收剂试纸或布，或非吸收剂收集器，如 6cm 见方的透明塑料纸。收集器放在排放点 50cm 内的排出气流的中心，时间为一分钟。试验应在尽可能接近使用点的排出空气处及管道中的油水分离器的后面进行。根据 ASTM D 4285 标准，收集器上如有任何油变色的迹象，该压缩空气将不得用于磨料喷砂清理和涂料施工。

4.6.2.7 喷射清理的压力

喷射清理使用的动力来自于压缩空气。空气压缩机的排气量与相关设备的匹配相当重要。对喷砂这种空气消耗量大的作业来说，需要配备较大的空气压缩机。压缩机的容量决定其在工作压力下能够输送空气的量。对于喷砂清理，采用大容量的压缩机在低于其最高水平的状况下工作较好，而不是采用较小的压缩机在其最高水平或接近最高水平的状况下工作。所选择的压缩机应能提供比所需要的更多的空气，以允许保守容量供高峰时期或其他设备使用。一般来说，压缩空气的额定排气量应该是喷嘴需要的压缩空气消耗量的 1.5 倍。有些人以为喷嘴大，喷砂效率就会高，这是一种误解。

空气压缩机所输送的压缩空气的压力是压缩机的重要性能之一。其压力单位为 Pa，$1Pa=1N/m^2$，$1MPa=10^6Pa$。压力单位有时也有 $1kgf/cm^2$（近似于 1 个大气压），$1kgf/cm^2=0.1MPa$。

空气压缩机的排气压力是重要的参数，一般在 0.8MPa 左右，因为喷砂机的工作压力不宜超过 0.7MPa。但是，如果空气压缩机与喷砂机的距离隔得很远，就应该选用排气压力高的空气压缩机，因为压缩空气中软管流动时会有压力损失。

在喷砂过程中，工作压力始终要保持在 $0.65\sim0.7MPa$ 之间，低的压力只能导致低的工作效率。为了保持工作压力，空压机的排气压力应该调定在 $0.8MPa$ 左右。不同的工作压力下喷砂的相对清理效率见表 4-25。

表 4-25　不同工作压力下的喷砂相对清理效率

工作压力/MPa	相对清理效率/%	工作压力/MPa	相对清理效率/%
0.7	100	0.56	70
0.67	93	0.53	63
0.63	85	0.49	55
0.60	78		

4.6.3　抛丸清理

抛丸清理（图 4-32）是利用抛丸机的抛头上的叶轮（图 4-33）在高速旋转时所产生的离心力，把磨料以很高的线速度射向被处理的钢材表面，产生打击和磨削作用，除去钢材表面的氧化皮和锈蚀，并产生一定的粗糙度。抛丸处理效率很高，可以在密闭环境下进行。目前广泛应用于车间钢材预处理流水线，以及大型钢结构项目的高效除锈工作。

图 4-32　抛丸清理装置

抛丸用于车间内对型钢、钢板和其他拼装好的结构进行喷射清理。移动式抛丸机可以用于储罐、混凝土地坪等大平面进行表面处理。

抛丸处理在密封条件下进行，有吸尘装置，自动化涂漆，是效率最高的自动化流水线作业。它的优点是：

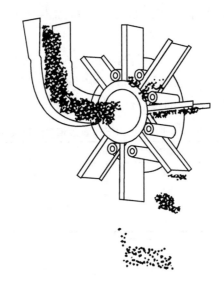

图 4-33　抛丸及抛头示意图

① 按钢材用途可清理至一种级规格，并可获得均匀的完工表面；

② 封闭式作业，无粉尘飞扬；

③ 适用于 5mm 以上钢板、宽扁钢和型钢；

④ 速度快，工作效率高，质量稳定。

钢材预处理流水线的技术参数参考表 4-26，按不同要求设计的钢材预处理流水线其参数会有所不同。预处理流水线不仅要能处理平面的钢板，还要能处理各种型钢以及构件等。

表 4-26　钢材预处理流水线的技术参数

钢板	厚度	6～40mm
	长度	5000～8000mm
	宽度	1500～3000mm
型钢 （角钢、槽钢、工字钢）	最大槽钢断面	400mm×104mm
	最大工字钢断面	400mm×146mm
	长度	5000～12000mm
抛丸除锈质量	钢材表面清洁度	Sa 2.5
	表面粗糙度	40～100μm
漆膜厚度（干膜）		$(25\pm10)\mu m$
速度	速度范围（变频无极调速）	$V=1～6m/min$
	钢板在 B 级原始状态下	$V_{max}=3m/min$
	型钢在 B 级原始状态下	$V_{max}=2m/min$
设备总功率		613.2kW

4.6.4 磨料选用

4.6.4.1 磨料选用和相关标准

喷射清理所使用的磨料，除了抛丸清理中使用的钢砂和钢丸外，还有很多种可供不同的场合使用。通常可以分为金属质或非金属质（矿物质）、矿渣两大类。金属质如钢丸、钢砂及钢丝段等，它们可以多次使用。非金属质的磨料有石英砂、石榴石、橄榄石、十字石（一种硅酸铝铁矿）、铜矿渣、铁矿渣、镍矿渣、煤渣、熔化氧化铝渣等，它们多为一次性使用的磨料。石英砂因为会导致硅沉着病，所以使用受到各国的限制。

在抛丸、喷丸（砂）清理中，表面清理速率和粗糙度主要取决于所用磨料的性质。选用的磨料使用范围很广，从碎胡桃木壳、玻璃和矿渣，到各种金属丸和金属砂，甚至还有陶瓷砂等，见表4-27。在其他磨料所产生的灰尘可能对敏感设备有害时，常采用农作物磨料。当喷砂处理不锈钢或其他高纯度合金时，磨料不能将金属粒子嵌入表面。碎胡桃木壳已用于喷砂清理航天飞机器件，以保护特殊合金材料的完整。

表 4-27　表面清理用主要磨料

金属磨料	非金属磨料（氧化物）	硅质磨料	农作物磨料	矿渣或砾岩	其他磨料
冷铸铁	碳化硅	石英	椰子壳	耐火渣	干冰
铸钢	氧化铝	燧石	黑胡桃木	矿渣	冰
韧性铁	石榴石	砂	山核桃壳		塑料珠
碎钢	玻璃珠	硅石	桃核壳		碳酸钠
钢丝段			榛子壳		海绵
			樱桃核		
			杏仁壳		
			杏核壳		
			稻壳		
			磨碎玉米		
			糖		

钢材表面处理喷射用磨料，主要包括金属磨料和非金属磨料两部分。GB/T 18838 金属磨料技术要求和 GB/T 19816 测试方法，分别按国际标准 ISO 11124 和 ISO 11125 修改采用制定；GB/T 17850 非金属磨料技术要求 和 GB/T 17849 测试分别按国际标准 ISO 11126 和 ISO 11127 修改采用制定。具体的对应关系和内容见表 4-28 和表 4-29。

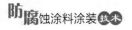

表 4-28　磨料的技术要求

金属磨料			非金属磨料		
国家标准		国际标准	国家标准		国际标准
GB/T 18838.1	导则与分类	ISO 11124-1	GB/T 17850.1	导则与分类	ISO 11126-1
GB/T 18838.2	淬火铸铁砂	ISO 11124-2	GB/T 17850.2	硅砂	ISO 11126-2
GB/T 18838.3	高碳铸钢丸和砂	ISO 11124-3	GB/T 17850.3	铜精炼渣	ISO 11126-3
GB/T 18838.4	低碳铸钢丸和砂	ISO 11124-4	GB/T 17850.4	煤炉渣	ISO 11126-4
GB/T 18838.5	钢丝段	ISO 11124-5	GB/T 17850.5	炼铁炉渣	ISO 11126-5
			GB/T 17850.6	镍精炼渣	ISO 11126-6
			GB/T 17850.7	熔融氧化铝	ISO 11126-7
			GB/T 17850.8	橄榄石砂	ISO 11126-8
			GB/T 17850.9	十字石	ISO 11126-9
			GB/T 17850.10	石榴石	ISO 11126-10

表 4-29　磨料的试验方法

金属磨料			非金属磨料		
国家标准		国际标准	国家标准		国际标准
GB/T 19816.1	抽样	ISO 11125-1	GB/T 17849.1	取样	ISO 11127-1
GB/T 19816.2	颗粒尺寸分布的测定	ISO 11125-2	GB/T 17849.2	颗粒尺寸分布的测定	ISO 11127-2
GB/T 19816.3	硬度的测定	ISO 11125-3	GB/T 17849.3	表观密度的测定	ISO 11127-3
GB/T 19816.4	表观密度的测定	ISO 11125-4	GB/T 17849.4	通过玻璃载片试验评定硬度	ISO 11127-4
GB/T 19816.5	缺陷颗粒百分比和微结构的测定	ISO 11125-5	GB/T 17849.5	含水量测定	ISO 11127-5
GB/T 19816.6	外来杂质的测定	ISO 11125-6	GB/T 17849.6	水浸出液的电导率的测定	ISO 11127-6
GB/T 19816.7	含水量的测定	ISO 11125-7	GB/T 17849.7	水溶性氯化物的测定	ISO 11127-7
GB/T 19816.8	磨料机械特性的测定	ISO 11125-8	GB/T 17849.8	磨料机械性能的测定	ISO 11127-8

SSPC AB1 是有着矿物和渣磨料的标准，SSPC AB2 可重复使用金属磨料的标准。

4.6.4.2　金属磨料

金属磨料主要包括淬火铸铁砂、高碳铸铁砂、低碳铸钢丸和钢丝段。

抛丸或喷射清理常用的磨料有铁丸、钢丸、棱角砂和钢丝段等，较为理想的磨料是混用磨料，直径在 0.8～1.5mm 为宜。磨料的添加比例见表 4-30。喷砂密度由喷射量（kg/min）与钢材输送速度（m/min）来决定。除锈效果又受钢材的生锈程度的影响。所以必须按钢材状态来决定输送速度和喷射量。在通常情况下，规定的表面处理级别要达到 Sa 2.5（ISO 8501-1：1988）或者 SSPC SP10。

表 4-30　不同比例的磨料添加

使用的磨料混合比		新添磨料的混合比	
1：1	50％钢丸/50％钢砂	1：2	33％钢丸/67％钢砂
3：2	60％钢丸/40％钢砂	1：1	50％钢丸/50％钢砂
7：3	70％钢丸/30％钢砂	3：2	60％钢丸/40％钢砂

钢砂是从高碳铸钢丸钢砂通过破碎成砂粒状，回火成三重硬度（GH、GL 和 GP）以适应不同的需要。在抛丸设备上应用，应该选用 GP 和 GL 钢砂，因为 GH 钢砂的硬度太大，会磨损设备，不同的钢砂性能见表4-31。处理后的钢砂被筛网分选成符合 SAE 标准的 10 个等级以适应不同的喷射处理要求，见表 4-32 和图 4-34。钢砂主要应用于带有回收装置的喷砂房。砂粒的棱角状和相关的硬度使其有较快的清理速度并且能有效地回收利用。

表 4-31　钢砂的性能

硬度（HRC）	GP GL GH	46～50 50～60 63～65	微观结构	GP GL GH	马氏体和贝氏体 马氏体和贝氏体 马氏体和奥氏体
形状		棱角状	碳/％		0.85～1.2
整体密度/(kg/m³)		3700	硅/％		0.5～1.0
粒子密度/(kg/m³)		＞7.6	镁/％		0.6～1.0
颜色		灰色、银白色和蓝色	硫/％		＜0.05
尺寸标准		SAE	磷/％		＜0.05

表 4-32　钢砂的 SAE 规格

筛网编号	筛网尺寸 in	筛网尺寸 mm	SAE 钢砂规格编号 G10	G12	G14	G16	G18	G25	G40	G50	G80	G120
7	0.111	2.80	通过									
8	0.0937	2.36		通过								
10	0.0787	2.00	80％		通过							
12	0.0661	1.70	90％	80％		通过						
14	0.0555	1.40		90％	80％		通过					
16	0.0469	1.18			90％	75％		通过				

筛网编号	筛网尺寸		SAE 钢砂规格编号									
	in	mm	G10	G12	G14	G16	G18	G25	G40	G50	G80	G120
18	0.0394	1.00				85%	75%	通过				
20	0.0331	0.850										
25	0.028	0.710					85%	70%	通过			
30	0.0232	0.600										
35	0.0197	0.500										
40	0.0165	0.425						80%	70%		通过	
45	0.0138	0.355										
50	0.0117	0.300							80%	65%	—	通过
80	0.007	0.180								75%	65%	
120	0.0049	0.125									75%	60%
200	0.0029	0.075										70%

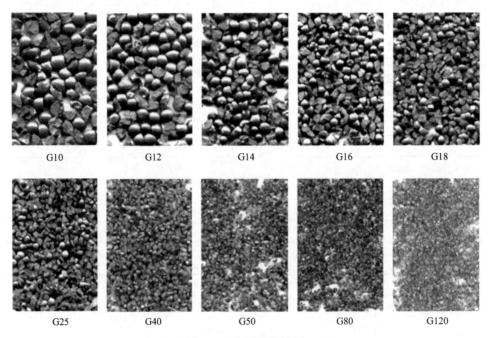

图 4-34　钢砂规格图例

　　钢丸（图 4-35）的制造过程是首先熔化高质量的铁块，然后用高压水喷射使熔融的钢水形成微粒状，形成的丸体重新加热以净化均质，然后再淬火处理。淬火处理后的丸体在熔炉内被干燥和重新加热回火以达到适用的硬度，钢丸的性能见表 4-33。回火处理后的钢丸通过机械筛网分成符合 SAE 规格的 11 个等级用于喷射清理（表4-34）。

S780　　　　S660　　　　S550　　　　S460　　　　S390

S330　　　　S280　　　　S230　　　　S170　　　　S110

图 4-35　钢丸规格标例

表 4-33　钢丸的性能

硬度 （HRC）	标准 特殊 强化处理	40～50 50～55 和 55～60 平均 50	微观结构	马氏体和贝氏体
形状		圆状,球体	碳/%	0.85～1.2
整体密度/(kg/m³)		4450	硅/%	0.5～1.0
相对密度		＞7.4	镁%	0.6～1.0
颜色		灰色、银白色	硫%	＜0.05
尺寸标准		SAE	磷%	＜0.05

表 4-34　钢丸的 SAE 尺寸

筛网 编号	SAE 筛网尺寸									
	in	mm	S780	S660	S550	S460	S390	S330	S280	S230	S170
7	0.111	2.80	通过								
8	0.0937	2.36		通过							
10	0.0787	2.00	85% (最小值)		通过	通过					
12	0.0661	1.70	97% (最小值)	85% (最小值)		5% (最大值)	通过				
14	0.0555	1.40		97% (最小值)	85% (最小值)		5% (最大值)	通过			

筛网编号	in	mm	SAE 筛网尺寸								
			S780	S660	S550	S460	S390	S330	S280	S230	S170
16	0.0469	1.18			97%（最小值）	85%（最小值）		5%（最大值）	通过		
18	0.0394	1.00				96%（最小值）	85%（最小值）		5%（最大值）	通过	
20	0.0331	0.850					96%（最小值）	85%（最小值）		10%（最大值）	通过
25	0.028	0.710						96%（最小值）	85%（最小值）		10%（最大值）
30	0.0232	0.600							96%（最小值）	85%（最小值）	
35	0.0197	0.500								97%（最小值）	
40	0.0165	0.425									85%（最小值）
45	0.0138	0.355									97%（最小值）

4.6.4.3 非金属磨料

喷射清理常用非金属磨料主要有石英砂、铜精炼渣、煤炉渣、镍精炼渣、炼铁炉渣、熔融炉渣、橄榄石砂、十字石和铁铝石榴石。

尖锐的石英砂是一种廉价而有效的磨料，是最早也是最常用的喷射用磨料，所以"喷砂"成为了通用的术语。砂是不再进行回收的，但还是被认为是用于工业施工方面最经济的磨料，暴露于喷砂清理过程所产生的有害的游离硅灰尘中，工人会引起硅沉着病，这是一种有着严重危害性的肺部疾病。

铜精炼渣，俗称铜矿砂，是铜冶炼过程中的副产品，在冶炼和淬火过程中，矿渣转化为硅酸铁，这样再生出铜矿砂的原料。铜矿砂是开放式喷砂中最常用的磨料，价格较低，不像石英砂那样含有游离硅，不会对人体产生"硅沉着病"的健康危害。铜矿砂磨料的典型分析可显示其类似于表 4-35 中的化学含量，性能参数见表 4-36。

表 4-35　铜精炼渣的化学含量

化学成分	含量	化学成分	含量
SiO_2	38.40%	MgO	2.15%
Al_2O_3	3.35%	K_2O	0.53%
TiO_2	0.35%	Na_2O	0.40%
FeO	41.55%	CuO	0.47%
Fe_2O_3	3.15%	PbO	0.04%
MnO	0.27%	ZnO	1.68%
CaO	5.86%	S	0.96%

表 4-36　铜精炼渣的技术参数

指标名称	检测结果	指标名称	检测结果
颜色	黑色晶亮	可溶性氯离子	0.0004%（质量分数）
形状	强硬度多棱角	含水量	最大 0.1%（质量分数）
硬度	6～7 莫氏	含水磨料电导率	1mS/m
表观密度	$3.6 \times 10^3 kg/m^3$	酸碱度（pH）	6.8～8.0
密度	$1.75t/m^3$		

4.6.5　水喷射清理

水喷射清理（图 4-36）是利用高压水的压力，对底材表面进行处理，对底材表面附着物产生冲击、疲劳和气蚀等作用，使其脱落而除去。

图 4-36　水喷射清理

一般的高压水压力应达到 200～250MPa。此种处理方法可以有效地去除氧化皮、铁锈和旧涂层。这种方法对环境没有污染，可以有效地去除可溶性盐分，不会由于冲击而使涂膜产生开裂，但是这种方法不能在底材的表面产生粗糙度。

美国 SSPC 和 NACE 联合制定了一个以高压水清理表面的标准，即 NACE No.5/SSPC SP12。

低压水清理（LPWC）：小于 34MPa（5000psi），通常用于表面清洗，除去疏松的氧化皮或沉积物的表面水清洗；可以有效除去旧涂层的表面粉化，留下完整的涂层表面。

高压水清理（HPWC）：34～70MPa（5000～10000psi）的压力，用于在维护项目中除去旧的锈皮和疏松漆膜；适用于混凝土表面的涂装。

　　高压水喷射（HPWJ）：70～210MPa（10000～30000psi）的压力，这个区间段应用较少，因为其效率较低，效果并不比高压水清理要更好。

　　超高压水喷射（UHPJC）：大于210MPa（30000psi）的压力，用于完全除去所有锈蚀和氧化皮，最好压力在240MPa以上，并且如果需要的话，可除去所有的残存旧漆膜，这种技术需要的设备——多用喷射旋转喷枪每分钟喷水流量为12L，喷嘴与表面保持在50cm可以取得最有效的表面处理效果。

　　不同于常规的喷砂处理，高压水表面处理要求直接冲击表面达到清洁的目的，因此在结构复杂的区域（如加强板背面）不易施工。这些部位需要采用手工除锈。

　　高压喷射甚至是超高压喷射都不能在钢结构造表面打出粗糙度，但能在发生锈蚀的部位和被涂表面使原始表面暴露出来，并能清洁后达到 Sa 2 级标准。高压喷射无法实现和常规的打砂一样或更高的表面处理等级或更高的生产效率，但是它提供了一种方法，可以在封闭的空间内分部分地处理原有漆膜受损伤的部位，而不造成更多损坏或"污染"。

4.6.6　酸洗

　　酸洗（图 4-37）是工业领域应用非常广泛的除锈、除氧化皮的方法。酸洗是应用无机酸或有机酸与钢铁表面的氧化皮、铁锈进行化学反应，生成可溶性铁盐，然后将其从钢铁表面清除。酸洗可以处理小型构件、6mm 以下的薄板和管材等。经酸洗后的钢材可以进行涂漆或磷化处理。酸洗也可应用于有色金属的表面处理。酸洗工艺的标准可以参考 JB/T 6978 和 SSPC SP8。

图 4-37　酸洗除锈工艺

4.6.6.1 酸洗除锈机理

碳钢或低合金钢在轧制热处理过程中，因高温氧化表面会产生氧化皮。高温氧化皮成分较为复杂。钢铁表面上层是 $FeO+Fe$ 的金属复合层，最里层是 FeO，氧化程度约22%，为黑褐色结构疏松而多孔的结晶组织，晶粒之间的联系较为薄弱，因此容易被破坏。中间层是 Fe_3O_4，氧化程度约28%，致密、无孔、无裂纹，断口为剥离状。最外层是 Fe_2O_3，氧化程度约30%，结构致密，为尖晶石结构。氧化皮中，通常以 FeO 为主，而 Fe_2O_3 则较少。氧化皮的厚度也因轧制工艺不同而不同，从数微米厚到厚达 $250\mu m$，甚至更厚。较低温度状态下（575℃）形成的氧化皮则由 Fe_3O_4 和 Fe_2O_3 所组成，没有 FeO 层。

在酸洗过程中，FeO 较易于除去，而高价铁氧化物 Fe_2O_3 和 Fe_3O_4 则难溶于酸，在很大程度上受氧化膜破裂时自发产生的腐蚀微观电池控制，即 Fe（阳极）｜酸｜高价铁氧化物（Fe_mO_n）（阴极）。阴极中的 Fe_mO_n 指 Fe_2O_3 和极少量 Fe_3O_4。三价铁氧化物优先于二价铁氧化物获得电子还原进入溶液，这一现象为还原溶解。这就是说，从钢材表面除去高价铁氧化物并非一般的化学溶解，高价铁氧化物层没有直接被酸溶解，而是电化学还原溶解。酸洗去除氧化皮的原理如图 4-38 所示。

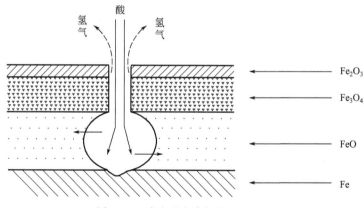

图 4-38 酸洗时去除氧化皮的原理

以盐酸为例，在酸洗过程中，氧化皮的去除有溶解作用、机械剥离和还原作用三种机理。

氧化皮与酸发生化学反应而被溶解，生成的氯化亚铁和三氯化铁能溶于溶液中，与此同时，酸溶液还会与钢铁基体发生化学反应，生成的氢气对难溶的物质起着机械剥离、脱落作用。但是氢原子进入金属基体会发生氢脆现象。为了防止酸性洗液对金属的腐蚀和氢脆的产生，要加入缓蚀剂，并且要控制酸液浓度和酸洗温度。

机械剥离的主要机理是酸液渗入锈层最内层，与最内层的氧化物及夹在氧化物之间的金属发生反应，金属铁与酸作用生成氢气，使锈层失去附着物，从而脱落下来。总体来说，电化学还原反应主要起剥离作用。酸洗除锈主要是酸通过化学反应把锈层从金属基体上剥离下来，而不是将锈层全部溶解。因此在清洗结束后应将清洗过的设备进行彻底的清理，把脱落下来的铁锈彻底清除。

还原作用的反应主要是在钢铁表面锈层不连续处产生的局部电池的阴极反应，生成的氢原子使铁的氧化物还原成易与酸作用的亚铁氧化物，然后与酸作用而被去除。这个反应进行得很快，是酸洗除锈的主要方式。三氧化二铁中的三价铁还原成二价铁直接进入溶液。锈层溶解到酸液中的主要是亚铁离子，而不是三价铁离子。铁的氧化粉末或被剥离下来的金属锈层在酸中溶解速率比附在基体金属上的锈层的溶解速率慢。

4.6.6.2　酸洗除锈材料

常用的酸有盐酸（htydrochloric acid）、硫酸（sulfuric acid）、磷酸（phosphoric acid）、硝酸（nitric acid）、氢氟酸（hydrofluoric acid）等，作用力强，处理速度快，但往往引起过蚀。残余酸清洗不彻底会继续腐蚀钢铁。在酸洗液中可以加入少量缓蚀剂，对清除氧化皮和铁锈速度无明显影响，但可以防止过蚀和氢脆。硝酸常和盐酸混用于有色金属处理。磷酸处理速度较慢，价格高，但酸洗后形成的磷化膜有一定的防锈作用。氢氟酸和硝酸混用于不锈钢处理，有剧毒，易挥发。由于在酸洗过程中产生的氢气会使金属产生氢脆，酸雾对人体也会有很大危害，所以通常要加缓蚀剂、润湿剂，在喷射法酸洗除锈中还要加入增厚剂和消泡剂等。润湿剂大多是阴离子和非离子表面活性剂，具有润湿、乳化、渗透和去污等作用，可以改善酸过程，缩短酸洗时间。

盐酸进行钢材的酸洗时，钢材上的氧化皮的去除作用如前所述有三种：

① 氧化皮与盐酸发生化学作用而被溶解；

② 金属铁与盐酸作用生成氢，机械地剥落氧化皮；

③ 生成的氢使铁的氧化物还原成易与酸作用的亚铁氧化物，然后与盐酸作用因还原作用而被除去。

盐酸酸洗时，有 33% 的氧化皮是由机械剥离作用去除的。盐酸酸洗速度快于硫酸，氢脆也比硫酸为少。盐酸酸洗除锈速度快、效率高，酸洗时间随着温度升高、浓度的增大而缩短。在高温下酸洗时，氯化氢气体挥发造成酸的损耗，对从体有害，且渗氢作用增强。另外由于盐酸的强腐蚀性，当盐酸浓度在 20% 以上时，基体金属的浸蚀速度比氧化物的浸蚀速度要快得多，而且酸雾较大，所以浓度一般在 15% 左右。以钢管为例，在 15℃ 以下时，酸洗效率非常低，综合考虑能耗和酸雾的影响，在 18～21℃ 间操作较为适宜。为了确保在冬天寒冷天气里的酸洗效率，酸洗槽中可以安装浸入式电热管或把蒸汽直接喷在酸洗液中对溶液进行加热。钢管长时间浸渍在浓度较高的酸洗液中，容易导致氢脆的发生，增加表面的粗糙度，所以要在酸液中添加缓蚀剂，在调配溶液时要及时补充缓蚀剂。

通常使用93％的浓硫酸（结晶温度约为－37℃）作为酸洗用新酸原料。铁在硫酸中的溶解速率远远小于铁的氧化物的溶解速率，所以机械剥离在酸洗过程中起着很大的作用，约有78％的氧化皮是靠机械剥离作用而去除的。硫酸酸洗时为了防止氢脆，可以加入20％以上的硝酸（浓度5％左右）、无水铬酸等。

高浓度的磷酸对氧化皮和锈层有化学溶解作用。磷酸除锈的优点是不会产生过腐蚀和氢脆。经过磷酸除锈的工件表面能够生成具有防锈效果的磷酸铁膜，是涂层的良好底层。其缺点是成本较高，严重的锈蚀不易除去，溶液的除锈能力降低较快，除锈时间较长。磷酸的除锈配比浓度为5％～8％，温度为40～80℃，Fe^{2+}含量在50g/L以下时除锈效果较好。在常温下磷酸的除锈速度较慢，需要添加有机酸和除锈加速剂，才能提高除锈速度。

4.7 光滑清洁和生态清洗表面处理

光滑清洁表面处理SCS（smooth clean surface）是美国在2003年研究成功，并开始推广的一种新型表面处理方法。特别适用于卷材表面处理。与酸洗工艺相比，卷材的品质更优、成本更低、产能更高、完全环保；在加工制作性能方面，具有更好的焊接性、防锈性、涂层附着性。可以广泛用于结构件、汽车及农机具、柜体、机动轨道车、拖车、机器、钢制的容器等大量、广泛的应用领域。

热轧生产过程中，经终轧及层流冷却后生成的氧化铁皮一般由三层结构组成，最上层为红色的三氧化二铁（Fe_2O_3）也就是铁锈层，中间层为磁性的四氧化三铁（Fe_3O_4），最下层的维氏体主要是氧化亚铁（FeO）。在SCS研磨刷光过程中可以去除铁皮的最上面部分，仅留下很薄的维氏体层。维氏体的化学特性不同于顶部的氧化铁皮层，在分子结构中它有更少的原子，氧的含量仅为23.26％（化学分子式是FeO）。经SCS处理就能生成氧化保护膜，不再生锈，不容易被锈蚀。

SCS主机由研磨辊和导向辊等组成，同时采用循环水过滤系统用于过滤和循环未经处理的普通水，以冲洗掉SCS工艺研磨洗刷下来的氧化铁皮和清洗钢板的表面，装置可收集氧化铁皮，收集的氧化铁皮可与废钢一起处理，净化过的水则可重新循环利用。

SCS 生产线也存在一定的局限性，如果对钢材强力挤压和变形可能导致破坏 SCS 氧化保护层；如果镀层时间较短，则进行连续热镀锌、电镀锌是比较困难的。

为了解决 SCS 存在的局限性，在此基础上进一步开发的生态清洗 EPS（eco pickled surface）表面处理生产线，采用砂浆喷射原理去除表面的氧化铁皮。第一条 EPS 线于 2007 年上半年开始运行，自 2008 年起进入商业运营。

EPS 的基本原理是在密闭的空间内，采用特殊的装置，进行 EPS 处理，即由 EPS 工作介质即钢砂和水的混合物对板卷钢板上下表面进行喷射处理，在一定喷射力的作用下去除钢板表面的氧化物或氧化铁皮，不残留任何氧化物，因此，能使钢板表面成为光滑、清洁的表面，即所谓的绿色表面。所形成的板卷钢材可成功取代热轧、冷轧等产品，更主要的是在 EPS 工艺后还可继续进行冷轧、连续热镀锌等 SCS 无法完成的工艺，从而使其应用范围更加广泛，生产能力也将进一步得到提高。喷射的介质是特殊的很硬的钢砂和水，钢砂具有很高的硬度，大小在 $0.30\sim0.71mm$ 之内，可以自动循环使用 1000 次，并且与水混合，由专门的装置通过管道供给旋转叶轮，分别对钢板上下表面同时进行喷射，由于喷射介质是由水和细小的钢砂组成的，形成的 EPS 介质喷射幕能均匀喷射到钢板表面上，介质产生喷射力使表面氧化铁皮完全清除，并形成绿色清洁表面。

4.8 混凝土的表面处理

4.8.1 规范标准要求

混凝土结构经受过风化腐蚀，表面粗糙多孔，表层强度低，可能还有油污和盐分的污染。其表面遍布孔隙，孔隙中含有水分和碱性物质，如不经处理直接涂装，漆膜不仅附着力差，而且会发生起泡、龟裂、泛白甚至脱层等弊病。为了避免以上问题的出现，延长涂层的使用寿命，必须控制基材的含水率，进行正确的表面处理。

关于混凝土表面处理的内容包括油污清理、含水率控制、pH 值控制、表面清洁度等，可以采用高压水清理、表面打磨或喷砂的方法清理表面。

GB 50212—2002 中规定的强制性要求如下。

基层表面必须清洁。施工前，基层表面处理方法应符合下列规定：

① 当采用手工或动力工具打磨时，表面应无水泥渣及疏松的附着物。

② 当采用喷砂或抛丸时，应使基层表面形成均匀粗糙面。

③ 当采用研磨机械打磨时，表面应清洁、平整。

④ 当正式施工时，必须用干净的软毛刷、压缩空气或工业吸尘器，将基层表面清理干净。

SSPC SP13/NACE No.6《混凝土的表面处理》中介绍了混凝土表面处理中的重要内容和程序，包括：表面处理的检查步骤，表面处理，准备好的混凝土表面检查和分级，通过检查的标准，安全和环保要求等。

SSPC-TU2/NACE 6G 197叙述了二级防护混凝土涂层系统的设计、安装和维护。

ASTM D 4258 和 ASTM D 4260 也阐述了混凝土表面处理的相关方法和要求。

4.8.2 除油

混凝土表面油脂由施工人员和施工设备带来。油脂有时很难用肉眼辨别，简单的方法是在表面喷洒清水。如果是清洁的混凝土表面，清水会润湿扩散，表面呈现暗色；如果混凝土表面有油污，就会在表面形成水珠。

用洗涤剂或碳酸钠溶液清洗油污，再淡水冲洗至 pH 到中性（pH 7～8）。如果油污严重渗入混凝土内部，应采用热碱液浸渍，并用淡水冲洗。使用清水滴加在混凝土表面，观察其润湿和铺展的状态，如果水滴形成圆珠状，说明有油污存在；如果水膜均一，铺展自然，说明表面没有油污。

4.8.3 表面打磨或喷砂处理

用电动或气动打磨工具，或者使用喷砂设备，可以有效地除去表层浮浆和弱介表面层。表面的灰尘用清洁干净的压缩空气吹净，最好用真空吸尘器吸尘。混凝土表面在处理后待涂漆前，其表面粗糙度（CSP）可由国际混凝土维修学会（ICRI）的模型复制品进行目测评定。ICRI 导则 No.03732 标准粗糙度范围从低到高（CSP1～CSP9）（图 4-39），包括不同的表面处理等级，如酸洗、打磨、喷砂、划痕、粗琢等。它们表明不同粗糙度等级适用于封闭层、涂层和聚合物覆盖层等。

4.8.4 酸蚀处理

用酸浸蚀的方法，主要适用于油污较多的地面，用质量分数为 10％～15％

图 4-39　ICRI CSCP1 近似平面（左）和 CSCP9（右）非常粗糙的表面

的盐酸清洗混凝土表面，待反应完全后（不再产生气泡），再用清水冲洗，并配合毛刷刷洗，此法可清除泥浆层并得到较细的粗糙度。在平面上使用酸浸蚀的效果最好。

4.8.5　混凝土表面质量控制测试

混凝土表面的质量控制内容包括 pH 值、氯化钙和含水量的测试。

清洁后的混凝土表面 pH 值的测定很重要，尤其是在对地坪表面酸浸后，根据 ASTM 4262 标准，化学浸湿法混凝土表面 pH 值测定方法，其结果控制在中性。

氯化钙测定法，可以测定水分从混凝土中逸出的速度，是一种间接测定混凝土含水率的方法，测定密封容器中氯化钙在 72h 后的增重，其值应 $\leqslant 46.8\mathrm{g/m^2}$。

混凝土含水率应小于 6%，否则应排除水分后方可进行涂装。测定混凝土表面的含水量可以用 ASTM 4263 薄膜测试法，取 $10\mu m$ 厚、$45cm\times45cm$ 透明聚乙烯薄膜平放在混凝土表面，用胶带纸密封四边。16h 后（通常会安排在夜间），薄膜下出现水珠或混凝土表面变黑，说明混凝土过湿，不宜涂装。

用食指按擦混凝土表面，如果手指上能带起湿气说明表面含水量过高。如果含水量过高，可以通过通风来加强空气循环，加速空气流动，带走水分，促进混凝土中的水分进一步挥发。

最简便的方法是使用吸水滤纸按压在混凝土表面几分钟，如果滤纸变黑吸湿，说明表面含水量过高。

如果水分过高，可以使用加热的方法提高混凝土和其周围空气的温度，加快混凝土中水迁移到表层的速率，使其迅速蒸发。最好的方法是采用强制空气加热和辐射加热。直接用火源加热，生成的燃烧产物（包括水），会提高空气的雾点温度，导致水在混凝土上凝结，故不宜采用。

用脱水减湿剂、除湿器或引进室外空气（引进的室外空气露点低于混凝土表面及上方的温度），可以降低空气中的露点温度，这样来除去空气中的水汽。

第**5**章

涂装施工

涂装是涂料施工的核心工序，它对涂料性能的发挥有重要的影响。选用先进的涂装方法和设备可以提高涂层质量、涂料利用率和涂料施工效率，并改善施工的劳动条件和强度。涂装方法一般依据被涂物的条件、对涂层的质量要求和所采用涂料的特性来选择。总的来说，可分为手工工具、机械工具和器械设备涂装三大类。

手工工具，传统的涂漆方法，包括刷涂和辊筒刷涂。机械工具，应用较广，主要是喷枪喷涂，包括空气喷涂、高压无气喷涂和热喷涂等方式。器械设备涂装包括浸涂、淋涂、静电喷涂和自动喷涂等。在防腐蚀涂料施工中，高压无气喷涂是工业涂装中最为常用的高效施工方法。

5.1 刷涂和辊涂

5.1.1 刷涂

刷涂是最简单的手工涂装方式，工具简单，适用范围广泛，不受涂装场所、环境条件的限制，适用于刷涂各种材质、各种形状的被涂物。同时对涂料品种的适应性也很强，油性涂料、合成树脂涂料、水性涂料都可以采用刷涂的方法施工。

漆刷有扁刷、圆刷、弯头刷等。硬毛刷多为猪鬃制作，软毛刷由羊毛制作。除了动物毛之外，也有使用化学纤维制作的毛刷，这些毛刷多不耐溶剂，只适用于水性类涂料的施工。

刷涂的优点是渗透性强，可以深入到细孔、缝隙中。主要用于小面积涂漆。对于喷涂达不到或厚度难以保证的地方，往往用它来作预涂。对干性快、流平性差的涂料，不适合用刷涂。刷涂的缺点是劳动强度大，生产效率低，漆膜易产生刷痕，尤其是对高固体含量涂料和快干涂料有较大的限制。

刷涂系手工作业，操作者的熟练程度影响刷涂质量。刷涂时要紧握刷柄，始终与被涂面处于垂直状态，运行时的用力与速度要均衡。刷涂前先将漆刷的1/2浸满涂料，然后在涂料桶内沿理顺一下刷毛，去掉过多的涂料。

刷涂通常分涂布、抹平、修整三个步骤，应该纵横交替进行刷涂，最后一个步骤应用垂直方法进行竖刷。木质被涂物的最后一个步骤要与木纹同向。

快干性涂料只能采用一次完成的方法，不能反复刷涂。漆刷运行宜采用平行轨迹，并重叠漆刷约1/3的宽度。

刷涂较大面积的被涂物时，通常应从左上角开始，每沾一次涂料后按涂布、抹平和修整三个步骤完成一块刷涂面积后，再沾涂料刷涂下一块面积。仰面刷涂时，漆刷要少沾一些涂料，刷涂时用力也不要太重，漆刷运行也不要太快。

5.1.2 辊涂

辊涂是指圆柱形辊筒黏附涂料后，借助辊筒在被涂物的表面滚动进行涂装（图 5-1）。辊筒刷涂适合于大面积的涂装，可以代替刷涂，比刷涂的效率高一倍，但对窄小的被涂物，以及棱角、圆孔等形状复杂的部位涂装比较困难。辊筒涂装广泛用于船舶、桥梁、各种大型机械和建筑涂装。

图 5-1　适用于大面积施工的辊涂

辊筒按照形状可以分为通用型和特殊型，还有自动向辊筒供给涂料的压送式辊筒。通用辊筒指刷滚呈圆形的辊筒，一般对平面适用。按辊筒的内径，可以分为标准型、小型和大型辊筒。标准型辊筒的内径为 38mm，辊幅 100～220mm，适用于平面和曲面；小型辊筒内径为 16～25mm，适用于内角和拐角部位；大型辊筒内径为 50～58mm，含漆层含漆料较多，适用于大面积的涂漆。

辊筒的含漆层由天然纤维和合成纤维制成，天然纤维主要是羊毛，合成纤维有尼龙、聚酯、聚丙烯等。

辊涂适用于较大面积的涂漆，效率高于刷涂。结构复杂部位或凹凸不平的表面，辊涂不适合。在辊动时，由于刷毛散开和压紧压力大小不一，很容易产生不均匀现象，容易截留空气。所以辊涂不推荐用于第一度漆的施工。对固体分含量高的涂料，辊涂易使漆膜不平整，美观性较差。

压送式构造的辊芯为涂料输送通道，涂料经压送泵增压后由输送管道输出，再经辊芯内腔输送给含漆层。它可以连续作业，适用于流水线作业，大型胶辊上粘上涂料，再转印到被涂物上形成漆膜，作业效率较高，但只适用于平面钢板或卷材。

5.2 空气喷涂

5.2.1 空气喷涂系统的原理及特点

空气喷涂最初是为了适应硝基漆之类的快干涂料而开发的涂装工艺,在20世纪20年代问世,之后对喷枪的整体构造与质量、涂料供给与雾化方式、喷雾图形与涂料喷出量的调节、构件材质的选用,以及配套设备等不断进行改进与更新,从而在高效、低耗、节能、减少污染、改善劳动条件等方面都取得了很大的进步。

空气喷涂设备包括喷枪和相应的涂料供给、压缩空气供给、被涂物输送、涂装作业环境条件控制和净化等工艺设备。喷枪是最主要的设备。涂料供给设备包括储漆罐、涂料增压罐或增压泵。压缩空气供给设备包括空气压缩机、油水分离器、储气罐、输气管道。被涂物输送设备包括输送带、传送小车、挂具。涂装作业净化设备包括排风机、空气滤清器、温度与湿度调节控制装置、具有除漆雾功能的喷漆室、废气废漆处理装置等等。空气喷涂设备种类很多,应当根据被涂物的状况与材质、预定的涂层体系、对漆膜的质量要求、生产规模等因素正确地选择,组成合理的涂装生产设备体系。

空气喷涂的原理是将压缩空气从空气帽的中心孔喷出,在涂料喷嘴前端形成负压区,使涂料容器中的涂料从涂料喷嘴喷出,并迅速进入高速压缩空气流,使液-气相急骤扩散,涂料被微粒化,呈漆雾状飞向并附着在被涂物表面,涂料雾粒迅速集聚流平成连续的漆膜。

相比较手工作业而言,空气涂装效率高,每小时可喷涂 $50 \sim 100m^2$,比刷涂快 $8 \sim 10$ 倍。适应性强,几乎不受涂料品种和被涂物状况的限制,可适应于各种涂装作业场所。漆膜质量好,空气喷涂所获得的漆膜平整光滑,可达到最好的装饰性。但是空气喷涂时漆雾飞散,会污染环境,涂料损耗较大,涂料利用率一般为 50% 左右。

5.2.2 空气喷枪的种类

喷枪的种类依据雾化涂料的方式分为外混式和内混式两大类,两者都是借助压缩空气的急骤膨胀和扩散作用,使涂料雾化,形成喷雾图形,但由于雾化方式不同,其用途也不相同,使用最广的是外混式。空气喷枪(图5-2)按照涂料供给方式可以分为吸力进给式、重力进给式和压力进给式。由于涂料供给方式不同,各有优缺点,应用范围也不一样,见表5-1。

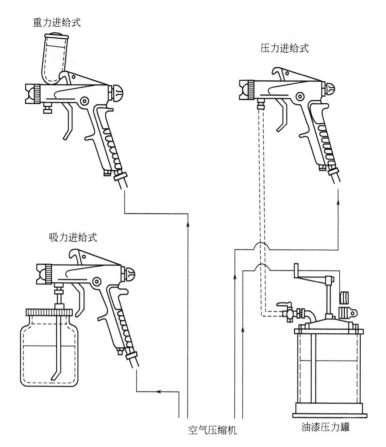

重力进给式

压力进给式

吸力进给式

空气压缩机

油漆压力罐

图 5-2　空气喷涂的类型

表 5-1　空气喷枪的类型比较

喷枪类型	涂料进给方式	优　点	缺　点
吸上式	涂料罐安装在喷嘴下面,利用虹吸作用供给涂料	喷枪工作稳定,便于加涂料或换颜色	喷涂水平面较为困难,黏度变动会导致出漆量变化
重力式	涂料罐安装在喷嘴上面,利用涂料的自重和喷嘴尖空气压力差供给涂料	涂料黏度不变,出漆量不会变,涂料罐的位置可按喷漆件形状调节,节省涂料	喷枪稳定性差,涂料罐容量小,多用于修补,不宜仰面喷涂
压送式	用压缩空气罐或泵给涂料加压	适用于喷涂大型表面和高黏度涂料	不适合于小面积喷涂,清洗喷枪较费时间

　　吸上式喷枪的涂料罐位于喷枪的下部,涂料喷嘴一般较空气帽的中心孔稍向前凸出,压缩空气从空气帽中心孔,即涂料喷嘴的周围喷出,在喷嘴的前端形成负压,将涂料从涂料罐内吸出并雾化,一般适用于非连续性喷涂作业。

　　重力式喷枪的涂料罐位于喷枪的上部,涂料靠自身的重力与涂料喷嘴前端形成的负压作用从涂料喷嘴喷出,并与空气混合雾化。适用于涂料用量少与换色频繁的喷涂作业场合。

压送式喷枪是从另设的涂料增压罐（或涂料泵）供给涂料，提高增压罐的压力可同时向几只喷枪供给涂料。这种喷枪的涂料喷嘴与空气帽中心孔位于同一平面，或较空气帽中心孔向内稍凹，在涂料喷嘴前不必形成负压，适用于涂料用量多且连续喷涂的作业场合。

5.2.3　空气喷枪的构造

外混式空气喷枪使用最广，典型的喷枪由枪头、调节机构、枪体三部分组成。枪头由空气帽、喷涂喷嘴组成，其作用是将涂料雾化，并以圆形或椭圆形的喷雾图形喷涂至被涂物表面。调节机构是指调节涂料的喷出量、压缩空气流量和喷雾图形的装置。枪体上装有扳机和各种防止涂料和空气泄漏的密封件，并制成便于手握的形状。以吸力式空气喷枪为例，其结构见图 5-3。

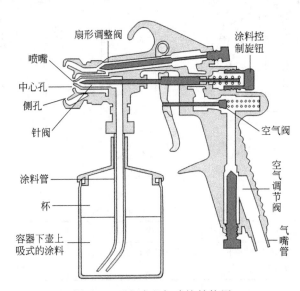

图 5-3　吸力式空气喷枪结构图

涂料控制旋钮可以控制涂料喷出量。拧松，增加涂料喷出量；拧紧，涂料喷出量减少。

扇形调整阀的作用是调节喷雾图形。拧松螺钉喷雾形成椭圆形；拧紧形成较圆形。椭圆形比较适合于喷涂大的面积，圆形比较适合喷涂小的工作表面。

空气调节阀的作用是调节空气压力，拧松增加空气压力，拧紧降低空气压力。空气压力不足会影响涂料雾化，过大则会使更多的涂料溅散，增加涂料消耗。

气帽，把压缩空气导入漆流，使涂料雾化，形成喷雾图形。气帽上有中心气孔、雾化气孔、扇面控制气孔。

涂料喷嘴的作用是控制喷漆量，并把漆流从喷枪中导入气流。涂料通道和空气通道在枪体上是完全隔开的。涂料喷嘴易被涂料磨损，一般均采用合金钢制作，并需进行热处理。喷嘴的口径多种多样，并形成系列。

喷嘴与涂料性质和施工要求有着一定的关系。进行低黏度涂料或者小面积喷涂时，喷嘴大小 1～1.5mm；进行高黏度涂料或者大面积喷涂时，喷嘴大小 2～4mm。喷涂时，枪嘴距离被涂物表面一般为 200～300mm。低黏度涂料的喷涂压力为 0.1～0.2MPa，高黏度涂料的为 0.2～0.4MPa。空气压力过高、过度雾化会使涂料飞散过多；压力过小，喷雾变粗，会产生橘皮。

5.2.4　空气喷涂

对空气喷涂来说，涂料的黏度是影响涂膜质量的重要因素。黏度过高，雾化不良，喷出的射流成液滴状，涂层表面粗糙；黏度过低，涂层较薄，过度雾化的涂料飞散较大。装饰性面漆可以采用低黏度，较小的喷嘴口径，较高的空气压力，涂料雾化要好，涂层光滑细腻，不产生橘皮皱纹等缺陷。以保护性为主的涂层，涂料的黏度要高一些，以增加涂层的喷涂厚度，减少喷涂层次。

调整好涂料的黏度后，漆料的雾化程度就取决于空气压力了。压力越大，雾化越细，涂层表面越光滑平整；压力越小，涂料雾化越粗，涂层表面就越粗糙不平，严重时会产生橘皮。当然，空气压力也不是越大越好，它有一定的范围。涂料的黏度高，压力要大，涂料黏度小，压力可以相应调小。

当涂料的黏度和空气压力一定时，涂料的喷出量和喷幅由喷嘴口径进行控制。空气压力大，黏度高，喷嘴孔径要大；涂料黏度低，空气压力小，喷嘴口径要小。控制涂料的喷出量，也可以转动喷枪顶针外部的调节螺栓，调整顶针的伸出长度。

熟练喷涂的要点之一就是喷涂距离的掌握。喷涂距离过近，等增大了空气压力，缩短了涂料到表面的时间，增加了涂料的喷涂量，喷枪的移动范围会受到限制，容易引起流挂、涂层表面不均匀、搭接不良等弊病。喷涂距离过远，等于降低于空气压力，延长涂料到达被涂面的时间，溶剂挥发量太多，涂料黏度增大，雾化不细，涂层表面会形成干尘，并且漆膜表面无光。喷涂距离一般在 15～30cm 之间。

喷涂作业时，喷枪的运行速度要适当，并且保持恒定。一般控制在 30～60cm/s 的范围内。当运行速度低于 30cm/s 时，形成的漆膜厚，易产生流挂；当运行速度大于 60cm/s 时，形成的漆膜薄，易产生漏底缺陷。

喷涂幅面的重叠，是指喷雾图形之间的部分重叠。由于喷雾图形中心漆膜较厚，边沿较薄，喷涂时必须使前后喷雾图形相互搭接，才能使漆膜均匀一致。

喷涂之前，调节好压力、喷射直径和流量，进行反复试喷，确认喷涂效果后才能进行正式的喷涂。

试喷距离可以找一块报纸或废木板等进行。喷涂清漆类涂料，喷枪与被涂面距离为 15～20mm，喷涂底漆时，相距 20～30cm，喷涂磁漆时相距 20～25cm 进行。试喷时如果颗粒粗大，可以旋进流量控制钮约 1/2 圈减少流量；如果喷得过细或过干，则旋出 1/2 圈来调节涂料的喷出量。喷涂时，喷涂距离保持恒定是确保漆膜厚度均匀一致的重要因素之一（图 5-4）。

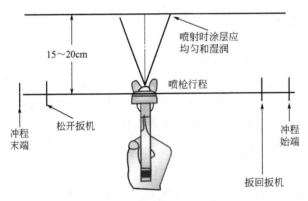

图 5-4　喷涂距离和行枪控制

5.3 高压无气喷涂

高压无气喷涂（图 5-5）是不需要借助压缩空气喷出使涂料雾化，而是给涂

图 5-5　高压无气喷涂

料施加高压使涂料喷出时雾化的涂装工艺。涂料加压用的高压动力源有压缩空气、引擎和电动三种。一般多采用压缩空气作为动力源，用压缩空气作为动力源具有操作方便、安全的特点。

5.3.1 高压无气喷涂的原理和特点

无气喷涂的原理是将涂料施加高压，通常为 10MPa 以上，使其从涂料喷嘴喷出。涂料离开涂料喷嘴的瞬间，便以高达 100m/s 的速度与空气发生激烈的高速冲撞，使涂料破碎成微粒，在涂料粒子的速度尚未衰减前，涂料粒子不断地被粉碎，使涂料雾化，并黏附在被涂物的表面。

无气喷涂的涂装效率比刷涂高 10 倍以上，比空气喷涂高 3 倍以上。对涂料黏度适应范围广，既可以喷涂普通的涂料，也可以喷涂高黏度涂料，一次涂装可以获得较厚的涂层。常用的无气喷涂机型号和参数见表 5-2。

表 5-2 长江牌无气喷涂机

产品型号	QPT6528K	QPT6528Ⅱ	GPQ6C	GPQ9C/9CA/Ⅱ	GPQ11C	GPQ12CK
压力比	65∶1	65∶1	65∶1	32∶1	32∶1	65∶1
空载排量/(L/min)	25	28	25	51	27	13
进气压力/MPa	0.3～0.6	0.3～0.6	0.3～0.6	0.4～0.6	0.3～0.6	0.3～0.6
空气消耗量/(L/min)	500～1000	100～1100	300～2500	100～1000	300～1600	300～1200

无气喷涂避免了压缩空气中的水分、油滴、灰尘对涂膜所造成的弊病，可以确保涂膜的质量。由于不使用空气雾化，漆雾飞散少，且涂料的喷涂黏度高，稀释剂用量减少，因而减少了对环境的污染。

调节涂料喷出量和喷雾图形幅宽需要更换枪嘴。由于无气喷枪没有涂料喷出量和喷雾幅宽调节机构，只有更换喷嘴才能达到目的，所以在涂装作业过程中不能调节涂料喷出量和喷雾图形幅宽。

GPQ9C、GPQ9CA 型无气喷涂机是无机锌和环氧富锌涂料专用喷涂设备。GPQ9CⅡ是改进型。无机锌涂料具有许多卓越的性能，但其涂装施工难度较大。特别是厚膜型无机锌涂料，涂装过程中极易产生沉淀和结块，对喷涂设备具有许多特殊、苛刻的要求，通用型的无气喷涂设备根本难以胜任，极易因涂料的快速沉淀、结块而阻塞。并且由于无机锌涂料的含锌量高，喷涂设备的许多高压阀口、活塞杆、涂料缸等重要零件极易损坏。喷涂时须拆除稳压过滤器中的滤网。

除了采用压缩空气作为驱动能源外，还有电动型和柴油机型两种方便灵活的无气喷涂机。

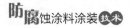

5.3.2 无气喷涂设备的组成

无气喷涂设备由动力源、高压泵、蓄压过滤器、输漆管、涂料容器、喷枪等组成，图5-6以长江QPT6528K为例介绍无气喷涂设备的组成。

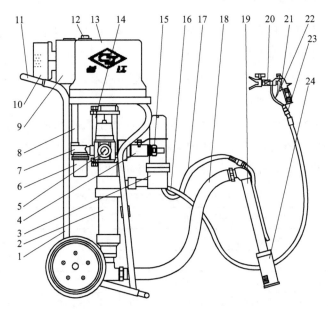

图 5-6　高压无气喷涂设备的组成

1—车架；2—涂料液压泵；3—涂料过滤器；4—进气球阀；5—调压阀；6—油杯；7—油雾器；
8—进气软管；9—配气换向装置；10—消声器；11—把手；12—上先导阀体；13—气动泵；
14—拉杆；15—进气接头；16—高压软管；17—放泄软管；18—吸入软管；19—吸入/放泄
管总成；20—柱式回转喷嘴；21—无气喷枪；22—喷枪保险；23—回转接头；24—吸入滤网

无气喷枪由枪体、涂料喷嘴、过滤网、顶针、扳机、密封垫、连接部件等构成。主要种类有手持喷枪（图5-7）、长杆式喷枪和自动喷枪。

图 5-7　手持式喷枪

涂料喷嘴是无气喷枪中最关键的零部件，涂料的雾化效果和喷出量、喷雾图形的形状与幅宽，都是由涂料喷嘴的几何形状、孔径大小与加工精度决定的。涂料喷嘴可分为标准型喷嘴、圆形喷嘴、自清洁型喷嘴和可调喷嘴。自清洁喷嘴是无气喷涂中最常用的喷嘴，它有一个换向机构，当喷嘴被堵塞时，旋转180°可将堵塞物冲掉。

每一个喷嘴的涂料喷出量和喷雾图形幅宽都有一个固定的范围，如果改变就必须更换枪嘴，因此枪嘴的型号规格很多，以适应不同的需要，常用的几种品牌的枪嘴数据如表5-3所示。

表 5-3 常用无气喷涂喷嘴对照表

口径/mm	流量/(L/min)	喷幅宽度/mm	GRACO	瓦格纳	中国长江	
					底漆、中间漆	面漆
0.33	0.61	100～150	XHD213	90213		
		150～200	XHD313	90413		06C15
		200～250	XHD413	90513		06C20
		250～300	XHD513	90613		06C25
		310～360	XHD613	90813		06C30
		360～410	XHD713			
		410～460	XHD813			
0.381	0.8	100～150	XHD215	90215		
		150～200	XHD315	90415		08B15
		200～250	XHD415	90515		08B20
		250～300	XHD615	90615		08B25
		310～360	XHD715	90815		08B30
		360～410	XHD815			
		410～460	XHD990215			
0.432	1.02	100～150	XHD317			
		150～200	XHD417		10B20	10C20
		200～250	XHD517		10B25	10C25
		250～300	XHD617		10B30	10C30
		310～360	XHD717		10B35	10C35
		360～410	XHD717		10B40	10C40
		410～460	XHD817			
		460～510	XHD917			

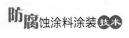

口径 /mm	流量 /(L/min)	喷幅宽度 /mm	GRACO	瓦格纳	中国长江	
					底漆、中间漆	面漆
0.483	1.29	50～100	XHD119			
		100～150	XHD219	90218		
		150～200	XHD319			
		200～250	XHD419	90418	11B20	12C20
		250～300	XHD519	90518	11B25	12C25
		310～360	XHD619	90618	11B30	12C30
		360～410	XHD719	90818	11B35	12C35
		410～460	XHD819		11B40	
		460～510	XHD919		11B45	
0.533	1.59	50～100	XHD121			
		100～150	XHD221			
		150～200	XHD321	90421		
		200～250	XHD421		14B20	
		250～300	XHD521	90521	14B25	16C25
		310～360	XHD621	90621	14B30	16C30
		360～410	XHD721	90821	14B35	16C35
		410～460	XHD 821		14B40	
		460～510	XHD921		14B45	
0.584	1.89	100～150	XHD223			
		150～200	XHD323			
		200～250	XHD423		17B20	
		250～300	XHD523		17B25	19C25
		310～360	XHD623		17B30	19C30
		360～410	XHD723		17B35	19C35
		410～460	XHD823		17B40	
		460～510	XHD923			
0.635	2.27	200～250	XHD425			
		250～300	XHD525		23B25	
		310～360	XHD625		23B30	
		360～410	XHD725		23B35	
		410～460	XHD825		23B40	
		460～510	XHD925			

续表

口径/mm	流量/(L/min)	喷幅宽度/mm	GRACO	瓦格纳	中国长江	
					底漆、中间漆	面漆
0.686	2.65	100～150	XHD227			
		150～200	XHD327			
		200～250	XHD427			
		250～300	XHD527	90426	26B25	
		310～360	XHD627	90526	26B30	26C30
		360～410	XHD727	90626	26B35	26C35
		410～460	XHD827		26B40	26C40
		460～510	XHD927	90826	26B45	

　　重防腐涂料的常用喷嘴和压力要求见表 5-4，具体产品的喷嘴喷涂压力请参考厂家推荐数据。

表 5-4　重防腐涂料的常用喷嘴和压力

涂料品种	体积固体分	喷嘴大小	喷涂压力
高固体分环氧涂料	80%	0.53～0.68mm (0.021″～0.027″)	200kgf/cm²
无机富锌底漆	70%	0.48～0.64mm (0.019″～0.025″)	110～150kgf/cm²
环氧富锌底漆	53%	0.43～0.48mm (0.017″～0.019″)	175kgf/cm²
丙烯酸面漆	33%	0.028～0.33mm (0.011″～0.013″)	120～150kgf/cm²
丙烯酸聚氨酯面漆	51%	0.43～0.48mm (0.017″～0.019″)	150kgf/cm²
高固体丙烯酸聚氨酯面漆	68%	0.43～0.48mm (0.017″～0.019″)	200kgf/cm²
无溶剂环氧	100%	0.53～0.63mm (0.021″～0.025″)	280kgf/cm²

注：1″=1in=0.0254m，1kgf=9.80665N。

5.3.3　无气喷涂工艺

　　无气喷涂适合于各种涂料的喷涂，但在喷涂之前根据各涂料生产厂的涂料特性和涂装要求，除选择合适的无气喷涂设备外，最关键的是合理选择涂料喷嘴口径、涂料压力等喷涂的工艺条件。通常喷涂涂膜较薄的涂料，应选用口径小的喷嘴；喷涂涂膜较厚的涂料，应选择口径大的喷嘴。被涂物小应选择喷雾图形幅宽小的喷嘴，被涂物大应选择喷雾图形幅宽大的喷嘴。

无气喷涂时，喷枪就始终与被平面保持垂直（见图5-8），左右上下移动时，要注意与被涂面等距移动，避免手腕转动而成为弧形移动，以保持膜厚的均匀。以自由的手臂运动喷出每一道漆并在每一道漆的所有点上都使喷枪与表面保持直角。扳机应恰在待涂表面的边与喷嘴成一直线前扣动。扳机应完全扣下并不断移动喷枪直至到达物体的另一边。然后放松扳机，关掉流体，但喷枪继续移动一段距离直至恢复至返回道。当已喷涂物体的边到达返回道时，再次完全扣下扳机并继续移动穿过物体。

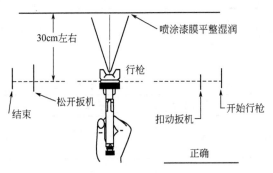

图 5-8　正确的行枪手势

手持喷枪使喷束始终垂直于表面并与受涂表面保持30cm左右的均匀距离。每一喷道应在前一喷道上重叠50％，少于50％的重叠会使末道漆表面上出现条痕。扣下扳机后，匀速移动喷枪，因为涂料是匀速流动的。喷幅在50％的重叠时，漆膜覆盖均匀。运行速度要根据膜厚等条件而定，过快达不到规定膜厚，过慢易引起流挂或超厚。喷涂拐角处，喷枪要对准角中心线，确保两侧都能得到均匀的膜厚。

弧状移动喷枪（见图5-9）会导致不均匀施工并在每一喷道的中间漆膜过

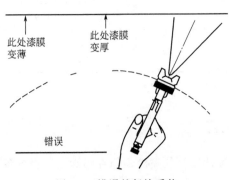

图 5-9　错误的行枪手势

厚，而两端则漆膜较薄，甚至干喷。当喷枪离表面呈 45°弧状时，约有 65％的涂料损失。

喷涂时如果离表面太近，会引起涂料堆积，漆膜过厚及导致流挂的产生；如果太远，又会引起干喷，涂料不能有效地呈湿态附着，见图 5-10。

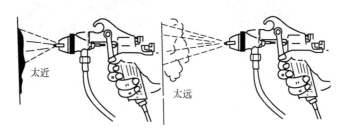

太近　太远

图 5-10　喷涂时距表面太近或太远

5.4 双组分喷涂

双组分涂料，特别是高黏度和无溶剂涂料，适用于双组分无气喷涂。不同于普通的高压无气喷涂，双组分是混合好之后才进入喷漆泵，双组分喷涂的涂料混合是在泵外的混合器之内进行的。

被增压的双组分涂料，A 组分涂料（基料）由主料泵吸入并增压，主机动力经比例杠杆传递至 B 泵，B 组分涂料（固化剂）由副料泵吸入并增压，A、B 组分的相对流量由调（定）比机构确定，然后同时送入混合器。经高压软管输送至混合器，经充分搅拌均匀后，输送至无气喷枪，最后在无气喷嘴处释放液压，瞬时雾化后喷向被涂物表面，形成涂膜层。清洗泵能够对涂料混合段进行冲洗。

双组分喷涂，根据混合配比的方式，可以分为机械和电子计量配比两类，如图 5-11 所示。

先进的双组分喷涂机，采用全新的交互式用户控制界面，操作直观、简单。可以进行精确控制设定，也可以控制设备的日常使用。用户控制界面可提供多种信息的反馈和监控，包括压力、温度、流量等。不仅可以对工作任务提供实时监控，历史数据也能为制定设备的定期维护保养计划提供参照。通过设备自带的 USB 接口，还能方便获得喷涂情况的历史资料下载。

定量配比系统，可以控制设备对原料配比的精确程度。少量 B 组分原料被高压注入 A 组分原料。先进的自感应装置能自动控制给料泵的输送压力，确保精确的原料用量及配比并减少原料浪费。除了标准的混合歧管外，还可以选择远

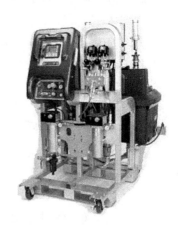

图 5-11　GRACO 机械混合和电子计量配比的双组分喷涂机

程混合歧管，附带的压力检测表提供即时原料输出压力。

5.5 混气喷涂

　　混气喷涂，又称为空气辅助无气喷涂，集中了无气喷涂和空气喷涂的优点，一方面与无气喷涂一样，可以喷涂黏度较高的涂料，喷涂效率高，能获得较厚的漆膜；另一方面同空气喷涂一样，雾化效果好，漆膜装饰性好；且抑制了漆雾的飞散，节省涂料，改善了喷涂作业环境。

　　混气喷涂的喷枪，其涂料喷嘴与无气喷枪喷嘴相同，同时也与空气喷枪一样设有空气帽和喷雾图形调节装置。当涂料在低压条件下被压送从涂料喷嘴喷出时，借助从空气帽喷出的雾化空气流，促使漆雾细化，并通过调整喷雾图形调整空气，调节喷雾图形的幅宽。这两股空气流还具有包围漆雾的功能，防止漆雾飞散。

　　无气喷涂涂料压力通常都在 10MPa 以上，混气喷涂涂料压力为 4～6MPa，能延长高压泵和喷枪的使用寿命。

　　无气喷涂漆雾粒径为 $120\mu m$，空气喷涂漆雾粒径为 $80\mu m$，而混气喷涂的漆雾粒径为 $70\mu m$，由于漆雾粒子细，可以提高漆膜的装饰性。

　　由于混气喷涂漆雾飞散少，因而涂装效率高。喷涂平板状的被涂物时，混气喷涂的涂装效率可达到 75%，无气喷涂为 60%，空气喷涂为 35%。

　　混气喷涂所用的喷枪设有喷雾图形调节装置，可以根据被涂物的形状任意调整喷雾图形幅宽。

5.6 静电喷涂

在装备制造业中，特别是机电、工程机械等行业，静电喷涂也应用于防腐蚀涂料的施工。相对于传统的空气喷涂、无气喷涂，静电喷涂可以极大地提高涂料的利用率，有着更大的成本节约优势。实际测试的喷涂效率在75%以上，比空气喷枪可以减少45%涂料消耗。

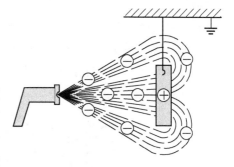

静电喷涂以接地的被涂物作为正极，涂料雾化装置为负极，通过加电装置使雾化的涂料粒子带上电荷，在二极之间形成电场，使涂料有效地被吸附于被涂物表面（图5-12）。人工静电喷枪依靠发电装置发电或外接电源供给喷枪上的升

图5-12 静电喷涂的基本工作原理

压装置产生高电压，并使被压缩空气雾化的涂料粒子带上电荷，吸附在被涂物表面。

自发电静电喷枪由压缩空气驱动喷枪内置的微型涡轮发电机进行发电，然后再由升压模块将电压升高到4万～8万伏的高压，喷枪不需要外部供电，无外接电缆。自发电静电喷枪使用简单方便，当普通型的喷枪无法调节电压时，清洗和日常维护时要注意保护喷枪，防止涂料和溶剂进入发电区而损坏空气涡轮发电机。

外接电源型静电喷枪是目前的主要形式，枪体只集成了升压装置，喷枪雾化空气压力和电流的大小通过静电控制器来调节。外接电源型静电喷枪动力分离，安全性高，施工电压可以调节，喷涂某些金属色漆时可以降低电压以避免涂层缺陷，所需雾化压力比自发电型要低0.10～0.15MPa。

静电喷涂时喷枪离被涂物之间距离在25～30cm，电压越高，涂料喷涂时的传输效率越高，涂料供给最大压力不得超过0.7MPa，压缩空气压力不超过0.7MPa，喷枪压力不高于0.55MPa，涂料喷出量在空气喷枪的1/3～2/3。

5.7 涂装打磨

在防腐蚀涂料的施工中，打磨工艺在工程机械、机车车辆、风机叶片等中是重要的施工程序。不同于除锈的打磨，其有着特殊的要求和特定的打磨工具，最主要是打磨机和砂纸。

5.7.1 打磨机

打磨机有手工打磨和机械打磨两类。

手工打磨是将砂纸用掌心平压在打磨表面上，用掌心沿砂纸的长度方向施加中等均匀压力进行打磨，或者是将砂纸贴附于打磨垫上进行打磨。使用打磨垫效果更好。打磨时不要做圆周运动，这样会产生明显的磨痕。

机械打磨（图 5-13），可以用电力驱动或压缩空气驱动。气动打磨机是主要的机械打磨方式，主要有单作用打磨机、往复直线打磨机、双作用打磨机（偏心振动式）和轨道式打磨机。

图 5-13　风电叶片表面的机械打磨

单作用打磨机，打磨盘垫绕一固定的点转动，砂纸做单一圆周运动。这种打磨机转矩大，速度低的用于旧涂层的去除，速度高的用于漆面的抛光。

往复直线式打磨机（图 5-14），砂纸垫做的是直线运动，可以用于表面特征线和凸筋部位的打磨。

图 5-14　往复直线式打磨机

双作用打磨机（图 5-15），即偏心振动式，打磨盘垫本身以小圆圈振动，同时又绕自己的中心转动，所以具有单运动和轨道式打磨机的运动特点。轨道直径大的打磨较粗糙，反之较细。

图 5-15　双作用打磨机

单作用和双作用打磨机的转速在 2000～6000r/min 之间，砂垫直径在 13～23cm 之间，可用于清除原有涂层。重型的打磨机有两个手柄使控制更加平稳。打磨时轻微倾斜，让砂轮外沿的导向边缘接触表面，不能将砂垫平放在打磨表面上，否则会产生圆形磨痕。

轨道式打磨机（图 5-16）及其砂垫的外形都呈矩形，便于在工件表面沿直轨迹移动，砂垫本身同时做小圆圈振动，所以既可以局部环形打磨又可以往复直线打磨。主要用于原子灰的打磨。

图 5-16　轨道式打磨机

5.7.2　砂纸

在打磨工作中，砂纸起着切割平整的工作。特定的打磨工作，要选择合适的砂纸才能起到最佳的效果。砂纸的形状有片形和卷形两种，前者多用于手工打磨，后者多用于机械打磨。

砂纸上磨料有金刚砂、氧化铝和锆铝三类颗粒。尖锐的金刚砂磨料适合于快速磨削。氧化铝磨料坚固不易折断，也不会很快磨钝，适于金属表面、旧涂层等。锆铝磨料与传统磨料相比，效率更高，寿命更长，有自动磨锐性能，并且发热量低。

砂纸磨料颗粒大小，用数字排列，粒度编号越小，砂纸越粗。不同粒度的砂纸用途不同（表5-5），美国磨料粒度的标准由美国国家标准会协会 ANSI 为涂料用磨料制造协会 CAMI 制定。欧洲磨料制造协会 EPA 制定其标准。

表 5-5 砂纸编号和用途

欧洲标准	美国标准	用　途	欧洲标准	美国标准	用　途
P1500		面漆打磨抛光	P180	180	
P1200	600	面漆涂装前手工湿打磨底漆	P150	150	
P1000	500		P120	120	原子灰细打磨
P800	400	面漆涂装前机械打磨底漆	P100	100	
P600	360		P80	80	手工机械打磨原子灰
P500			P60	60	
P400	320	底漆、填充底漆粗打磨	P50	50	打磨去除旧涂层
P360	280		P40	40	
P320		底漆涂装前打磨	P36	36	
P280	240		P30	30	机械粗打磨原子灰
P240		大面积机械打磨	P24	24	
P220	220		P20	20	金属表面粗打磨

砂纸的打磨作用实际上起着切割和平整的作用。小面积的手工打磨，可以将一张砂纸叠成三叠，拿起来就有三张砂纸的厚度，很顺手，砂纸面磨平后可以方便地换另一面进行。

砂纸的打磨操作，首先要注意砂纸的握法。有打磨块时无所谓，手握打磨时，可以将砂纸夹在拇指和手掌之间，或是用拇指和小指握住打磨。打磨的姿态以顺手为原则，可以用手指用力打磨，小范围打圈，或交叉打磨。

湿打磨时，要选择好合适的水磨砂纸、一桶干净水、泡沫塑料及橡皮胶板等。浸湿海绵、水磨砂纸以及待打磨表面，用湿海绵擦拭打磨表面及周围区域。打磨时不断用海绵蘸水湿润表面，并时刻注意表面打磨效果。可以用手电从入射光角度观看和检查打磨效果。

对于修补时涂膜边缘打磨到逐渐变薄的平滑过渡状态，要在 10～20cm 的范围内，从下层开始打磨到面层，为精细平滑无痕的修补创造先决条件。一般从底层开始到面层要有 7.5～10cm 的打磨过渡距离。

第**6**章

涂装质量控制

6.1 概述

涂料涂装行业有一句话，"三分涂料，七分施工。"普通的涂料产品，施工正确就能产生很好的作用；然而再好的高性能产品，若没有良好的施工就会出质量问题。涂装质量控制可以确保涂料的施工质量。

高质量的防腐蚀涂料产品涂装于桥梁、化工厂、炼油厂、造纸厂、石油平台以及电站设施上面，取决于两大因素，第一就是涂装规格书，它详细说明了应用的产品和使用要求。涂装规格书必须包括涂装过程质量控制和检查的项目要求。第二就是严格的涂装质量控制，这对于规格书的执行是非常必需的。在很多钢结构的新建工程和维修工程中，涂装通常是最后完成的一道工序。往往因为完工的压力，涂装时间得不到保证，导致涂层缺陷的产生。

即使涂装规格书体现了一个很好的书面质量控制说明，可是进行涂装质量控制的人员却可能由于知识经验的不足而不能把握住规格书要求。在以前，涂装质量控制人员由于技能不足，以及对质量检验的指导规范的缺乏，极大地影响了涂装质量的控制。因此，必须是持有 NACE、FROSIO、SSPC 或同等资质证书的检验员参与质量检查（图 6-1）。

图 6-1　持证涂装检验员进行质量检查

涂装质量控制的过程，根据整个涂装过程主要可以分为五个过程：

① 钢结构处理；

② 表面处理检查；

③ 涂装施工气候条件控制；

④ 涂料施工过程控制；

⑤ 涂装施工后的涂膜质量评定。

结构处理和表面处理检查可参考本书第 4 章的相关内容。本章节的内容主要包括气候条件的控制、涂料施工过程和完工后的涂膜质量评定。

6.2 气候条件检查

气候环境在进行表面处理、涂料施工及其干燥/固化过程中必须被严格控制。空气温度、相对湿度和底材温度同样会影响最终的涂装结果。大风、雨雪天气当然无法进行室外涂装，即使在室内施工，气候条件的检查控制也要包括天气条件、周围的空气温度、相对湿度、钢板表面温度和露点温度。

6.2.1 温度

周围环境的温度会影响涂装过程。溶剂挥发速率和更换速率也都会受环境温度的影响。温度太低时，涂料不能干燥和固化。而温度太高时，涂料则不能与表面很好地接触而流动，从而给涂膜的形成带来困难。在涂料生产商的产品说明书中通常会规定进行涂料施工的有效温度范围。有三个温度概念需要在涂装时注意：底材温度、空气温度和涂料温度。

6.2.1.1 底材温度

在涂料施工时，最要强调的是底材温度，因为涂料是涂在底材上的，涂料的干燥和固化受底材的影响最大。底材温度并不仅限于钢材表面的温度，所有要涂覆涂料的表面，如混凝土、金属涂层等表面，都要测量其底材温度。过高或过低的底材温度，都会影响涂层的干燥固化性能和涂层质量及表面状态等。

底材温度如果低于冰点，在晴夜低温环境下，表面细孔常有冰霜，对涂层会产生不利影响。冰是无色无味的，很难用肉眼看出来，如果这时进行涂料的施工，是相当危险的。所以，即使涂料可以在零下的温度环境中使用，也要小心，最好在阳光良好充足的情况下进行施工，这样比较安全。

在阳光下空气温度通常是低于底材温度的。底材温度过高或溶剂挥发过快，会产生气泡、针孔和橘皮等现象。底材温度可以用钢板温度计来测量，比较常用的有机械式钢板温度计，其他还有电子式的钢板温度计，可以直接读出温度，以及红外线温度计等。

常用的底材温度测量仪器有磁性温度计、数字式温度计和红外线测温仪等。

典型的磁性温度计，如 Elcometer 113，采用双金属条，无需电池，当然测量时要更多的时间。有多种规格可供选择，温度测量范围从－35℃到55℃，从0℃到200℃，从－20℃到250℃等。

典型的数字式温度计，如 Elcometer 213，使用 K 型热电偶，不同的规格其测量范围可从－50℃到400℃、600℃，甚至800℃。

红外数字测温仪，可以精确地非接触式地测量表面温度。典型的如 Elcometer 214L，使用光纤技术进行非接触测量温度，激光瞄准，发射出狭小的光束，可以在 0.3s 内扫描冷点和热点。测量范围在－32～＋420℃之间。

6.2.1.2 涂料温度

涂料的温度对涂料的施工有着显著的影响，合适的涂料温度能得到合适的施工黏度，并且影响涂层的干燥固化。如环氧涂料，低温时，涂料黏度增大，难以正常施工，涂料商一般推荐在 15℃ 以上使用，否则就必须加入额外的稀释剂，但是加入稀释剂后，又会影响涂料的固体分含量，有可能导致达不到规定膜厚或引起流挂。

温度过高，会减少化学固化涂料的混合使用时间，通常升高 10℃，混合使用时间会缩短一半。施工前要计划好施工时间，以免来不及用完涂料而造成浪费。

6.2.2 相对湿度和露点

6.2.2.1 相对湿度

空气的湿度可通俗地理解为空气的潮湿程度，它有绝对湿度和相对湿度两种。

空气的湿度可以用空气中所含水蒸气的密度，即单位体积的空气中所含水蒸气的质量来表示。由于直接测量空气中水蒸气的密度比较困难，而水蒸气的压强随水蒸气密度的增大而增大，所以通常用空气中水蒸气的压强来表示空气的湿度，这就是空气的绝对湿度。

大家对相对湿度都比较熟悉，我们可以从天气预报中了解它。一个原因是相对湿度是人们的舒适度指标，比如人们出汗，是因为身体在调节体温。人体出汗时，水分挥发，这是一个冷却过程。相对湿度越高，挥发量越小，身体降温就不快。当温度很高时，如 32℃（90℉），人们在 90% 的相对湿度下会比 40% 的相对湿度下感觉到更多的不舒服。

为了表示空气中水蒸气离饱和状态的远近而引入相对湿度的概念。

相对湿度的含义是：在一定的大气温度条件下，定量空气中所含的水蒸气的量与该温度时同量空气所能容纳的最大水蒸气的量之比值。相对湿度通常以百分数来表达。

当非饱和空气冷却时，它的相对湿度就提高，因为空气温度越低，它能容纳的水蒸气量越小。反之，气温越高，能容纳的最大水蒸气量越大。

在涂料涂装行业中，对相对湿度有着明确的限定，许多规范标准都规定不能超过85%。相对湿度低于85%时，钢材表面一般不会产生水汽凝露，涂装质量就可以得到保证。当相对湿度超过85%时，如果气温有所下降，或者被涂物表面温度因某种原因比气温稍低，表面就可能结露，因此涂装时的相对湿度一般规定不能超过85%。空气在一定温度下最大水分含量见表6-1。

表6-1 空气含水量

温度/℃	最大含水量/(g/m³)	温度/℃	最大含水量/(g/m³)
0	4.8	25	23.0
5	6.8	30	30.4
10	9.5	35	39.6
15	12.8	40	51.1
20	1.3	45	65.0

一般涂装时，被涂物表面与环境温度差别不大，相对湿度在85%以下时，表面不会产生结露。但是有些情况则不然。如船舶下水后，钢板浸水部位温度低于舱内大气温度，结露就难以避免。在这种情况下就必须进行露点管理。

露点是指在该环境温度和相对湿度的条件下，环境温度如果降低到物体表面刚刚开始发生结露时的温度，即为该环境条件下的露点，三者的关系见表6-2。如果被涂物表面湿度比露点高3℃以上，可以认为表面干燥能够进行涂装。如果接近露点或低于露点，必须去湿降温，或者提高被涂物表面温度，来创造合适的涂装条件。

表6-2 温度、相对湿度和露点之间的关系

项目	最初的温度/℃(℉)	最初的相对湿度RH/%	最终的温度/℃(℉)	最终的相对湿度RH/%	露点温度/℃(℉)
第一种情况	25(77)	70	18(64)	100	18(64)
第二种情况	25(77)	50	13(55)	100	13(55)

旋转式干湿球湿度计，也称之为链式湿度计，是涂装检查工作中最常用的一种湿度计。湿度计用于测试环境空气的温度（干球温度），湿球温度因靠近工作现场温度而更为实用。然后使用该数据计算露点温度和相对湿度。

干湿计由两支相同的管状温度计组成（见图6-2），其中一支以吸附蒸馏水护套覆盖。覆盖护套的温度计称作湿球，另一支则称作干球。干球表明空气温度。水从湿护套挥发，造成潜在热量损失，产生湿球读数。水的挥发速率越快，

图 6-2　旋转式干湿球湿度计

湿度和露点温度就越低。

旋转式干湿球湿度计采用蒸馏水饱和浸润护套并迅速将干湿计摇动约 40s 进行使用，然后读取湿球温度数值。重复该过程（旋转并读数，不补充浸润），直至温度稳定。当湿球读数保持恒定时，进行记录。湿球读数稳定后，同时读取干球数值，记录干球数值。

如果经常在靠近喷砂或涂装工作现场使用，护套变脏，应进行更换，否则，会产生不精确读数。

温度低于 32℉（0℃）时应多加小心。由于水的冻结，手摇干湿计和风扇操作的干湿计皆不可靠。如果温度如此低，则应采用直接读数的仪器进行测试。

6.2.2.2　露点

在一定的温度条件下，具有一定相对湿度的空气，在逐渐冷却时相对湿度就会不断地提高，当冷却到水蒸气饱和时，相对湿度达到 100％，水汽开始凝聚，此时的温度就是该空气的露点。水汽凝结成露的温度就叫露点温度。接近于露点温度的钢板表面空气的相对湿度是 100％，这种情况下水汽是不会从表面挥发掉的，实际上，水汽在钢板表面凝结成露了。

在 25℃（77℉）时，相对湿度为 70％的空气，要降到 18℃（64℉）相对湿度才会达到 100％，这就是露点。在 25℃（77℉）时，如果相对湿度为 50％，空气要降到 13℃（55℉）才会达到 100％的相对湿度。这就是说，在同一温度下，当相对湿度较低时，露点温度更低，参见表 6-2。

在整个涂装过程中，露点是一个要重点考虑的因素。钢材表面喷砂作业时，露点会导致喷砂钢材表面返锈，涂层之间的潮气膜会引起涂料早期损坏。为了防止这种情况发生，已确定露点/表面温度安全系数。最终的喷砂清理和涂料施工应在表面温度至少高于露点 3℃（5℉）时进行。

尽管在涂装时规定了相对湿度不能大于 85％，但是并不能保证被涂物底材上不会有水汽的存在。比如船舶的压载水舱，舱壁外面处于水下，钢板温度比舱内的大气温度要低，舱壁就会结露，所以仅仅控制相对湿度小于 85％还不能保证涂装的安全。

GB 50205—2001《钢结构施工质量验收规范》规范中 14.1.4 中规定，"涂装时的环境温度和相对湿度应符合涂料产品说明书的要求，当产品说明书无要求时，环境温度宜在 5～38℃之间，相对湿度不应大于 85％。涂装时构件表面不应有结露；涂装后 4h 内应保护免受雨淋。"该规范中没有对结露作出具体的量化说明和测量要求，只有"不应有结露"的说明，难以实际控制，因此具体执行时，钢材表面温度须高于露点温度 3℃ 以上。

GB/T 18570.4 和 ISO 8502-4 "冷凝可能性的评定"，对涂装过程中气候环境的控制制定了相应的要求。其中包括温度和相对湿度的测量，以及露点温度的计算。

测得的空气温度和相对湿度，可以从露点计算表（表 6-3）查得露点。该表的温度范围从 −5.5℃ 一直到 38℃，干湿温度差值为 0～7℃，基本适用于我国各地的大部分气候情况，有很好的实用价值。有些先进的电子仪器可以直接测量出空气温度、相对湿度和底材温度，并能马上计算出相应的露点温度。

表 6-3　相对湿度和露点计算表

D/T P/T	0.0		1.0		2.0		3.0		4.0		5.0		6.0		7.0	
D/T	RH	DP	RH	DP	RH	DP	RH	DP	RH	DP	RH	DP	RH	DP	RH	DP
−5.0	95	−6	73	−9	52	−13	31	−19	11	−31						
−4.0	96	−5	75	−8	55	−12	35	−17	16	−26						
−3.0	97	−3	78	−6	58	−10	39	−15	20	−23						
−2.0	98	−2	79	−5	60	−9	42	−13	25	−20	3	−32				
−1.0	99	−1	81	−4	63	−7	46	−11	29	−17	10	−26				
0.0	100	0	82	−2	65	−6	48	−10	33	−16	17	−22				
1.0	100	1	83	−2	66	−4	52	−8	36	−12	21	−19				
2.0	100	2	84	−1	68	−3	53	−6	40	−9	25	−16				
3.0	100	3	84	1	69	−2	54	−5	41	−8	28	−14				
4.0	100	4	85	2	70	−1	56	−4	42	−8	30	−12				
5.0	100	5	86	3	72	0	58	−3	45	−6	32	−10	21	−16		
6.0	100	6	86	4	73	1	60	−2	47	−5	35	−8	23	−14		
7.0	100	7	87	5	74	3	61	0	49	−3	37	−7	26	−11	14	−18
8.0	100	8	87	6	75	4	63	1	51	0	40	−5	29	−9	18	−15
9.0	100	9	88	7	76	5	64	3	53	0	42	−3	31	−7	21	−12
10.0	100	10	88	8	77	6	65	4	54	1	44	−2	34	−5	24	−10
11.0	100	11	88	9	77	7	66	5	56	3	46	0	36	−4	26	−8
12.0	100	12	89	10	78	8	68	6	57	4	48	1	38	−2	29	−6
13.0	100	13	89	11	79	9	69	7	59	5	49	3	40	0	31	−4
14.0	100	13	90	12	79	10	70	8	60	6	51	4	42	1	33	−2
15.0	100	15	90	13	80	12	71	9	61	8	52	5	44	3	36	0
16.0	100	16	90	14	81	13	71	11	62	9	54	7	46	4	37	1

D/T \ P/T	0.0		1.0		2.0		3.0		4.0		5.0		6.0		7.0	
D/T	RH	DP	RH	DP	RH	DP	RH	DP	RH	DP	RH	DP	RH	DP	RH	DP
17.0	100	17	90	15	81	14	72	12	64	10	55	8	47	6	39	3
18.0	100	18	91	16	82	15	73	13	65	11	56	9	49	7	41	5
19.0	100	19	91	17	82	16	74	14	65	12	58	10	50	8	43	7
20.0	100	20	91	18	83	17	74	15	66	13	59	12	51	10	44	8
21.0	100	21	91	19	83	18	75	16	67	15	60	13	52	11	46	9
22.0	100	22	92	21	83	19	76	17	68	16	61	14	54	12	47	10
23.0	100	23	92	22	84	20	76	18	69	17	62	15	55	13	48	11
24.0	100	24	92	23	84	21	77	20	69	18	62	16	56	15	49	13
25.0	100	25	92	24	84	22	77	21	70	20	63	17	57	16	50	14
26.0	100	26	92	25	85	23	78	22	71	20	64	19	58	17	51	15
27.0	100	27	92	26	85	24	78	23	71	21	65	20	59	18	52	16
28.0	100	28	93	27	85	25	79	24	72	22	65	21	59	19	53	18
29.0	100	29	93	28	86	26	79	25	72	23	66	22	60	20	54	19
30.0	100	30	93	29	86	27	79	25	73	25	66	23	61	21	55	20
31.0	100	31	93	30	86	28	80	27	73	26	67	24	62	23	56	21
32.0	100	32	93	31	86	29	80	28	74	27	68	25	62	24	57	22
33.0	100	33	93	32	86	30	80	29	74	27	68	26	63	25	58	23
34.0	100	34	93	33	87	31	81	30	75	27	69	27	64	26	58	25
35.0	100	35	93	34	87	32	81	31	75	30	70	29	65	27	59	26

表 6-3 中的 D/T 表示干温，P/T 表示干温和湿温的差值，RH 表示相对湿度，DP 即露点温度。例如，利用干湿温度计测得干温 (D/T) 为 30℃，湿温 (W/T) 为 26℃，两者的差值 (P/T) 为 4℃；从表左列查到干温为 30℃，再横向看，与上表头的 RH-DP 分别对应为相对湿度 73% 和露点温度 25℃。

Elcometer 319 露点仪（图 6-3），可以快速测量空气温度、相对湿度和底材表面温度，并且可很快地计算出露点温度。露点仪上面的两个探头可以分别测量空气温度和底材表面温度，还可以外接探头。表面温度测量精度为±0.5℃，空气温度测量精度为±0.5℃，相对湿度测量精度为 3%。

图 6-3 Elcometer 319 露点仪

6.3 涂装施工期间的检查

防腐蚀涂料的涂装施工质量控制包括施工前和施工中，其主要内容包括：①技涂装规格书；②混合和稀释；③湿膜厚度；④规格书要求涂层道数；⑤涂层间的清洁度（盐分、灰尘和油脂等）；⑥涂层间的干燥时间，最小和最大涂装间隔；⑦施工设备和方法；⑧脚手架；⑨灯光照明；⑩通风状况；⑪气候条件等。

6.3.1 涂装规格书和产品说明书

涂装规格书，是整个防腐蚀涂装施工的最重要的技术文件，是业主、监理、施工单位和涂料供应商统一执行涂装质量控制的文件。要确保工人手中的涂装规格书是最新版本的。

涂料产品说明书是对施工的主要指导文件。产品技术说明书可以确保使用的是正确的涂料产品，进行了正确的混合比率。如果要求使用稀释剂，说明书中会给出正确的稀释剂牌号和用量，同时对施工设备的清洗剂也会在说明书中说明。对该产品所要求的表面处理级别、干燥时间、固化时间和重涂间隔，以及适用的施工设备等也会有说明。同时，说明书中还包含涂料的储藏要求以及保质期等。

技术说明书注重的是给用户进行产品性能和使用方面的介绍，尤其是施工参数。因为最好的涂料，如果不能进行高质量的施工，也同样不会产生良好的防腐蚀保护效果。

在施工前还要对准备施工的涂料进行进一步的检查，以确保使用了正确的涂料产品和数量。当使用双组分产品时，还要检查固化剂是否正确。检查涂料的数量也显得很重要。如果施工时涂料产品的数量不够，就会使漆膜变薄，或者经过很好喷砂处理的钢材表面没有涂料来进行施工。这是十分糟糕的事情。对涂料的批号也应作检查并记录。有时不同批号的涂料可能会有一定的色差，如果是面漆的话，这会是一件十分糟糕的事情。

6.3.2 混合、稀释和搅拌

双组分甚至是三组分涂料要按规定比例混合。现在的涂料生产商在包装时已经配好了一桶对一桶的现成比例。国际上通常用的包装都是以体积为单位进行配比的，比如基料：固化剂＝4：1，这大大方便了施工。

注意使用时间不要超过规定，以免胶化报废。涂料中有些颜料密度大易沉淀，如富锌底漆、防污漆和厚浆型高固体分涂料等。面漆中的颜色容易浮色，这些现象均需使用机械搅拌使涂料均匀如一，如图 6-4 所示。木棍类搅拌效果很差，对现代高固体分涂料来说，严禁使用棍棒进行手工搅拌。

双组分涂料较规范的搅拌程序如下：

① 漆料搅拌均匀；

② 边倒入固化剂边搅拌；

③ 持续搅拌直到混合均匀；

④ 然后（必要时）加入稀释剂再搅拌均匀。

图 6-4　双组分涂料的机械搅拌

有时候，涂料要加入适量稀释剂，降低黏度，以利于施工。产品说明书中会规定加入的稀释剂类型和最大可以加入的数量。通常不必要加入最大量的稀释剂，只要适量利于施工就可以了。不要用一些替代品来作为正确的稀释剂使用，除非咨询了涂料生产商。错误的稀释剂会产生很多涂料问题，如胶凝、流平性差、附着力不良等。现代的涂料通常开罐就可使用，无需稀释，必须避免习惯性的稀释行为。稀释剂更多地是用来清洗工具的。由于环境温度、涂装方法、或其他特定需要必须使用稀释剂时，注意厂商说明，并确认使用了正确的稀释剂。过度地稀释会导致涂料固体分含量降低，达不到规定膜厚，减缓干燥固化时间，引起流挂等问题。通常需要对涂料进行稀释的情况有：

① 冬季在温度低时可加入适量稀释剂以降低涂料黏度；

② 手工或空气喷涂需加入稀释剂以便于施工；

③ 特意降低膜厚可以加入适量稀释剂，如封闭漆、雾化层等。

6.3.3　混合使用时间和熟化期

混合使用时间，在英文中叫 pot life，有的产品说明书上翻译成罐藏寿命，即双组分产品混合后的可使用期限。溶剂型双组分产品的混合使用时间与涂料温度有密切的关系。一般地说，温度增加 10℃ 使混合使用时间减半，温度减少 10℃ 则混合使用时间加倍。加入稀释剂对混合使用时间延长的作用并不明显。

水性环氧涂料的混合使用时间与溶剂类环氧涂料的不同，温度降低时混合使用时间也会相应减少，比如在 20℃ 时为 1h，而 15℃ 时减少为 30min。在使用水性环氧涂料时，一定要注意这一点。在超过混合时间后，水性环氧涂料的黏度看上去不会有很大变化，但是这时的涂料已经不能再用。

常用涂料产品的混合使用时间见表 6-4。不同厂商的涂料混合使用时间会有所不同，施工时一定要仔细看产品说明书，以免超过其规定的使用时间涂料胶凝而造成浪费。

表 6-4　常用涂料的混合使用时间

涂料类别	混合使用时间,23℃	涂料类别	混合使用时间,23℃
纯环氧	8h	无机富锌底漆	8～12h
无溶剂环氧	30min	酚醛环氧涂料	3h
改性环氧	2h	聚氨酯涂料	2～4h
水性环氧	2～3h		

熟化时间，又称之为诱导期（induction time），本概念主要应用在双组分环氧树脂涂料的施工方面。

纯环氧涂料多用聚酰胺作为固化剂，聚酰胺树脂的黏度较大，与环氧树脂混溶性不是太好。因此采用聚酰胺固化剂的环氧涂料，需要在两组分充分搅拌混合后，放置 15～30min 进行熟化。

脂肪胺固化剂与环氧树脂的混溶性好，但是胺容易挥发，与大气中的潮气和空气中的二氧化碳生成氨基甲酯酸盐，使涂层严重发白，在低温高湿下这种情况更为严重，并对后道涂层的附着力产生严重影响。为了克服这一缺点，需要在基料与固化剂混合后，进行 15min 的熟化，使胺先与部分环氧树脂反应，以防止和降低分子胺的挥发。

6.3.4　涂装间隔

涂装间隔的控制涉及最小涂装间隔和最大涂装间隔，以及涂层长时间暴露后的情况。

最小的涂装间隔是指涂料达到可以进行重涂的干燥和硬度状态。它取决于：

① 漆膜达到了规定厚度；

② 施工时以及干燥时的环境条件，特别是温度、相对湿度和通风符合特定涂料的要求；

③ 重涂的涂料产品符合使用要求；

④ 此外还要注意施工方法的影响。

涂装间隔跟温度、漆膜厚度、涂层道数以及以后的使用环境有关。对最大涂装间隔来说，跟其表面温度有很大关系。有些产品的涂装间隔对涂层间的附着力是很重要的。如果最大涂装间隔超过了，漆面光滑坚硬，则要求拉毛涂层表面，以确保两道漆之间的附着力。另外，有的产品涂装间隔对附着力并非十分重要，但是对底漆来说不能没有保护地暴露太长时间。如果没有特别说明，通常所说的涂装间隔是指同一产品的涂装间隔。不同产品间的涂装间隔是不一样的。有些涂料产品如环氧云母氧化铁防锈漆，就没有最大重涂间隔的限制，但是某些标称云铁涂料的产品，其实云铁含量很低，起不到应有的粗糙表面作用，要特别注意。

对环氧涂料和聚氨酯产品来说，湿气和二氧化碳是不受欢迎的，特别是在低温和高湿情况下。这将会使表面产生黏物而影响后道漆的附着力。

涂层经过长时间的暴露，可能会受到环境的污染。在重涂前要求使用高压淡水进行冲洗或者使用其他合适的方法进行处理。

6.3.5　湿膜厚度的测量和计算

湿膜厚度的测量，主要有机械法、质量分析法和光热法三种。其中机械法更适用于施工现场的涂膜厚度的质量控制，质量分析法和光热法适用于实验室作分析。在测量前，要按说明书先计算出规定的干膜厚度相对应的湿膜厚度。

6.3.5.1　湿膜厚度计算

涂装规格书中会规定漆膜厚度的最小值和最大允许值。因此必须对漆膜厚度进行有效的控制。湿膜厚度（WFT）可以在施工后立即进行检查。通常这一点应该由施工者自己在施工中定期间隔进行检查。所使用的湿膜测厚仪有梳齿状和滚轮状两种。

湿膜测厚仪几乎可以用于所有的涂料产品，但是不能用于无机硅酸锌涂料，因为它的溶剂挥发得太快。同时对物理干燥型涂料来说，如氯化橡胶涂料，对第二道漆的测量也不太适合，因为它会重新溶解前道漆。

正确的漆膜厚度在产品说明书中会有说明。只要知道干膜厚度（DFT）和体积固体分含量（%VS），就可以计算出其湿膜厚度（WFT）。同时还要考虑加入了多少稀释剂（%Thinning），才能计算出正确的湿膜厚度。

$$\text{WFT}=\frac{\text{DFT}\times100}{\%\text{VS}}$$

$$WFT = \frac{DFT \times (1 + \%\,Thinning)}{\%\,VS}$$

6.3.5.2 滚轮状轮规湿膜测厚仪

轮规是由一个轮子构成的，该轮子由耐腐蚀的淬火钢制成，轮子上有三个凸起的轮缘。两个轮缘具有相同的直径，且与轮子的轴呈同轴心安装。第三个轮缘直径较小且是偏心安装的，外面的一个轮缘上有刻芽，从该刻度上能读出相对于偏心轮缘同心轮缘凸起的各个距离。

测量时，用拇指和食指夹住信累轴来握住轮规，将刻度表上读数最处与表面接触，而将同心轮缘按在表面上。如果是在曲面上测量，轮规的轴应与该曲面的轴平行。沿一个方向滚动轮规，然后将轮规从表面上拿起，读取偏心轮缘仍能被涂料润湿的最大刻芽读数。清洗该轮规，从另一个方向重复这一步骤。用这些读数的算术平均值计算湿膜厚度。

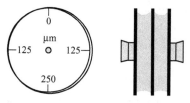

图 6-5　湿膜滚轮测试仪

Elcometer 120 滚轮湿膜测厚仪，见图 6-5，测量误差在 ±5%，适用于平面和曲面的湿膜测厚。

6.3.5.3 梳规法

梳规测量是一种由耐腐蚀材料制成的平板，有一系列的齿状物排列在边缘（见图 6-6）。平板两端的基准齿形成一条基线，沿着该基线排列的内齿与基准齿之间形成了一个累进的间隙系列。每一个内齿标示了给定的深度值。

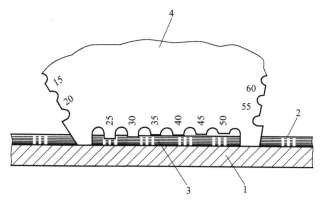

图 6-6　梳规法湿膜厚度测量

1—底材；2—涂层；3—湿接触点；4—梳规

这种湿膜测厚仪通常由不锈钢或铝合金制成，也会有塑料材料制作的，但是其使用寿命不很长。测量时，把梳规放在平整的试样表面，使齿状物与试样表面垂直。应用足够的时间使涂料润湿齿状物，然后取走齿规。如果试样为曲面，梳规的放置要与该曲面的轴平行。湿膜厚度的测量与测量时间有关，因此应在涂料涂敷后尽快测量厚度。检查哪一个最短的梳齿接触到了湿膜。湿膜厚度就处于最后一个触到和没触到湿膜的梳齿间，取那个接触到湿膜的梳齿所标示的厚度。至少要进行两到三次测量，以取得最具代表性的读数。使用后的湿膜测厚仪要马上进行很好的清洁。

Elcometer 112 六边形湿膜测厚仪由不锈钢制成，可以测出 $25\sim3000\mu m$ 范围的湿膜值；Elcometer 154 四边形湿膜测厚仪由塑料制成，可以测出 $50\sim 800\mu m$ 范围的湿膜值。

6.3.6　灯光照明

如果照明条件不好，涂装工作是做不好的，因为工作人员看不清表面，更看不到工作的结果。同样质量检查员也不能看清，这样就不能有效地控制质量了。

表面处理的质量达不到要求，漆膜厚度要么不足要么太厚，氧化皮的锈蚀残留，局部的喷砂粗糙度不良，产生针孔，溶剂挥发不佳而截留，漆膜流挂等等，各种问题都会产生。最终的后果就是漆膜过早发生缺陷、生锈等，对船舶的防污漆来说就会导致早期污损。

适当的照明条件要求能够阅读印刷报刊，并且避免产生局部的阴影现象。

照明灯具要采用防爆型的，并且用适当的透明材料包扎防止喷砂的破坏和漆雾的污染等。

6.3.7　脚手架

脚手架在高空作业时，或者仅是高于一个人的高度进行施工时是十分重要的。它最基本的要求当然是稳固和安全。然而这不是它的唯一要求。因为脚手架是在涂装工作中使用的，所以它必须符合一些涂装的基本要求。

除了支架底部，其他部位不能接触被涂物表面，保持 30cm 左右的距离；有利于清除喷砂带来的砂粒灰尘等；对空心管支架的端口，要用塞子塞住，防上砂粒和灰尘进入对以后的涂装带来污染；脚手架的设计规划不能影响通风；每一层脚手架的高度要有利于施工，不能太高或太低。

6.3.8　通风

涂料在施工后溶剂需要挥发。无论是溶剂型还是水溶性涂料，通风是十分必要的，唯一的例外是无溶剂涂料。通风（包括自然风）不良包括不足和太过两方面。不良通风会导致干燥缓慢、溶剂截留等问题。这样的话，重涂时间就得延长，并且溶剂的截留会降低耐化学性能、耐水性能以及导致船舶防污漆的冷流现象。通风不足对施工人员的健康也不利。太过的通风容易导致干喷，增加涂料消耗量，并同样会有其他的不利影响。

通风除了对施工质量的影响，更重要的是基于安全考虑，如封闭空间内的着火爆炸。溶剂挥发时，因为比空气重，所以会留存在底部，如果是在封闭结构中施工，如储罐、舱室、房间等，要注意通风系统的安排，有利于溶剂蒸气的排放（图6-7）。

图6-7　大桥分段涂装时的通风

涂料施工过程中和涂料施工过后，通风系统和通风管的布置必须不存在"通风死角"。由于溶剂蒸气密度高于空气，它会在液舱较低区域处堆积起来，因而必须将这些区域的溶剂蒸汽予以抽除，并换以新鲜空气。

所使用的设备不应再将磨料粉尘、溶剂蒸气等重新带入货油舱。由于此原因，舱内必须保持一个高于正常大气压的正压力。按照拇指规则，新鲜空气供应与溶剂抽除的近似比率应保持在4∶3。

在施工过程中，必须持续通风，并在漆膜干燥过程中保持通风，从而使溶剂从漆膜表面挥发。否则，会导致溶剂滞留在涂料系统内，影响涂料的长期性能。除非国际油漆另外同意，否则涂料施工完成后必须保持通风至少48h。

通风水平必须考虑所施工产品的最低爆炸极限（LEL）并符合当地规范要求。LEL是指引发爆炸的空气中最小溶剂蒸气浓度，通常用百分数来表示。国际油漆建议该蒸气浓度不要超过LEL的10%。该数字符合通用工业标准和英国健康和安全执行委员会（信息来源资料：HSE 703/13"船舶液舱表面涂料施工"）的要求以及美国职业安全和健康管理局（OSHA）劳动部门的规范

1915.36（a）（2）。

通风要求可从所需的空气数量（RAQ）和相应的材料安全说明书（MSDS）中所述的 LEL 的 10％以及产品施工率计算而得。通常，采用无气喷涂的每个喷涂工的油漆施工率为每小时 75～100L（19.7～26.3US gal）。由于舱内结构复杂，故要求保持通风，以使浓度低于 LEL 的 10％，从而为可能出现局部较高浓度的区域提供比较合理的安全余量。无论如何，在布置通风/抽除系统时应特别注意，以确保不超过 10％这个数字。

在涂料施工过程中，如果通风水平减低了，为尽量减少干喷，油漆施工率也应进行相应的减少，以确保溶剂蒸气水平保持在 LEL 的 10％以下。

船厂/分包商有义务提供必要的设备并保证这些设备能正常操作，以满足这些通风要求。国际油漆将提供所有所需信息以使船厂/分包商可计算通风要求。但是，国际油漆对确保满足必要通风要求的设备、设备操作或必要的监测不负任何责任。

涂装施工开始以后，所使用的所有设备必须注意用电安全。分包商必须采取措施对通风设备进行持续的 24h 监测。

通风至 LEL（最低爆炸极限）的 10％的每分钟空气流量为要求空气量乘以每分钟施工率。要求空气量是通风至所要求水平每升油漆所需的空气数量。

RAQ＝要求空气量

LEL＝最低爆炸极限

有关 RAQ 和 LEL 的值，请查询相关资料，也可在相关产品的材料安全说明书中找到。

所需通风（m^3/min）＝RAQ×施工率（L/min）。近似施工率可从施工设备供应商所提供的数据计算而得，同时施工率也取决于无气喷涂泵的压力以及所使用的喷嘴尺寸。

不同的工程项目，其封闭的几何结构和尺寸都是不同的，因而在涂装开始之前，必须检查通风设备的布置、风扇类型等是否合适。

6.4 涂装施工后的检查

6.4.1 干膜厚度测量

干膜厚度的测量（图 6-8），可以分为破坏性测试和非破坏性测试。破坏性的测试方法要对漆膜进行划刻等损伤性形为，非破坏性测试方法不会对漆膜造成损害。世界各国各行业组织，编订了很多相关于干膜厚度检测的标准和规范。在重防腐涂料涂装行业主要采用的有：

① GB/T 13452.2—2008 色漆和清漆 漆膜厚度的测定；

② ISO 2808：2007 色漆和清漆 漆膜厚度的测定；

③ GB/T 4957—2003 非磁性基体金属上非导电覆盖层涡流法；

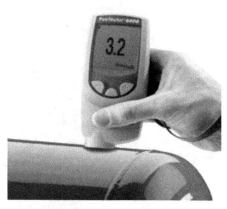

图 6-8　干膜厚度的测量

④ ISO 2360；

⑤ SSPC PA2：2004 磁性测厚仪的干膜厚度测量；

⑥ ISO 19840：2004 粗糙表面的干膜厚度测量和接受标准。

6.4.1.1　非破坏性测试仪器

非破坏性测试仪器是涂装检查时最常用的仪器，分为磁性测厚仪（香蕉型）和电子测厚仪。

磁性测厚仪是最为简单易用的，因为外形酷似香蕉，通常称之为香蕉型测厚仪。磁性测厚仪只能用于钢材表面的涂层测厚。在传感器头上，有一个永久性磁铁，测厚仪放在钢板表面的涂层上面，中部的滚轮向操作者方向转动，直到磁头从漆膜上抬起，这时可以从刻度表上读出漆膜厚度。磁性测厚仪的误差允许在±5%以内。

电子测厚仪（图 6-9）的应用已有很长时间，有单探头和双探头的，误差在±3%以内，如果对测量范围进行调校，误差可以控制在±1%以内。电子测厚仪通过探头和底材间的磁流量来进行漆膜厚度的测量。它使用电池，需要经常进行调校。测厚仪的读数可以精确到 $0.1\mu m$。

广为使用的电子测厚仪如 Elcometer 345 系列，有 2 键、4 键和 9 键，测量范围为 $1500\mu m$ 以内。Elcometer 456 是更为先进的电子测厚仪，采用菜单式控制法，功能强大，从网站上可以免费下载软件，通过数据线在电脑里进行漆膜分析。调换不同的探头，适用于多种金属或非金属底材上面，并且适用于平面和曲面测量涂膜厚度。

启动仪器时，按下开关键并保持到仪器屏幕显示"Elcometer"图标后，仪器即开启。用上下键可以选择操作语言，然后根据屏幕进行操作即可。如果要选用外语菜单，先关闭仪器，按下左边的软按键并持续一段时间，打开仪器，然后用上下键选择语言。握住探头套，将探头垂直轻放在被测表面获取读数。如果不

图 6-9 电子干膜厚度测厚仪

1—LED指示灯，红灯（左边），绿灯（右边）；2—彩屏显示；3—多功能按键；

4—开/关按键；5—内部探头/分体探头连接；6—USB数据输出插孔（在机盖下方）；

7—电池盒（可打开/关闭）；8—腕带连接

活动的时间超过15s，显示屏会变暗，按任何键或点击即可唤醒它。如果5min没有任何操作，仪器会自动关机。显示出"---"表示读数超过了探头的测量范围。

还有一种涡流原理的测厚仪，可以用于非磁性的金属底材上，如铝材、不锈钢等。探头上小量的涡流通过漆膜传到金属底材上面，然后测量漆膜厚度。

6.4.1.2 破坏性测厚仪

破坏性的干膜厚度测量要用锋利的刀片划破漆膜，然后通过显微镜来观察计算漆膜厚度（图6-10）。其中最为常用的一种工具是涂料检测仪。

图 6-10 破坏性干膜厚度测厚仪

涂层检测仪的英文简称是 PIG (paint inspection gauge)，常用的型号如 Elcometer 121。若涂层系统中底漆、中间漆和面漆分别使用了不同的颜色，它可以测量出总的漆膜厚度，还能测量出每一道涂层的漆膜厚度。PIG 涂层检测仪可用于混凝土表面涂层的厚度检测。应用示例见图 6-11。

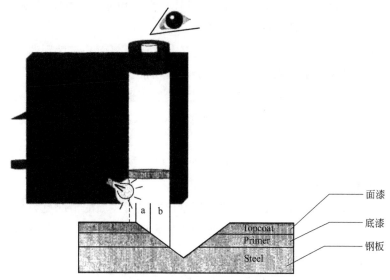

图 6-11　涂料检测仪 PIG 的应用

使用带色记号笔在漆膜表面划一道长约 5cm 的记号，然后握紧这个 PIG 检测仪，用力使其自带的刀锋向你身边方向划去，划过记号线，直至钢板。打开小灯，从带刻度的显微镜上向记号线上的凹槽仔细观察涂层。

使用不同的刀片其计算系数是不一样，不一样 PIG 型号有不一样的规定，Elcometer 121 的规格见表 6-5。

表 6-5　Elcometer 121 PIG 的规格参数

刀具	测量范围	解析度	误差
No.1	20～2000μm	10μm	±10%
No.2	10～1000μm	5μm	±10%
No.3	2～200μm	2μm	±10%

例如，使用 No.2 刀片，第一道漆的刻度为 8，第二道漆的刻度为 15，第三道漆的刻度 5，那么，每一道漆的漆膜厚度约为：

第一道漆：$8×10μm=80μm$

第二道漆：$15×10μm=150μm$

第三道漆：$5×10μm=50μm$

6.4.2 干膜测厚仪的校准

测厚仪在使用前必须进行校准。不管哪一种测厚仪都要进行正确的校准，如果在使用前没有校准测厚仪，所有的读数都是没有用的。

不同的测厚仪，无论其是否是同一型号，都要用相同的方法和程序进行校正，以免各自测出的读数不同而造成争执。

进行校准时，在喷砂后的粗糙度表面还是在光滑表面是有区别的。在粗糙表面校准后的测厚仪测试出来的漆膜厚度会有所增加。

在重防腐涂装工程方面，如海洋工程、船舶工业和桥梁等涂装领域，涂膜厚度经常达到干膜 $250\sim500\mu m$，甚至高于 $1000\mu m$，表面粗糙度看起来就可以忽略。

ISO 2808"判断喷砂后钢材表面的干膜厚度（方法10）"规定，校准应该在光滑钢板表面进行。

如果涂料施工在喷砂表面，漆膜的测量比在光滑表面的情况更为复杂。该方法的目的是尽量减少其可变性，在喷砂涂漆的表面达到一个实际可行的均匀性漆膜测量。该方法用于磁性原理的测厚仪在光滑钢板表面校准后再进行校准。这个方法可以测定的磁性表面的漆膜厚度要高于从波峰起的漆膜厚度。高出大约 $25\mu m$（相当于表面粗糙度的一半，就是喷砂表面从波谷到波峰的高度）。除了在 ISO 8503-1，"细"一级表面进行的测量，在喷砂表面进行测厚仪的校准除了结果不同外，对于探头和仪器还有其他的问题：

① 可重复性差；

② 标准薄片会有不同的厚度变化（薄片越厚，差异越大）；

③ 涂漆后的钢板粗糙度是未知的；

④ 测出的干膜厚度不能低于 $25\mu m$，最好高于 $50\mu m$ 才是最有意义的测量值；

⑤ 磁感应原理的漆膜厚度测量仪器的使用在方法 No.6A。

用于校准的薄片，要为标准所认可，其厚度要接近于所期望的漆膜厚度。没经认可的薄片需要用千分尺来校验。

校准用的光滑钢板表面，要没有氧化皮和锈蚀，近似于涂漆钢板的磁性状态，并且至少要有 1.2mm 的厚度。

在进行干膜厚度的测量时，会有很多因素影响最终的测量结果：

① 软的漆膜；

② 边缘距离（约15mm）；

③ 表面粗糙度；

④ 曲面；

⑤ 残留的磁力；

⑥ 相对于探头的位置和压力；

⑦ 温度。

调校测厚仪时，我们需要一片光滑/抛光过的钢板和校准用的标准膜厚薄片。

① 把探头放在光滑钢板上调到读数为"0"；

② 选择接近于所要测量漆膜厚度的标准薄片；

③ 放在钢板上进行测量，并调整测厚仪，读出薄片的厚度；

④ 重复进行上述步骤；

⑤ 再次检验。

6.5 涂膜的干燥和固化

6.5.1　涂膜干燥和固化的影响因素

涂膜在施工后，我们要注意其干燥和固化时间，以指导进一步的施工。通常在说明书中会列出几个数据，表干、实干（硬干）、完全固化、最小重涂间隔和最大重涂间隔。对船舶防污漆来说，还会列出最小下水时间，说明其施工完毕后可以下水的干燥程度。

涂膜的干燥和固化时间，与漆膜厚度、被涂物底材温度、环境温度和通风状态等有着相当密切的关系。漆膜在干燥过程中，干燥时间与通风量、温度和漆膜厚度有关。对于物理干燥型涂料，还与施工的道数及总的漆膜厚度有关。

固化时间是对双组分涂料产品而言的。固化时间以周围环境20℃的平均温度为准。在整个固化过程中，温度高会促进固化，而温度低则减缓固化的过程。根据经验，温度在10℃时固化时间比正常温度条件下（20℃）增加一倍，温度30℃时，固化时间减半。固化在施工条件指定的最低温度以下几乎停止。对于某些环氧树脂涂料等双组分涂料，如果漆膜达到了完全固化态，覆涂下道漆时，就会导致层间附着力缺陷。因此，在施工中，必须严格遵循产品说明书中规定的最小和最大重涂间隔。

对涂膜的固化或干燥，需要参考产品的技术说明书和施工记录来进行判断。技术说明书中会有关于该产品的固化或干燥时间。

涂膜的固化和干燥，相应的规范和标准如下：

① GB/T 1728《漆膜、腻子膜干燥时间测定法》；

② ASTM D 1640《有机涂层室温干燥、固化和成膜过程》；

③ ASTM D 5402《用溶剂擦除法评估有机覆层的耐溶性的标准实施方法》；

④ ASTM D 4752《用溶剂擦拭法测定硅酸乙酯（无机）富锌底漆耐丁酮的试验方法》。

6.5.2 涂膜干燥的测定

涂料以一定厚度涂覆在物体表面，经过物理挥发或化学性氧化聚合反应，或采用添加固化剂、烘干或光固化的方法，而形成固体薄膜。这样的过程所需要的时间称为干燥时间，以小时（h）或分钟（min）来表示。

漆膜的固化或干燥受诸如通风、温度、漆膜道数等诸多因素的影响，而且实际施工后的涂层不可能像在试验室中有一样恒定的固化或干燥环境。所以说明书上的时间只能进行基本参考。漆膜的固化和干燥在试验室中所测定的条件是20℃（68℉）以及60%～70%的相对湿度。

国家标准 GB/T 1728 规定了漆膜、腻子膜干燥时间的测定方法，该方法主要适用实验室内评判涂膜的干燥时间。

测定表干时间的方法主要有小玻璃球法、吹棉球法和指触法。测定实干的方法主要有压滤纸法、压棉球法、刀片法和无印痕法。

小玻璃球法要用到专门的玻璃球，吹棉球法要用到脱脂棉球，相比之下用指触法进行指触干测定较为简单。指触法用手指轻触漆膜表面，如感到有些发黏，但无漆粘在手指上，即认为表面干燥。

由于涂料的干燥和涂膜的形成是一直缓慢进行的过程，为了能观察干燥过程中的整体变化，最准确的方法是采用自动漆膜干燥时间试验仪。利用马达通过减速箱带动齿轮，以 30mm/h 的缓慢速度在漆膜上直线移动，全过程为 24h。随着漆膜的逐渐干燥，涂膜越来越硬，齿轮测试划针的痕迹也逐渐由深至浅，直至完全消失。划针完全消失的时间即为实干时间。

完全固化，双组分涂料的固化时间受温度的影响。不同温度下的固化时间是不同的。通常可以认为，温度升高 10℃（50℉），固化时间减少一半。

在实际的涂漆过程中，可以用压拇指的方法来估测涂膜的固化程度而判断其干燥固化程度是否达到了涂下道漆的状态。用拇指用力向下压涂膜，无变化时可以认为达到了硬干程度；用拇指向下压并用力旋转，涂膜无明显变化时可以认为达到了喷涂下道漆的实干程度。

6.5.3 涂膜固化程度的铅笔硬度测试

铅笔硬度测试也可以进行固化的判断控制，参照 GB/T 6739《漆膜硬度铅笔测定法》。采用手动法的操作比较简单，适应性强，可以在实验室和施工现场进行。

标准认可的铅笔为中华牌高级绘图铅笔，另外准备好 400$^\sharp$ 水砂纸、削笔刀和长城牌高级绘图橡皮。

用不同硬度的铅笔从最软的开始，以 45°角向下向前划漆膜，行进速度约为 1cm/s，划痕长度为 1cm，直到发现那根能够擦伤漆膜的铅笔硬度。如果已知在实验室中测出的涂膜固化时的铅笔硬度，便可从现场铅笔硬度的测试得知涂膜固化与否。

6.5.4　涂膜固化的溶剂测试

ASTM D 5402 有机涂层的溶剂擦拭法判断耐溶剂法，可以用于有机涂料在固化过程中的化学变化，如环氧漆、聚氨酯漆、醇酸漆、乙烯酯涂料等。与其相对应，对于无机硅酸锌涂料，相应的测试标准为 ASMT D 4752。有机涂层的溶剂测试法，可以初步判断出涂层达到一定的耐溶剂程度，表明此时涂层可以进行下道漆涂覆或进行放置。但是并不能说明涂层是否达到完全固化的程度，也不能说明涂层是否达到了完全耐溶剂的程度。

基本的方法是用干净不掉色的棉抹布蘸强溶剂，如丁酮或其他涂料供应商认可的溶剂，在涂层上擦拭。

选定 150mm 长的涂层区域，表面用清水清洗干净。然后用耐溶剂的记号笔，如铅笔，划定一个长 150mm、宽 25mm 的待测试区域，测定其干膜厚度。

用蘸了溶剂的棉抹布以 45°角在测试区域来回擦 25 次，一个来回为一次，用时约为 1s。观察测试区域的中间 130mm，忽略两头的 13mm。观察涂层表面有否指印、色泽的变化、抹布上有否漆膜。如果要得到明确的数据，可以重新测干膜厚度、铅笔硬度、光泽等。

用丁酮或其他强溶剂滴在三种不同的已固化的取样漆膜上面，如环氧、醇酸和氯化橡胶漆这一种典型的不同固化机理的漆膜。醇酸漆的漆膜很快就起皱咬底，氯化橡胶漆会直接溶化，环氧漆的漆膜即使用强溶剂进行擦拭，涂层也没有显著变化。该方法可以简单地进行旧涂层基本类别的判定。

6.5.5　无机硅酸锌涂料的固化测试

对无机硅酸锌涂料的固化测试，可以应用标准 ASTM D 4752 MEK 测试法（图 6-12）。

漆面先用清水清洁，除去锌盐。用一块白色的蘸了 MEK 试剂（丁酮）的布

图 6-12　无机硅酸锌漆的 MEK 溶剂测试

来回摩擦漆面 50 次。如果 MEK 溶剂对漆面的影响很小或几乎没有影响，漆膜可以认为已经固化。如果白布上明显呈深色，说明该块样板上的无机硅酸锌涂层没有固化。

另一种简易的检查方法是用刀或硬币刮擦漆面，固化后的漆膜显出闪亮的痕迹，仅有很少的锌粉刮落。

6.6 附着力和内聚力

有机涂层的附着力应该包括两个方面，首先是有机涂层与基底金属表面的附着力（adhesion），其次是有机涂层本身的内聚力（cohesion）。这两者对涂层的防护作用来说缺一不可。有机涂层在金属基底表面的附着力强度越大越好；涂层本身坚韧致密的漆膜才能起到良好的阻挡外界腐蚀因子的作用。涂层若不能牢固地附着于基底表面，再完好的涂层也起不到作用；若涂层本身内聚力差，则漆膜容易开裂而失去保护作用。这两个方面缺一不可，附着力不好，再完好的涂层也起不到作用；而涂层本身凝聚力差，则漆膜容易龟裂。这两者共同决定涂层的附着力，构成决定涂层保护作用的关键因素。

有关涂层附着力的研究有相当多的理论学说，影响涂层附着力的基本因素主要有两个，涂料对底材的湿润性和底材的粗糙度。涂层对金属底材的湿润性越强，附着力越好；一定的表面粗糙度对涂层起到咬合锚固（anchor pattern）的作用。

检测涂层与底材之间的附着力有多种方法，很多机构制订了相应的标准，同时也制备了很多的仪器工具来进行附着力的检测。

适用于现场检测附着力的方法主要有两大类，用刀具划×或划格法，以及拉开法。这两种方法除了可以在实验室内使用外，更适合于在施工现场中应用。主要的应用标准如表 6-6 所示。

表 6-6　涂层附着力的检测方法和标准

划 X 法	ASTM D3359 Method A ×-cut tape test(方法 A 划×法胶带测试)
划格法	GB/T 9286—1998 色漆和清漆漆膜的划格法试验 ASTM D3359 Method B Cross-cut tape test(方法 B 划格法胶带测试) ISO 2409 Cross-cut test(划格法测试)
拉开法	GB 5210 ISO 4624 Pull off test for adhesion(附着力拉开法测试) ASTM D4514(附着力拉开)
划圈法	GB 1720—79 涂膜附着力测定法

防腐涂层的附着力测试时，划×和划格法测试结果不理想时，拉开法可以作为主要的参考方法。

6.6.1　划×法

美国材料试验协会制订的 ASTM D 3359，适用于干膜厚度高于 $125\mu m$ 的情况，对最高漆膜厚度没有作出限制，而相对应的划格法通常适用于 $250\mu m$ 以下的干膜厚度。

测试所要用的工具比较简单，锋利的刀片，比如美工刀、解剖刀；25mm 的半透明压敏胶带；铅笔一头的橡皮擦以及照明灯源，比如手电等。

测试程序如下：

① 涂层表面要清洁干燥，高温和高湿会影响胶带的附着力；

② 浸泡过的样板要用溶剂清洗，但不能损害涂层，然后让其干燥；

③ 用刀具沿直线稳定地切割漆膜至底材，夹角为 30°～45°，划线长 40mm，交叉点在线长的中间；

④ 用灯光照明查看钢质基底的反射，确定划痕是否到底材；如果没有，则在另一位置重新切割；

⑤ 除去压敏胶带上面的两圈，然后以稳定的速率拉开胶带，割下 75mm 长的胶带；

⑥ 把胶带中间处放在切割处的交叉点上，用手指抹平，再用橡皮擦摩平胶带，透明胶带的颜色可以帮助我们看出与漆膜接触的状态密实程度；

⑦ 在（90±30）s 内，以 180°从漆膜表面撕开胶带，观察涂层拉开后的状态，

标准中定义了五种状态供参考（图 6-13），其中 5A～3A 为附着力可接受状态。

5A：没有脱落或脱皮。

4A：沿刀痕有脱皮或脱落的痕迹。

3A：刀痕两边都有缺口状脱落达 1.6mm。

2A：刀痕两边都有缺口状脱落达 3.2mm。

1A：胶带下×区域内大部分脱落。

0A：脱落面积超过了×区域。

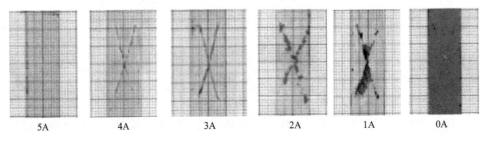

图 6-13　附着力划×法的涂层状态

6.6.2　划格法

附着力的划格法测试标准主要有 ASTM D 3359 方法 B 和 ISO 2409，两者的测试方法和描述基本相同，只是对附着力级别的说明次序刚好相反。ASTM D 3359 是 5B～0B 为由好到坏，而 ISO 2409 是 0～5 为由好到坏。我国国家标准 GB/T 9286—1998 等效采用于 ISO 2409：1992。这里主要介绍 ISO 2409 的测试方法。

ISO 2409 划格法测试中使用的刀具有多刃和单刃两种，由于多刃刀具对 $>120\mu m$ 的干膜厚度或较硬的涂层不容易平稳地切割漆膜，因此推荐使用单刃刀具。为了避免人为误差，发展有电动划格法附着力测试仪，可以自动划格，刀具压力可以预先调校。有些仪器公司，如德国 Erichzen 仪器公司生产的 430 型，可以进行单行、多行、星形及楔形等多种规格的试验。使用单刃刀具，还需要具有不同间距的仪器。透明压敏胶带以及×2 或×3 的放大镜也是不可缺少的试验用材料。

不同的漆膜决定不同的划格间距，底材的软硬程度也对其有影响，见表 6-7。ISO 2409 规定的附着力级别见表 6-8。

表 6-7　不同漆膜厚度与底材相对应的划格间距

$0～60\mu m$	1mm 间距	硬质底材
$0～60\mu m$	2mm 间距	软质底材
$60～120\mu m$	2mm 间距	硬质或软质的底材
$121～250\mu m$	3mm 间距	硬质或软质的底材

表 6-8　ISO 2409 划格法的附着力级别

级别	描述	
0	完全光滑,无任何方格分层	—
1	交叉处有小块的剥离,影响面积为 5%	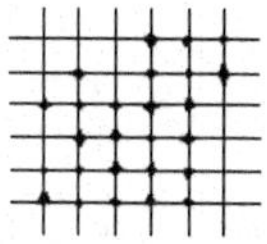
2	交叉点沿边缘剥落,影响面积为 5%～15%	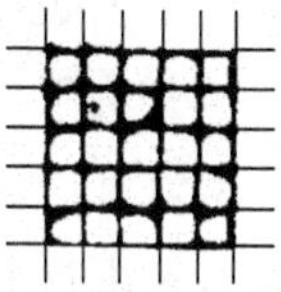
3	沿边缘整条剥落,有些格子部分或全部剥落,影响面积 15%～35%	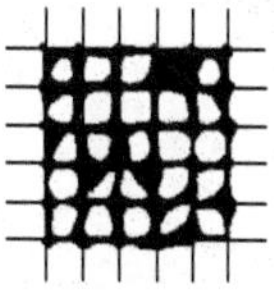
4	沿边缘整条剥落,有些格子部分或全部剥落,影响面积 35%～65%	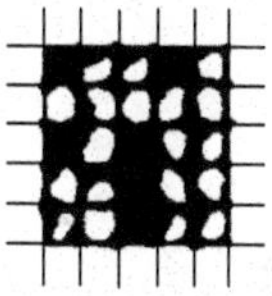
5	任何大于根据 4 来进行分级的剥落级别	

测试程序如下:

① 测量漆膜,以确定适当的切割间距;

② 以稳定的压力,适当的间距,匀速地切割漆膜,刀刀见铁(直透底材表面);

③ 重复以上操作,以 90°角再次平行等数切割漆膜,形成井字格;

④ 用软刷轻扫表面,以稳定状态卷开胶带,切下 75mm 的长度;

⑤ 从胶带中间与划线呈平行放在格子上,至少留有 20mm 长度在格子外以用手抓着,用手指摩平胶带;

⑥ 抓着胶带一头,在 0.5～1.0s 内,以接近 60°角撕开胶带,保留胶带作为参考,检查切割部位的状态。ISO 12944-6 中规定,达到 0 级或 1 级为合格。

在 ISO 12944 中规定,附着力须达到 1 级才能认定为合格;在 GB/T 9286—1998 中,前三级是令人满意的,要求评定通过/不通过时也采用前 3 级。

6.6.3　拉开法

拉开法是评价附着力的最佳测试方法,应用的标准有 ISO 4624、GB 5210

和 ASTM D 4514。

拉开法测试仪器有机械式和液压/气压驱动两种类型。典型的测试仪器有 Elcometer 106 型（机械式）和 Elcometer 108 型（液压型）以及 PAT M01（液压型）。

Elcometer 106 型手动机械拉开法测试仪，它由于手工操作的不稳定性而影响测试结果的准确性，因此在挪威石油工业标准 NORSOK M501 规定中不再使用类似于 Elcometer 106 的机械式拉开法测试仪。

拉开法附着力测试时（图 6-14），使用的胶黏剂有两种，环氧树脂胶黏剂和快干型氰基丙烯酸酯胶黏剂。环氧胶黏剂在室温下要 24h 后才能进行测试，而快干型氰基丙烯酸酯胶黏剂室温下 15min 后即能达到测试强度，建议在 2h 后进行测试。

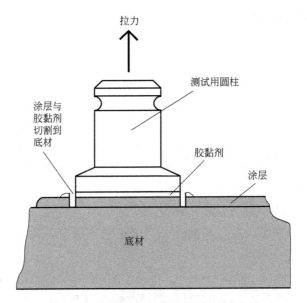

图 6-14　附着力拉开法测试的结构示意图

透明胶带的作用主要是固定刚黏上的铝合金圆柱，以免胶黏剂没有固化到一定牢度而使圆柱偏离原来的黏着位置。

切割刀具用来切割铝合金圆柱周边的涂层与胶黏剂，直至底材，这样可以避免周边涂层影响附着力的准确性。干膜厚度低于 $150\mu m$ 时，可以不进行切割处理。

测试程序和方法如下：

① 铝合金圆柱用 240～400 目细度的砂纸砂毛，使用前用溶剂擦洗除油；

② 测试部位用溶剂除油除灰；

③ 按正确比例混合双组分无溶剂环氧胶黏剂，再涂抹上铝合金圆柱，压在测试涂层表面，转向360°，确保所有部位都有胶黏剂附着；

④ 用胶带把铝合金圆柱固定在涂层表面，双组分环氧胶黏剂在室温下要固化24h；氰基丙烯酸胶黏剂按说明书的要求（15min后达到强度，最好在2h内测试）；

⑤ 测试前，用刀具围着铝合金圆柱切割涂层到底材；

⑥ 用拉力仪套上铝合金圆柱，转动手柄进行测试，记录下破坏强度（MPa），以及破坏状态；用百分数表示出涂层与底材、涂层之间、涂层与胶水以及胶水与圆柱间的附着力强度及状态；

⑦ 为了便利起见，ISO 4624中规定了一系列符号来描述其状态，

A＝底材的内聚力破坏；

A/B＝底材与第1道漆间的附着力破坏；

B＝第1道漆的内聚力破坏；

B/C＝第1道涂层与第2道涂层间的附着力破坏；

n＝多道涂层系统中第n道涂层的内聚力破坏；

n/m＝道涂层系统中第n道涂层与第m道涂层系统的附着力破坏；

－/Y＝最后1道涂层与胶黏剂间的附着力破坏；

Y＝胶黏剂的内聚力破坏；

Y/Z＝胶黏剂与测试圆柱间的附着力破坏。

附着力的强度以N/mm^2（MPa）来表示，在常用的Elcometer 108上面显示的是MPa。比如一个涂层系统的拉开应力为20MPa，在圆柱上面和第一道涂层上有30%的涂层内聚力破坏，第一道涂层与第二道涂层的附着力破坏达到70%的圆柱面积，则可以表述为：

$$20MPa，30\%B，70\%B/C$$

在NORSOK M501（Rev 4 1999）中，对有机涂层的附着力测试规定要求必须使用自动的中心拉开式仪器，而不能使用手动机械式（例如Elcometer 106），至少要求达到5.0MPa。对于防火涂料，水泥型的要求达到2.0MPa，环氧类产品要求3.0MPa认可为合格。

ISO 12944-6中对涂层系统（干膜厚度大于$250\mu m$时）的附着力要求为按照ISO 4624拉开法附着力测试，至少要达到5MPa。

对旧涂层的维修，参考数值至少要达到2MPa，才能认定为原涂层具有一定的附着力，可以保留。否则旧涂层予以去除。

《海港工程混凝土结构防腐蚀技术规范》（JTJ 275—2000）中规定新建结构防腐蚀涂层与混凝土表面的附着力不得小于1.5MPa，如果涂层系统已达到设计

使用年限，附着力仍不小于 1.0MPa，且表面无裂纹、气泡和严重粉化时，被认为可以继续使用。

根据 ISO 12944-6 的规定，涂层性能测试要在标准大气环境下养护 3 周（21天）后进行。在现场的测试，尽管涂层固化环境不稳定，但是经过 21 天的风化后，涂层系统进入了更为稳定的状态，此时进行附着力测试其结果更为准确，更具有科学说服力。

GB/T 5210—2006 等同采用国际标准 ISO4624—2002 制订，用下式来计算试验组合的破坏强度，以 MPa 计：

$$\sigma = F/A$$

式中，F 为破坏力，N；A 为试柱面积 mm^2。

例如，直径为 20mm 的试柱，计算破坏强度，以 MPa 计，$\sigma = 4F/400 = F/314$。计算所有 6 次测定的平均值，精确到整数，用平均值和范围表示结果。

拉开法是一种破坏性的涂层检验方法，为了不损坏涂层，在进行附着力拉开法试验时可以规定某一拉开强度为基本要求，只要达到这一强度就可停止试验，以避免涂层上产生新的脆弱点，如果涂层被撕开，则说明不符合要求。这对现场的涂层测试更为合理有利。

6.7 针孔和漏涂点检测

在埋地管道、海水管道、储罐内壁、船舶化学品舱、电厂的脱硫装置的内壁等部位，涂装完工以后，经常要进行针孔和漏涂点的检测。检测漏涂点是为了发现涂膜中的裂口、针孔和其他不连续处。例如残留溶剂的气泡是一个薄弱点，检测仪会使其破裂，形成一个空白点。对用于浸渍的储槽和埋于地下的管道等构件，纠正这些弊病尤为重要。

在涂装规格书中，应指明构件中的哪些地方应进行漏涂点检测试验。在进行检测前，涂层要固化良好。如果有多道涂层，第一道涂层均要进行针孔漏涂点的检测。

漏涂点和针孔检测仪通常可划分为三种类型，低压湿海绵型、直流高压型和交流高压型。

在防腐行业，针对防腐涂层漏涂点检测应用的主要标准有：

① NACE SP0188：在导电底材上测试新保护涂料的漆膜不连续处（漏涂点）的建议方法；

② ASTM D 5162：在金属底材上测试非导电保护涂料的漆膜不连续处（漏

涂点）的方法；

③ NACE RP0490：厚度为 $250\sim760\mu m$（$10\sim30mil$）的熔融黏附环氧管道外壁涂料的漏涂点检测建议方法；

④ NACE RP0274：管道涂层高压电检测；

⑤ SY/T 0063：管道防腐层检漏试验方法。

6.7.1　低压湿海绵型

低压湿海绵型漏涂点检测仪（图 6-15）是一种高灵敏度、低电压（湿海绵）的非破坏性电器装置，根据设备生产商的电路设计，采用配套的 $5\sim90V$ 的直流电池驱动。

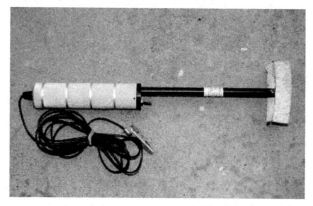

图 6-15　低压湿海绵型漏涂点检测仪

根据 NACE 国际标准 SP0188，低压湿海绵仪器可用于导电底材上厚度低于 $500\mu m$（$20mil$）的非导电涂层上的漏涂点。常用的仪器型号有 Elcometer 270，最大测量范围为 $500\mu m$；使用 9V 电压时可连续使用 200h，使用 90V 电压时可连续使用 80h；用 3 节 AA（LR1600）1.5V 碱性电池；其海绵有棒型和辊筒型两种。

采用自来水（而不是蒸馏水）和低泡润湿剂（如用于摄影胶卷的显影剂）组成的溶液使海绵饱和，混合比率为 295mL（1fl oz）润湿剂比 3.785L（1US gal）水，即 1 份润湿剂比 128 份水。但是为了避免润湿剂在涂层间造成不必要的污染，有些行业在实际使用中不使用润湿剂。海绵应充分润湿，但要避免海绵在涂层上方移动时有水滴下。

为了保证仪器合适接地，将湿海绵与导电底材上的裸露点接触。

检测仪由一台便携式电池驱动电子仪器、一个带海绵夹子的非导电手柄、一块开孔海绵（纤维素）和一根接地线组成。仪器装在一塑料箱内，带有一个开/

关转换器和一个耳机插座。

通过连接由手柄引出的电线至仪器的一端以及接地线的平端至仪器的另一端，对仪器进行装配。采用自来水（而不是蒸馏水）使海绵饱和并装上夹子。测试中将接地线直接连接在裸露构件上。对于涂漆钢材，直接连接在裸露金属上；对于混凝土，则直接连接在混凝土的增强钢筋上。如果没有增强钢筋，则将裸露接地线置于混凝土上进行连接，并用装有湿砂子的麻袋固定接地线。

将接地线置于合适位置，采用湿海绵以每秒 1ft，即 0.3m/s 的最高速率擦拭涂漆表面。避免在海绵中使用过量的水，因为流下来的水会穿过涂层表面到达位于几英尺远的裂缝，从而形成一条电路，这样会出现不正确的读数。每一块地方用海绵擦拭两次，这样可保证较好的检查覆盖率。发现漏涂点时，仪器会发出叫声。然后采用非渗透性的记号笔，如白色粉笔，标出所有漏涂点。清洁待修补区域以保证在进行涂装修补前除去润湿剂。

6.7.2 高压脉冲型漏涂点检测仪

高压脉冲型漏涂点检测仪（图 6-16）通常具有从 900V 至 15000V 的输出电压，在某些情况下，电压可高达 40000V。这种仪器设计用于定位施工在导电底材上的非导电涂层中的漏涂点（漆膜不连续处、空白点、夹杂物或低膜厚区域）。通常这种装置用于厚度 12～160mil（300～4000μm）的保护涂料漆膜。检测仪由电源（如电池或高压线圈）、探测电极和从检测仪至涂漆底材的接地连接线组成。

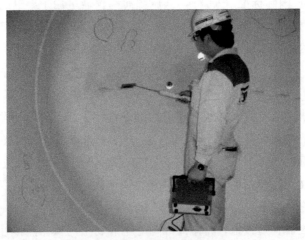

图 6-16　高压脉冲型漏涂点测试

将探测电极通过表面，在任何漏涂点、空白点、漆膜不连续处等地方，电极与底材之间的空隙就会出现弧状闪光，检测仪同时发出声音。因此，此类检测仪也称为电火花检漏仪。

常用的型号有 Elcometer 236DC 和 266DC 两种。Elcometer 236DC 电火花检漏仪有 $0.5 \sim 15kV$ 和 $0.5 \sim 30kV$ 两种输出电压，间隔为 $100V$；分别可以检测高达 $3.75mm$ 和 $7.5mm$ 的涂层厚度。

接地线应尽可能直接连接在金属构件上，如果不能直接接触，高压漏涂点检测仪可采用拖线接地线，条件是待测构件也与地面连接。这种连接可通过直接接触（当管子放在湿土上时）或将接地线固定并钉在地面与构件之间的某点上得以实现。

在混凝土构件上，将接地线连接在混凝土中的钢筋上，如无钢筋，则将裸露接地线放在未涂漆的混凝土表面上并用装有湿砂的麻袋固定。

使用仪器时，每次以每秒钟约 1ft（0.3m）的速率移动电极（根据 NACE SP0188）。电极移动太快，可能会遗漏漏涂点，移动太慢则可能会损坏漆膜薄的点或检查了比涂装设计工程师要求的更多的点。

仪器的精确度可用连接在探头和地面连接器之间的伏特计进行测试，并且仪器也可采用这种方式进行校正。伏特计必须是漏涂点检测仪所特定的，因为必须考虑信号的脉冲特性。对大多数用户来说，最好的方法是将仪器送回制造商处校正。

高压漏涂点检测仪配有多种电极：

① 平面卷缩弹簧电极，用于管道涂料；

② 光滑氯丁橡胶片状电极（填充导电炭黑），用于测试薄膜涂层，如熔融黏附环氧涂料；

③ 青铜鬃毛刷电极，通常用于玻璃鳞片增强涂料。

高压漏涂点检测仪能产生很高的电能。该仪器不是内在安全型的，如用于爆炸大气之中会导致爆炸，因此在船舶舱室或储罐内部进行操作时，必须先进行测爆。

6.7.3 电压取值

高压漏涂点检测仪与低压型相比，检查程度更为彻底。它不仅能检测出穿透到底材的漏涂点或针孔，而且还能发现诸如漆膜厚度低的区域或隐藏于涂层内部的漏涂点等缺陷。

不同的标准规范针对不同的干膜厚度所取电压有所区别，见表6-9和表6-10。不同的高压漏涂点检测仪适用于不同的标准规范，使用时要注意这一点。

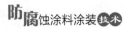

表 6-9　NACE SP0188 高压电火花测试电压

干膜厚度		检测电压/V
μm	mil	
200～280	8～11	1500
300～380	12～15	2000
400～500	16～20	2500
530～1000	21～40	3000
1010～1390	41～55	4000
1420～2000	56～80	6000
2060～3180	81～125	10000
3200～4700	126～185	15000

表 6-10　ASTM D5162 高压电火花测试电压

干膜厚度		测试用电压/V
mil	mm	
8～12	0.20～0.31	1500
13～18	0.32～0.46	2000
19～30	0.47～0.77	2500
31～40	0.78～1.03	4000
41～60	1.04～1.54	5000
61～80	1.55～2.04	7500
81～100	2.05～2.55	10000
101～125	2.56～3.19	12000
126～160	3.20～4.07	15000
161～200	4.08～5.09	20000
201～250	5.10～6.35	25000

　　按规定或参照标准所表明的数值固定电压，如无指标提供，美国工业根据经验的做法是固定为 100V/mil（4V/μm）的电压。在欧洲，根据经验其常用方法略有不同，为 5V/μm（相当于每密耳 125V）。

　　应注意的是，电压固定太高会损坏涂层。在释放完其溶剂含量前进行测试，也会导致同样的损坏。一旦穿过涂层至底材而产生火花，涂层中肯定有漏涂点存在，即使在测试进行前涂层中没有针孔或破裂处。

　　在 SY/T 0063《管道防腐层检漏试验方法》中，检漏电压与防腐层厚度的关系由下列公式确定，T_c 为防腐层厚度，V 为检漏电压。

　　当防腐层厚度小于 1mm 时：

$$V = 3294\sqrt{T_c} \tag{6-1}$$

当防腐层厚度等于或大于 1mm 时：

$$V = 7483\sqrt{T_c} \qquad\qquad (6\text{-}2)$$

以上公式是以击穿与防腐层相同空气间隙所需电压为依据得到的，因此仅适用于检测针孔、缝隙和防腐层过薄的位置。检漏电压也可用防腐层每毫米厚的绝缘击穿电压乘以防腐层最小允许厚度（mm）来确定。各种防腐层每毫米击穿电压可通过试验按以下方法确定：在已知厚度的防腐层上逐渐增加检漏电压并测出检漏仪刚好报警时的电压值，将此值除以防腐层的已知厚度即得到每毫米防腐层的绝缘击穿电压值。

NACE RP0274 针对厚度在 0.5mm 以上的管道防腐层的检测电压，按公式 (6-3) 来确定，V 为检漏电压，T 为防腐层厚度。

$$V = 7900\sqrt{T} \qquad\qquad (6\text{-}3)$$

NACE RP0274 管道防腐层检漏电压见表 6-11。

表 6-11　NACE RP0274 管道防腐层检漏电压

涂层厚度		测试用电压/V
mil	mm	
20	0.51	6000
31	0.79	7000
62	1.6	10000
94	2.4	12000
125	3.2	14000
156	4.0	16000
188	4.8	17000
500	13	28000
625	16	31000
750	19	34000

6.8 涂膜外观

涂膜的外观质量主要用肉眼来评定。工业防腐漆虽然不同于汽车漆等高装饰性漆膜，但是也要求具有一定的装饰性要求。现在很多的钢结构，如机场和桥梁等，都要求使用高光泽面漆，如丙烯酸聚氨酯面漆、丙烯酸聚硅氧烷涂料等。因此在现场进行涂层的光泽测试也显得非常重要。另外，在钢结构涂装维修时，也需要对涂层的光泽保持性能进行测试。基本的涂膜外观见表 6-12。

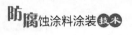

表 6-12　漆膜外观的评定

涂装部位	漆膜外观质量要求
装饰要求高的部位,如机场、展览馆等外露钢结构,工程机械外表面	(1)表面无漏涂料、气孔、裂纹以及较明显的流挂、刷痕和起泡等 (2)面漆颜色与规定颜色一致无差异 (3)表面无干喷颗粒等
一般装饰性要求的表面,如厂房、仓库等钢结构	(1)表面无漏涂料、气孔、裂纹以及较明显的流挂、刷痕和起泡等 (2)面漆颜色与规定颜色一致无差异
无装饰要求的表面,如内部钢结构,封闭空间(储罐内壁涂层除外)等	表面无漏涂、气孔、裂纹以及严重的流挂

第 7 章

重防腐涂装工程

7.1 重防腐涂装概述

7.1.1 长效防腐设计要求

重防腐涂料的发展是随着社会工业化的发展而发展的。随着重工业的发展，对涂料防护的要求也越来越高。

长效防护是重防腐涂料的基本特征，按 GB/T 30970 和 ISO 12944 的要求，15 年以上的设计使用寿命是大气环境中钢结构的基本要求。海洋工程的要求更是长达 25 年；对于要求更长期使用寿命为 100～120 年的大型跨江跨海桥梁（图7-1），设计师要求的重防腐涂料体系更是在 30～40 年，这需要有机涂层系统与金属热喷涂形成双重保护才能达到。

图 7-1　杭州湾跨海大桥

7.1.2 高固体分低 VOC 厚膜化

厚膜化是重防腐涂料体系的重要标志之一。早期的防腐涂料，受原材料的限制，施工膜厚较低。在醇酸树脂涂料应用的主导时期，涂层系统总体干膜厚度为 $30～40\mu m$ 一道，总的干膜厚度也只有 $120\mu m$。一度流行于石化钢铁厂的氯璜化聚乙烯涂料每道涂层只有 $15～20\mu m$。这直接导致防腐涂层系统的膜厚等质量控制方面也不太讲究，工艺文件的规定也是两底两面这样的含混描述。当触变剂在涂料配伍生产中得到成功应用后，厚浆型涂料（high build）开始得到应用，以氯化橡胶、乙烯基涂料、环氧涂料为主，涂层干膜厚度施工一道可以达到 $70～80\mu m$。这使得防腐涂层系统的整体干膜厚度可以在四道涂层时达到 $200\mu m$，甚至更厚。

高固体分（high solid）涂料和无溶剂（solvent free）涂料的发展应用，是涂料产品方面的重要进步，是重防腐涂料体系最终成为工业防腐主要体系的重要基础之一。

高固体分涂料与厚浆型涂料的区别是，高固体分涂料是厚浆型涂料，而厚浆型涂料不一定是高固体分涂料。因为厚浆型涂料尽管也有着优良的触变性能，但是受某些原材料本身分子量的限制，比如氯化橡胶、乙烯树脂等，涂料产品中挥发性有机溶剂（VOC）含量还是高达60%或更多。施工膜厚也因此受到了局限，比如最高只能单道喷涂到干膜厚度80μm左右，即使可以达到更高的膜厚，涂膜中也会因大量溶剂的不易挥发而形成溶剂型气孔。

高固体分涂料中挥发性有机溶剂含量大量减少，涂料产品的体积固体分也从厚浆型涂料的50%，提升到了60%、70%、80%，甚至更高。目前广泛使用的环氧类防锈底漆和中间漆，其体积固体分多在70%~80%。少溶剂涂料和无溶剂涂料的体积固分更是达到95%~100%。

重防腐涂料体系中的面漆，目前使用广泛的丙烯酸聚氨酯面漆，体积固体分也从50%达到了60%以上。一道涂层成膜的厚度也从50μm达到了100μm以上。聚硅氧烷涂料的干膜厚度施工范围也在50~150μm。在此基础上，重防腐涂料体系从3~4道涂层更可以简化为两道涂层体系。

无溶剂涂料的应用，使整体涂料系统的干膜厚度可以达到1000μm甚至更高，这使海洋工程飞溅区等腐蚀特别严酷的区域得到了有效防护。

7.1.3　更高的表面处理要求

良好的表面处理要求是重防腐涂料获得长期防护作用的重要基础。传统防腐涂料，对表面处理仅是简单地用手工或动力工具打磨底材表面。由于以前的涂料产品以油性树脂为主，所以漆膜的渗透力较强，在一般大气环境下获得较好的使用效果。

环氧树脂和聚氨酯树脂在重防腐涂料中的大量使用，以及玻璃鳞片、锌粉等防锈颜料大量配伍设计在重防腐涂装体系中，涂装前的表面处理也显得更加重要起来。

针对钢材表面的除锈，早在1967年制定的SIS 055977—1967瑞典工业标准开始得到应用。国际标准ISO 8501-1：1988即是在该标准的基础上完善起来的，同时中国的国家标准GB/T 8923.1—2011也等效采用了该国际标准。美国针对本国的情况，也在瑞典工业标准的基础上制订出了SSPC VIS1和VIS3手工动力工具打磨标准和开放式喷射处理标准。

重防腐涂料要获得真正长效的防腐寿命，具体按GB/T 30970和ISO 12944的说明要达到15年以上的防护寿命，基本的除锈标准是要达到Sa 2.5（SSPC SP6）。对环氧富锌底漆和无机富锌底漆来说，如果不达到这一要求，锌粉不能和洁净的钢材表面进行有效的电位接触，则无法达到富锌漆的基本保护作用。钢结构处在潮湿区域或浸体浸泡区域（包括淡水、海水和化学品），任何的杂质残留都会引起早期的涂膜起泡、针孔、剥落等缺陷。

不仅是针对铁锈和氧化皮等杂质的除锈标准，表面粗糙度也成为表面处理的一个重要指标。具有一定粗糙度的钢材表面远比光滑的表面有着更强的附着力。而附着力是涂层系统长效防护的重要指标之一。

7.1.4　更好的施工设备

施工设备的发展，也与重防腐涂料的发展相得益彰。特别是高压无气喷涂设备，以及双组分喷涂设备的发展应用，使得重防腐涂层体系的应用成为可能和得到了保障。

刷涂和辊涂一直是防腐涂料的传统施工方法，对高溶剂含量的低黏度防腐涂料，如过氯乙烯、氯磺化聚乙烯、醇酸防锈底漆和磁漆等来说，这是比较的适合的施工方法。施工一道成膜的厚度在 $20\sim40\mu m$ 之间。

重防腐涂料，多为高固体分的触变性涂料，只有在高速剪切力的作用下，涂膜才具有流动的性能。刷涂和辊涂的方法明显不能适应，为了良好的施工流平，必须加入大量的稀释剂，这就失去了高固体分低 VOC 产品本来的先进意义。并且刷涂和辊涂也达不到规定的漆膜厚度和表观质量。

高压无气喷涂，使得喷涂一道的干膜厚度可以达 $100\mu m$ 以上，甚至 $1000\mu m$ 以上。这极大地增加了施工能力，加快了施工效率，而高膜厚也使得涂层的保护年限获得了延长。海港码头钢管桩、海洋平台和海上风电等的飞溅区，通常的干膜厚度设计在 $500\mu m$，有些项目要求达到 $1500\mu m$ 以上。高固体分涂料和无溶剂涂料配合高压无气喷涂，可以轻松地达到高质量的喷涂层。

7.1.5　不断发展的规范标准

早期的防腐蚀体系的制定很不规范，比如在规格书中只是提到"醇酸防锈底漆和醇酸磁漆，二底二面"这样模糊的词句。随着工业体系的要求和重防腐涂料的发展，防腐涂料体系的标准化规范化得到了相应的重视。防腐蚀专家在腐蚀领域取得了很多的重大进展，开发出了许多高性能涂料产品。许多组织机构，如 NACE 和 SSPC 等的专家也一直在致力于标准、程序和培训方案的发展和改进。很多国家也建立了自己的国家标准，以供本国的涂料供应商制订规格书。但是却一直没有一个国际化的涂装规格书和工艺标准。直到 1998 年，国际标准化组织 ISO 推出了 ISO 12944 钢结构防护涂料系统的防腐蚀保护（corrosion protection of steel structures by protective paint systems），这是一个全球防腐蚀技术人员期待已久的公用标准。ISO 12944 成为了重防腐涂料体系中最完整也是 10 多年来应用和引用最为广泛的标准。这份标准同时也通过了欧洲标准委员会的批准认可，所以在欧共体实际取代了一些国家标准，如英国的 BS 5493，德国的 DIN 55928 等。中国也在此基础上等效采用制定了相应的国家标准 GB/T 30790。

在海洋工程的开发利用方面，重防腐涂料与涂装的重要标准有 NORSOK M501、ISO 20340 以及美国 NACE SP 0108。

中国近年来在标准化工作方面有相当大的成就，为不同的工业体系内的防腐涂装做出了相当大的贡献，如铁路桥梁、公路桥梁、石化行业、电力行业、港口机械、核电等工业领域。

7.2 防腐蚀涂料配套体系

7.2.1 防腐蚀涂层体系

防腐蚀涂料，应用在如桥梁、石油化工、市政建设等腐蚀条件比较严重的钢结构系统中。为了发挥防腐蚀功能，涂层系统往往进行多道涂装，以形成一个整体，整个体系中各道涂层发挥不同的作用。一般涂层系统分为底漆、中间漆、面漆等。以钢结构为例的一个典型防护涂层体系，见图 7-2。

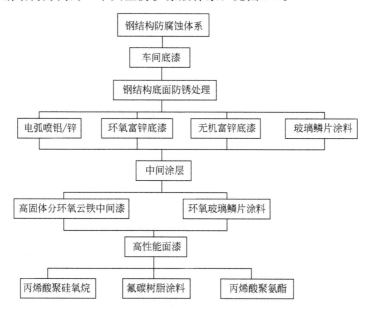

图 7-2　典型的钢结构防护涂层体系

7.2.2　底涂层

底涂层主要起防锈作用，包括防锈底漆、热浸镀锌和金属热喷涂等，是整个涂层中最重要的基础。防锈底涂层的涂装质量对涂装系统的防腐效果和使用寿命至关重要。常用的防锈底漆有环氧富锌底漆、环氧磷酸锌底漆等。

底漆具有良好的屏蔽性，以阻挡水、氧、离子等腐蚀介质的透过。在底漆填料的选择中，应注意提高屏蔽性的要求。一般我们在设计底漆时经常选用片状颜料，就是因为片状颜料在涂层中能屏蔽水、氧和离子等腐蚀因子透过，切断涂层中的毛细孔。另外片状颜料在漆膜中相互平行交叠，在涂层中能起到迷宫效应，延长腐蚀介质渗入的途径，从而提高涂层的防腐蚀能力。主要的片状颜料有云母粉、铝粉、云母氧化铁、玻璃鳞片、不锈钢鳞片等。

底漆中应含较多的颜料、填料，以使漆膜表面粗糙度变大，增加与中间漆或面漆的层间密合。颜料可以使底漆的收缩率降低，因为在干燥成膜的过程中，底漆溶剂挥发及树脂交联固化，均产生体积收缩而使漆膜附着力降低，加入颜料后，颜料并不收缩，整个漆膜的收缩率因而降低，保证了对底材的附着力。颜料能在一定程度上屏蔽和减少水、氧、腐蚀离子的透过。在一些功能性底漆中应含有缓蚀颜料，比如用在铝材、镀锌件表面的底漆中含有磷酸锌等颜料。

底漆对底材表面应有良好的润湿性，对底材表面透入较深。在非金属底材如混凝土及木材上，底漆要能透入锚固。

7.2.3　中间漆

中间漆要与底漆和面漆保持良好的附着力。漆膜之间的附着并非单纯依靠极性基团之间的吸力，中间漆漆膜中所含的溶剂能够使底漆溶胀，导致两层界面的高分子链缠结，也能增加层间附着力。

中间漆可以增加涂层的厚度以提高整个涂层的屏蔽性能。在整个涂层系统中，有时底漆具有功能性，不宜太厚，而面漆的性能决定了其生产成本相对较高，综合考虑涂装的整体造价，合理地使用中间漆可以减少面漆的使用量，降低配套成本。将中间层涂料制成触变性好的高固体分厚膜性涂料，通过无气喷涂的方法，一般施工一两次就能达到所需的厚膜效果。对一些特殊性功能涂料如无溶剂涂料、鳞片涂料等，施工中则需要使用特殊的设备和耐磨型的喷嘴等。一般应根据涂料商的推荐使用相应工具。

使用中间漆还可以提高面漆的丰满度或按照特殊要求提供出所需要的有装饰性的花纹，同时增加面漆对底材及底漆的遮盖力。合理使用中间漆并选择适当种类还能发挥一些特殊功效，如铁路客车等的中间漆及腻子等，可以使漆膜平整，保持美观。

中间漆还有一些其他功效是通过特种填料来实现的，如环氧云铁漆既可以作为底漆使用，也可以作为中间漆并和许多种类的涂料相互配套使用。它是由环氧树脂和鳞片状的云母氧化铁颜料及特种助剂组成的，对多种基材有极强的附着力，通过片状颜料在漆膜中的均匀分布和层状搭接，发挥良好的屏蔽作用和抗渗透作用，降低涂膜的透水性、透气性，增强抵抗水、氧、电解质等腐蚀介质的能力。

7.2.4 面漆

面漆可以遮蔽日光紫外线对涂层的破坏，具有抗失光、抗老化等作用。有些面漆可含有铝粉、云母氧化铁等阻隔阳光的颜料，以延长涂膜的使用寿命。

面漆还需要具备一定的防护作用，在化工污染较为严重的区域，如炼油厂、化工厂等处，要求面漆能抵抗一定程度的酸碱腐蚀。对在沿海地区使用的涂装系统，还需要面漆能抵御海洋环境特有的较为严酷的腐蚀条件，有较好的抗离子渗透能力。其中比较突出的是集装箱、船舶、钻井平台等使用的面漆，要求更加严格。

面漆具有一定的装饰性。涂料的装饰作用强，修补方便，依靠面漆的色彩、光泽、图纹等的变换应用于改进环境极为便捷。如轿车漆、家具漆、建筑物外面漆等，都可以借助于面漆丰富的色彩和表现形式，通过不同涂装方法起到很好的装饰效果。另外面漆的颜色还可用于区分不同的区域、功用等，如生产装置的管线、路面的标志线等等。面漆通常采用添加特殊颜料的手段，实现特殊的效果，如加入铝粉提高金属光泽，加入闪光粉作为夜间指示标志等。

在重防腐涂装中，最常用的面漆有丙烯酸聚氨酯面漆、氟碳面漆和聚硅氧烷涂料等。

7.2.5 特殊涂层的功能

对于用在特殊区域的涂装配套体系，涂膜的作用被延伸到其他领域。这些特殊功能主要表现为：电绝缘性、屏蔽电磁波、防静电产生等电性能；防霉、杀虫、杀菌、防海洋生物附着等生化作用；耐高温、保温、示温、阻燃、烧蚀隔热等热能方面的作用等等。

7.3 防护涂料体系设计标准 GB/T 30790

防腐涂装配套是根据被涂物的特点、防腐要求、所处的环境、将要采用的涂料类型、施工厚度以及用于新造还是原有涂层维修等条件设计的涂料涂装指导书，包括详细的施工规范。在设计涂装配套前，要对这些要素逐一进行了解。不同的行业标准，对防腐配套方案的设计有着不同的要求，如 JT/T 722《公路桥梁钢结构防腐涂装技术条件》、SH 3022《石油化工设备和管道涂料防腐蚀设计规范》，等等。

GB/T 30790《色漆和清漆 防护涂料体系对钢结构的防腐蚀保护》，作为最基本通用普遍适用的钢结构防腐蚀设计规范，修改采用 ISO 12944 重新起草。

7.3.1　GB/T 30790 简介

GB/T 30790《色漆和清漆 防护涂料体系对钢结构的防腐蚀保护》，一共分为 8 个部分。

第 1 部分：总则；

第 2 部分：环境分类；

第 3 部分：设计依据；

第 4 部分：表面类型和表面处理；

第 5 部分：防护涂料体系；

第 6 部分：实验室性能测试方法；

第 7 部分：涂装的实施和管理；

第 8 部分：新建和维护技术规格书的制定

标准中的第 1 部分中，给出了最重要的一个定义，即涂料系统的耐久性。耐久性定义为施工结束后到第一次维护要求的时间，由涉及该工作的各方限定。必须注意的是，耐久性应当被理解为一个技术术语，而不是一个法定期限，不构成任何担保。对于耐久性，GB/T 30790 划分了 3 个时间间隔：短期（low）、中期（medium）和长期（high），见表 7-1。

表 7-1　涂料系统的耐久年限

等级	耐久年限
短期 L	2～5 年
中期 M	5～15 年
长期 H	15 年以上

GB/T 30790 标准的第 1 部分也包括了涉及涂装工作所有相关人员的一个特别重要的话题，即工人的健康和环境保护。

微生物的影响、化学品和机械作用以及火灾的影响，不在标准的讨论范围之内。标准中讨论的涂料系统是那些在环境温度下干燥和固化的涂料，而不包括那些粉末涂料、烘干磁漆等，也不包括热固化涂料、超过 2mm 干膜厚度的涂层、储罐和管道的内壁涂层以及表面化学处理的产品，如缓蚀剂等。

GB/T 30790 标准，最大的适用对象是处理各种腐蚀环境下的钢结构建筑，包括机场车站、桥梁、海洋工程、火电厂、风力发电设施、石化炼化、精细化工、厂房钢结构、港口机械、造纸厂等等。因此，很多行业标准的制定，都以其为主要参考标准。

7.3.2 腐蚀环境分类

在设计配套前，必须要详细了解被涂物所处的环境、接触的介质等，GB/T 30790 系统地介绍了腐蚀环境的分类。导致腐蚀产生的环境因素主要有大气、各类水质和土壤。标准定义了大气腐蚀环境的级别以及钢结构在水下和埋地时的情况，见表 7-2 和 7-3。参考该标准，可以针对这些腐蚀因素来选择涂装系统。

表 7-2　大气腐蚀环境等级

腐蚀类型	单位面积质量损失和厚度损失				温和气候下的典型的环境示例(仅供参考)	
	低碳钢		锌		外部	内部
	质量损失/(g/m²)	厚度损失/μm	质量损失/(g/m²)	厚度损失/μm		
C1 很低	≤10	≤1.3	≤0.7	≤0.1		清洁大气下的保温建筑物,例如办公室、商场、学校、旅馆等
C2 低	10~200	1.3~25	0.7~5	>0.1~0.7	低污染水平的大气,大多数乡村地区	可能发生凝露的不保温建筑物,例如仓库、体育馆
C3 中	200~400	25~50	5~15	0.7~2.1	城市和工业大气环境,中等二氧化硫污染,低盐度的沿海地区	高湿度和存在一定空气污染的生产场所,例如食品加工厂、洗衣房、酿酒厂、牛奶场等
C4 高	400~650	50~80	15~30	2.1~4.2	工业区和中盐度的沿海地区	化工厂、游泳池、沿海船舶和造船厂
C5-I 很高(工业)	650~1500	80~200	30~60	4.2~8.4	高温和侵蚀性大气的工业区	凝露和高污染持续存在的建筑物或地区
C5-M 很高(海洋)	650~1500	80~200	30~60	4.2~8.4	高盐度的沿海或海上区域	凝露和高污染持续存在的建筑物或地区

表 7-3　水和土壤的腐蚀分类

分类	环境	环境和结构的实例
Im1	淡水	河流设施,水力发电站
Im2	咸水或微咸盐水	港口地区的构筑物,例如闸门、锁栓、防波堤;海上构筑物
Im3	土壤	埋在地下储罐、钢桩和钢管

7.3.3 钢结构类型对涂装配套的要求

GB/T 30790.3 中介绍了不同的被涂钢结构的结构类型、各部位特点对涂装配套的要求。在设计配套的过程中需要考虑的因素非常多，设计涂装必须要适合被涂物的结构、形状；不影响被涂物的使用功能、稳定性、强度和耐久性；外观要符合审美标准；同时还要注意涂装成本。实践证明，被涂物的形状、部位不同，腐蚀发生的难易程度也不同。如尖锐边缘、孔洞、焊接等结构复杂的地方容易发生早期腐蚀，涂装时应对这些地方重点关注，严格控制底材处理等级和涂装的膜厚，在日常维护时要及时修补小缺陷，避免腐蚀蔓延。

设计涂装配套时还要考虑涂装方法、被涂物的使用期限和可能采用的维修手段。在施工场所要采用必要的安全措施，对具有特殊形状或功能的部位也必须予以注意。

涂装设计不仅包括表面处理和涂装施工，还包括后期检查和维修等。在设计防腐方案中，必须要重视对早期腐蚀的检查和维护。

被涂物的组成、材质、加工、连接的方式等都是涂装设计要考虑的重要因素。有些被涂物涂装进行到一个阶段后还要进行安装、运输，所设计的涂装配套不能影响后续的施工，在完成安装、运输后，还要对造成的破损进行修补。

为便于进行涂装施工，应根据所有被涂物的表面形状和特点选择合适的机械设备或工具。

7.3.4 表面处理的类型和方法

GB/T 30790.4 介绍了表面处理对涂装的重要意义。介绍了这些表面进行机械、化学和热处理的方法。它涉及表面处理级别、表面粗糙度、表面准备级别评定、处理钢材的临时保护、进行临时保护钢材进一步涂漆的准备、金属涂层的表面处理以及环境因素等。它尽可能地参考了涂漆前和相关产品有关于钢材表面的国际标准，例如 ISO 8501-1。为了方便习惯于使用美国的 NACE/SSPC 标准的使用者，在喷砂、动力工具和手工工具处理等级方面，将 ISO 8501-1：1988 与 NACE/SSPC 做了比较。

7.3.5 防腐涂层配套方案

GB/T 30790.5 标准中主要介绍了各类涂层保护系统，以及这些系统能应用于何种腐蚀条件，同时介绍相关涂料的基本化学成分和成膜过程。因为每种涂料对底材处理的要求有很大差异，所以我们设计配套选定涂料后，相应地提出底材处理要求，对核算涂装施工的整体造价是非常重要的。

设计涂装配套可选择的涂料种类非常多，随着现代涂料行业技术水平的不断进步，新型涂料被大量研发出来，逐渐应用在更高端的防腐领域。如现代工业的发展要求"能应用于苛刻腐蚀环境的、防护寿命长"的重防腐涂料，为满足要求，厚膜涂装体系被大量应用，各涂料商相应开发了高固体分厚涂型和无溶剂型等产品。同样地，为满足电化学防腐要求开发出的如无机富锌漆、水性富锌漆等各类具有卓越的电化学防腐功能的底漆，也使防腐涂装体系的性能更加完善。

在 GB/T 30790.5 中，提出了设计涂装配套的基本思路，设计涂装配套时应综合考虑各方面因素，选择不同的涂料产品和相应膜厚。不同的腐蚀环境等级、不同的设计使用寿命，所要求的最低干膜厚度是不同的，根据对标准内容的总结，相应的关系可以参考表 7-4。

表 7-4　腐蚀环境、使用寿命和漆膜厚度的关系

腐蚀环境等级	使用寿命	干膜厚度/μm
C2	低	80
	中	150
	高	200
C3	低	120
	中	160
	高	200
C4	低	160
	中	200
	高	240（含锌粉）
		280（不含锌粉）
C5-I C5-M	低	200
	中	280
	高	320

应该注意的是，锈蚀等级 D 级应该从标准中排除而不需要考虑。对 C4 以上的腐蚀环境，不考虑采用手工动力工具进行表面处理。使用含锌底漆时，锌粉含量不能低于 80%（质量分数），锌粉颜料必须满足 ISO 3549 的要求。

当然，GB/T 30790.5 不可能把所有的涂料类别都列举出来，如环氧酯涂料和氨酯醇酸树脂，以及聚硅氧烷涂料技术都没有在这里体现出来。标准中对不同环境下不同防腐设计年限的所有规定见表 7-5 到表 7-12。表 7-13 是不同产品类型代码的说明，如 AK 表示醇酸，CR 表示氯化橡胶，AY 表示丙烯酸，EP 表示环氧，ESI 表示硅酸乙酯，PUR 表示聚氨酯等。

表 7-5　A.1 低合金碳钢在 C2、C3、C4、C5-I、C5-M 腐蚀环境下使用的涂料体系

基材:低合金碳钢

表面处理:锈蚀等级为 A、B、C 级的基材,表面处理达到 Sa2.5 级(见 GB/T 8923.1)

涂料体系编号	底涂层				后道涂层	涂层体系		预期耐久性(见 5.5 和 GB/T 30790.1)																		后附表格中对应的体系编号				
	基料④	底漆①	道数	NDFT②/µm	基料	道数	NDFT②/µm	C2			C3			C4			C5-I			C5-M			A.2	A.3	A.4	A.5(I)	A.5(M)
								L	M	H	L	M	H	L	M	H	L	M	H	L	M	H					
A1.01	AK,AY	Misc.	1~2	100	—	1~2	100																A2.04				
A1.02	EP,PUR,ESI	Zn(R)	1	60⑤	—	1	60																A2.08	A3.10			
A1.03	AK	Misc.	1~2	80	AK	2~3	120																	A3.01			
A1.04	AK	Misc.	1~2	80	AK	2~4	160																A2.03	A3.02			
A1.05	AK	Misc.	1~2	80	AK	3~5	200																	A3.03	A4.01		
A1.06	EP	Misc.	1	160	AY	2	200																		A4.06		
A1.07	AK,AY,CR③,PVC	Misc.	1~2	80	AY,CR,PVC	2~4	160																A2.03 A2.05	A3.05			
A1.08	EP,PUR,ESI	Zn(R)	1	60⑤	AY,CR,PVC	2~3	160																	A3.12	A4.10		
A1.09	AK,AY,CR③,PVC	Misc.	1~2	80	AY,CR,PVC	3~5	200																	A3.04 A3.06	A4.02 A4.04		
A1.10	EP,PUR	Misc.	1	80	AY,CR,PVC	3~4	200																	A3.13	A4.06	A5I.01	
A1.11	EP,PUR,ESI	Zn(R)	1	60⑤	AY,CR,PVC	3~4	200																		A4.11		
A1.12	AK,AY,CR③,PVC	Misc.	1~2	80	AY,CR,PVC	3~5	240																		A4.03 A4.05		
A1.13	EP,PUR,ESI	Zn(R)	1	60⑤	AY,CR,PVC	3~5	240																		A4.12		

续表

涂料体系编号	底涂层				后道涂层			预期耐久性（见5.5和GB/T 30790.1）																后附表格中对应的体系编号				
	基料④	底漆①	道数	NDFT②/μm	基料	道数	NDFT②/μm	C2			C3			C4			C5-I			C5-M			A.2	A.3	A.4	A.5(I)	A.5(M)
								L	M	H	L	M	H	L	M	H	L	M	H	L	M	H					
A1.14	EP,PUR,ESI	Zn(R)	1	60⑤	AY,CR,PVC	4~5	320																				A5I.06	
A1.15	EP	Misc.	1~2	80	EP,PUR	2~3	120																	A2.06	A3.07			
A1.16	EP	Misc.	1~2	80	EP,PUR	2~4	160																	A2.07	A3.08			
A1.17	EP,PUR,ESI	Zn(R)	1	60⑤	EP,PUR	2~3	160																		A3.11	A4.13		
A1.18	EP	Misc.	1~2	80	EP,PUR	3~5	200																		A3.09			
A1.19	EP,PUR,ESI	Zn(R)	1	60⑤	EP,PUR	3~4	200																			A4.14		
A1.20	EP,PUR,ESI	Zn(R)	1	60⑤	EP,PUR	3~4	240																			A4.15	A5I.04	A5M.05
A1.21	EP	Misc.	1~2	80	EP,PUR	3~5	280																			A4.09		
A1.22	EP,PUR	Misc.	1	150	EP,PUR	2	300																					
A1.23	EP,PUR,ESI	Zn(R)	1	60⑤	EP,PUR	3~4	320																				A5I.03	A5M.01
A1.24	EP,PUR	Misc.	1	80	EP,PUR	3~4	320																				A5I.05	A5M.06
A1.25	EP,PUR	Misc.	1	250	EP,PUR	2	500																				A5I.02	A5M.02
A1.26	EP,PUR	Misc.	1	400	—	1	400																					A5M.04
A1.27	EPC	Misc.	1	100	EPC	3	300																					A5M.03
A1.28	EP,PUR	Zn(R)	1	60⑤	EPC	3~4	400																				A5I.07	A5M.08

① Zn(R)=富锌底漆，Misc.=采用其他类型防锈颜料的底漆。
② NDFT=额定干膜厚度。
③ 建议与涂料生产商共同进行相容性确认。
④ 建议在硅酸乙酯底漆（ESI）上涂覆一道后续涂层作为过渡涂层。
⑤ 如果选择的富锌底漆合适，额定干膜厚度范围可为40~80μm。

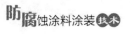

表 7-6　A. 2 低合金碳钢在 C2 腐蚀环境下使用的涂料体系

基材:低合金碳钢

表面处理:锈蚀等级为 A、B、C 级的基材,表面处理达到 Sa2.5 级(见 GB/T 8923.1)

涂料体系编号	底涂层				后道涂层		涂层体系		预期耐久性		
	基料	底漆	道数	NDFT /μm	基料	道数	NDFT /μm	L	M	H	
A2. 01	AK	Misc.	1	40	AK	2	80				
A2. 02	AK	Misc.	1～2	80	AK	2～3	120				
A2. 03	AK	Misc.	1～2	80	AK,AY,PVC,CR	2～4	160				
A2. 04	AK	Misc.	1～2	100	—	1～2	100				
A2. 05	AY,PVC,CR	Misc.	1～2	80	AY,PVC,CR	2～4	160				
A2. 06	EP	Misc.	1～2	80	EP,PUR	2～3	120				
A2. 07	EP	Misc.	1～2	80	EP,PUR	2～4	160				
A2. 08	EP,PUR,ESI	Zn(R)	1	60	—	1	60				

表 7-7　A. 3 低合金碳钢在 C3 腐蚀环境下使用的涂料体系

基材:低合金碳钢

表面处理:锈蚀等级为 A、B、C 级的基材,表面处理达到 Sa2.5 级(见 GB/T 8923.1)

涂料体系编号	底涂层				后道涂层		涂层体系		预期耐久性		
	基料	底漆	道数	NDFT /μm	基料	道数	NDFT /μm	L	M	H	
A3. 01	AK	Misc.	1～2	80	AK	2～3	120				
A3. 02	AK	Misc.	1～2	80	AK	2～4	160				
A3. 03	AK	Misc.	1～2	80	AK	3～5	200				
A3. 04	AK	Misc.	1～2	80	AY,PVC,CR	3～5	200				
A3. 05	AY,PVC,CR	Misc.	1～2	80	AY,PVC,CR	2～4	160				
A3. 06	AY,PVC,CR	Misc.	1～2	80	AY,PVC,CR	3～5	200				
A3. 07	EP	Misc.	1	80	EP,PUR	2～3	120				
A3. 08	EP	Misc.	1	80	EP,PUR	2～4	160				
A3. 09	EP	Misc.	1	80	EP,PUR	3～5	200				
A3. 10	EP,PUR,ESI	Zn(R)	1	60	—	1	60				
A3. 11	EP/PUR,ESI	Zn(R)	1	60	EP,PUR	2	160				
A3. 12	EP/PUR,ESI	Zn(R)	1	60	AY,PVC,CR	2～3	160				
A3. 13	EP/PUR	Zn(R)	1	60	AY,PVC,CR	3	200				

表 7-8　A.4 低合金碳钢在 C4 腐蚀环境下使用的涂料体系

基材:低合金碳钢

表面处理:锈蚀等级为 A、B、C 级的基材,表面处理达到 Sa 2.5 级(见 GB/T 8923.1)

涂料体系编号	底涂层				后道涂层			涂层体系	预期耐久性		
	基料	底漆	道数	NDFT/μm	基料	道数	NDFT/μm		L	M	H
A4.01	AK	Misc.	1~2	80	AK	3~5	200				
A4.02	AK	Misc.	1~2	80	AY,CR,PVC	3~5	200				
A4.03	AK	Misc.	1~2	80	AY,CR,PVC	3~5	240				
A4.04	AY,CR,PVC	Misc.	1~2	80	AY,CR,PVC	3~5	200				
A4.05	AY,CR,PVC	Misc.	1~2	80	AY,CR,PVC	3~5	240				
A4.06	EP	Misc.	1~2	160	AY,CR,PVC	2~3	200				
A4.07	EP	Misc.	1~2	160	AY,CR,PVC	2~3	280				
A4.08	EP	Misc.	1	80	EP,PUR	2~3	240				
A4.09	EP	Misc.	1	80	EP,PUR	2~3	280				
A4.10	EP,PUR,ESI	Zn(R)	1	60	AY,CR,PVC	2~3	160				
A4.11	EP,PUR,ESI	Zn(R)	1	60	AY,CR,PVC	2~4	200				
A4.12	EP,PUR,ESI	Zn(R)	1	60	AY,CR,PVC	3~4	240				
A4.13	EP,PUR,ESI	Zn(R)	1	60	EP,PUR	2~3	160				
A4.14	EP,PUR,ESI	Zn(R)	1	60	EP,PUR	2~3	200				
A4.15	EP,PUR,ESI	Zn(R)	1	60	EP,PUR	3~4	240				
A4.16	ESI	Zn(R)	1	60	—	1	60				

表 7-9　A.5 低合金碳钢在 C5-I 与 C5-M 腐蚀环境下使用的涂料体系

基材:低合金碳钢

表面处理:锈蚀等级为 A、B、C 级的基材,表面处理达到 Sa 2.5 级(见 GB/T 8923.1)

涂料体系编号	底涂层				后道涂层			涂层体系	预期耐久性		
	基料	底漆	道数	NDFT/μm	基料	道数	NDFT/μm		L	M	H
C5-I											
A5I.01	EP,PUR	Misc.	1~2	120	AY,CR,PVC	3~4	200				
A5I.02	EP,PUR	Misc.	1	80	EP,PUR	3~4	320				
A5I.03	EP,PUR	Misc.	1	150	EP,PUR	2	300				
A5I.04	EP,PUR,ESI	Zn(R)	1	60	EP,PUR	3~4	240				
A5I.05	EP,PUR,ESI	Zn(R)	1	60	EP,PUR	3~5	320				
A5I.06	EP,PUR,ESI	Zn(R)	1	60	AY,CR,PVC	4-5	320				

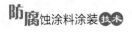

涂料体系编号	底涂层				后道涂层			涂层体系	预期耐久性		
	基料	底漆	道数	NDFT/μm	基料	道数	NDFT/μm		L	M	H
C5-M											
A5M. 01	EP,PUR	Misc.	1	150	EP,PUR	2	300				
A5M. 02	EP,PUR	Misc.	1	80	EP,PUR	3~4	320				
A5M. 03	EP,PUR	Misc.	1	400	—	1	400				
A5M. 04	EP,PUR	Misc.	1	250	EP,PUR	2	500				
A5M. 05	EP,PUR,ESI	Zn(R)	1	60	EP,PUR	4	240				
A5M. 06	EP,PUR,ESI	Zn(R)	1	60	EP,PUR	4~5	320				
A5M. 07	EP,PUR,ESI	Zn(R)	1	60	EPC	3~4	400				
A5M. 08	EPC	Misc.	1	100	EPC	3	300				

表 7-10　A. 6 低合金碳钢在 Im1、Im2、Im3 浸水或埋地环境下使用的涂料体系

基材:低合金碳钢
表面处理:锈蚀等级为 A、B、C 级的基材,表面处理达到 Sa 2.5 级(见 GB/T 8923.1)
因不推荐使用低耐久性涂料体系,故下表中没有列出。

涂料体系编号	底涂层				后道涂层			涂层体系	预期耐久性		
	基料	底漆	道数	NDFT/μm	基料	道数	NDFT/μm		L	M	H
A6. 01	EP	Zn(R)	1	60	EP,PUR	3~5	360				
A6. 02	EP	Zn(R)	1	60	EP,PURC	3~5	540				
A6. 03	EP	Misc.	1	80	EP,PUR	2~4	380				
A6. 04	EP	Misc.	1	80	EPGF,EP,PUR	3	500				
A6. 05	EP	Misc.	1	80	EP	2	330				
A6. 06	EP	Misc.	1	800	—	—	800				
A6. 07	ESI	Zn(R)	1	60	EP,EPGF	3	450				
A6. 08	EP	Misc.	1	80	EPGF	3	800				
A6. 09	EP,PUR	Misc.	—	—		1~3	400				
A6. 10	EP,PUR	Misc.	—	—		1~3	600				

表 7-11　A. 7 热浸镀锌钢材在 C2 至 C5-I 与 C5-M 腐蚀环境下使用的涂料体系

基材:热浸镀锌钢材

GB/T 30790.4 给出了一些表面处理的范例。表面处理方式与所用涂料类型有关,应按涂料生产商的要求进行。

涂料体系编号	底涂层			后道涂层		涂层体系	预期耐久性(见 5.5 和 GB/T 30790.1)				
	基料	道数	NDFT /μm	基料	道数	NDFT /μm	C2	C3	C4	C5-I	C5-M
							L M H	L M H	L M H	L M H	L M H
A7.01	—	—	—	PVC	1	80					
A7.02	PVC	1	40	PVC	2	120					
A7.03	PVC	1	80	PVC	2	160					
A7.04	PVC	1	80	PVC	3	240					
A7.05	—	—	—	AY	1	80					
A7.06	AY	1	40	AY	2	120					
A7.07	AY	1	80	AY	2	160					
A7.08	AY	1	80	AY	3	240					
A7.09	—	—	—	EP,PUR	1	80					
A7.10	EP,PU	1	60	EP,PUR	2	120					
A7.11	EP,PU	1	80	EP,PUR	2	160					
A7.12	EP,PU	1	80	EP,PUR	3	240					
A7.13	EP,PU	1	80	EP,PUR	3	320					

表 7-12　A. 8 热喷涂金属表面在 C4、C5-I、C5-M 和 Im1~Im3 腐蚀环境下使用的涂料体系

基材:热喷涂金属(锌、锌铝合金、铝)

表面处理:见 GB/T 30790.4,第 13 章。

建议涂装封闭漆或者施工第一道涂层在 4h 内完成。

如果使用封闭漆,其要能和后道涂层体系相配套。

涂料体系编号	封闭涂层			后道涂层		涂层体系	预期耐久性(见 5.5 和 GB/T 30790.1)			
	基料	道数	NDFT	基料	道数	NDFT /μm	C4	C5-I	C5-M	Im1~Im3
							L M H	L M H	L M H	L M H
A8.01	EP,PUR	1	NA	EP,PUR	2	160				
A8.02	EP,PUR	1	NA	EP,PUR	3	240				
A8.03	EP	1	NA	EP,EPC	3	450				
A8.04	EP,PUR	1	NA	EP,EPC	3	320				

表 7-13 不同产品类型代码及说明

底漆基料	类型	水性化可能性	后道涂层基料	类型	水性化可能性
AK＝醇酸	单组分	×	AK＝醇酸	单组分	×
CR＝氯化橡胶	单组分		CR＝氯化橡胶	单组分	
AY＝丙烯酸	单组分	×	AY＝丙烯酸	单组分	×
PVC＝氯乙烯共聚物	单组分		PVC＝氯乙烯共聚物	单组分	
EP＝环氧	双组分	×	EP＝环氧	双组分	×
ESI＝硅酸乙酯	单组分或双组分	×	PUR＝聚氨酯,脂肪族	单组分或双组分	×
PUR＝聚氨酯,脂肪族或芳香族	单组分或双组分	×			

7.3.6 防腐涂层的性能检测

标准中列举了不同的保护涂层系统,这些涂层已经被证明适用于 GB/T 30790.2 中的各级别腐蚀环境。在使用配套系统之前,应参考 GB/T 30790.6 标准中列举的实验方法,判断涂层的性能。

按照这一部分的规定,涂膜系统涂装在经过喷砂处理、热浸锌或热喷锌处理的底材上,分别采用耐化学试剂性能实验 (ISO 2818-1)、淡水/海水浸泡实验 (ISO 2812-2)、喷中性盐雾实验 (GB/T 1771)、冷凝腐蚀实验 (GB/T 13893) 等实验方法验证,取得满意的试验性能后,才能应用在实际施工中。

7.3.7 涂装工艺的实施和管理

GB/T 30790.7 介绍了现场施工的管理程序以及工作重点。防腐工作的效果是由涂装在被涂物表面漆膜的效果决定的。涂料的涂装质量是决定最终成膜物性能的关键因素,因此必须对现场涂装施工实施严格的施工管理,包括相关安全、健康以及环境保护的措施。涂料供应商提供的产品必须能够适用于现场的施工条件,同时要提供产品技术数据表。涂料产品要在适宜的条件下储存,并在储存期限内使用。水性涂料的储存条件要求更严格,在低温环境中要防止结冻失效。溶剂型涂料要储存在阴凉干燥的环境中,注意安全,远离火源。

涂料施工,尤其是在室外现场施工时,受环境条件影响较大,风速、温度、湿度等都会对涂膜造成影响,进而影响防腐效果。应根据现场条件和所需要的涂装效果,选择适当的施工方法。如:刷涂适用于边角、孔洞等处,喷涂则适用于一次成膜厚、涂装效率高的大面积涂装。采取严格有效的现场施工管理手段可以预防并尽早纠正涂装产生的问题，必要时可由涂料商派遣经验丰富的技术人员负责管理并提供技术支持。其主要工作包括计算和控制涂料耗量、检查涂装质量、解决一些在涂装时出现的初期漆病等等。现场技术服务人员的素质不但直接影响施工管理工作的质量，而且影响涂装效果，也可反映涂料公司的技术水平。

7.3.8 新造及维修涂装施工技术规范的发展

GB/T 30790.8 介绍了涂装规范发展的主要方向。使用涂料配套系统作为钢结构防腐保护的技术，涉及涂料施工的标准和规范。在工厂或现场的涂装施工，需要结合该配套系统的设计要求，逐条详细记录施工过程中的控制点及相应的环境情况。标准中给出了记录各种条件的原始表格、记录要点等，这些资料是设计一个完善的施工指导所必须要了解的技术信息，主要包括以下内容：

① 涂装配套的使用期限；

② 环境条件和是否存在特殊腐蚀应力；

③ 表面处理标准；

④ 不同的涂料种类；

⑤ 设计配套中每道涂层的涂装道数（底漆、中间漆、面漆各涂几道）；

⑥ 施工方法及施工要求；

⑦ 施工场所（工厂或现场）；

⑧ 脚手架要求；

⑨ 设计的维修时间表；

⑩ 安全与健康方面的要求；

⑪ 环保要求。

上述这些信息在标准的前面 7 个中都有描述。所有这些信息都应包含在一份详细的施工规范中，以便施工中更好地控制涂装质量。同时也能为不断开发新型的涂料及涂装工艺提供真实有效的施工参数。

7.4 钢材预处理涂装

钢材预处理（即一次表面处理）时所用底漆称为车间底漆、预处理底漆或保养底漆，在钢材在切割电焊装配阶段起临时保护作用。由于钢结构制造场所的空气通常都是十分恶劣的，它可以保护钢材在此阶段不生锈，有利于后道漆的复涂，大大减少了分段组装后的二次除锈工作量。因此钢材预处理涂装被广泛用于桥梁、港口机械、船舶等重型机械的涂装工艺流程。

钢材预处理涂装也广泛应用于工作量大的重防腐涂装工作中，它可以连续地进行钢材包括钢板和型材的抛丸除锈，然后进行底漆的喷涂。

7.4.1　抛丸除锈

在一个钢结构制造厂，或涂装施工场地，钢材预处理抛丸涂装流水线（图7-3）的施工设备，一头与钢板堆放场地相连，另一头与钢板、管路和型材切割与装配车间相连，所以施工非常方便。

图 7-3　钢材预处理抛丸涂装流水线

抛丸喷射清理机器包括电机、涡轮以及 V 形皮带输送机。钢板进行一次表面处理时，在处理前，有时先要进行液压较平。喷射清理后的钢板，如果要进行车间底漆的施工，输送到喷漆室，由移动式的长臂喷枪进行车间底漆无气喷涂。

钢材在进行抛丸处理前，首先要进行除油处理。在预热系统中，通常可以对钢板加热而起到除油的作用。但是对于大量的油污，还是需要人工用合适的洗涤剂或溶剂用抹布去除。在所有情况下，规定的表面处理级别要达到 Sa 2.5 或者 SSPC SP10。

车间底漆的机械物理性能、附着力以及防腐蚀性能在很大程度上取决于抛丸后的表面粗糙度。可以用粗糙度比较样块或相应的粗糙度测量仪来测试控制粗糙度仪。进行抛丸处理时，常用的磨料为钢丸 S230、S330 或者钢丸钢砂 G40、G25 的混合磨料。由于钢板表面的粗糙度影响，测量出来的漆膜厚度必须与规定的漆膜厚度有所增加。通常要求的表面粗糙度为 $Rz\,40\sim75\mu m$，相当于 Rugotest

N9～N10。粗糙度与漆膜厚度的关系见表 7-14。

表 7-14　钢板表面粗糙度和车间底漆干膜厚度的关系　　　单位：μm

钢板表面粗糙度 Rugotest N9		钢板表面粗糙度 Rugotest N10	
光滑试板上面	波峰上面	光滑试板上面	波峰上面
25	17	25	15
20	14	20	12
15	11	15	9

7.4.2　无机硅酸锌车间底漆的涂装

钢材经过抛丸预处理达到表面清洁度和粗糙度后，可以在流水线上面自动进行车间底漆的涂装（图 7-4），或者不带自动涂装的流水线由手工进行底漆的喷涂。

图 7-4　钢板预处理车间底漆的喷涂

无机硅酸锌车间底漆目前为最常用的车间底漆，典型的无机硅酸锌基本技术参数见表 7-15。

表 7-15　无机硅酸锌车间底漆的技术参数

项目	施工参数	项目	施工参数
体积固体分	28%	体积比	1:1
颜色	灰色，绿色，灰红色	混合使用时间/h	24
VOC 含量/(g/L)	620	干燥至搬运时间/min	3～4
密度/(g/L)	1.3	完全固化(20℃,75%RH)/d	4
理论涂布率(DFT 20μm)/(m²/L)	14	储藏期/月	6

① 使用时才可打开包装，每次必须用完两个包装内的全部材料，以确保正确的混合比例，桶内剩下的残余不得留待下次再用。

② 混合前彻底摇晃或搅拌液体。

③ 只能用提供的比例混合，不得任意更改。

④ 持续机械搅拌的同时将液体慢慢倒入含锌粉的基料中，不得反向操作。

⑤ 继续搅拌直至混合体内无团块。

⑥ 用 60～80 目的筛过滤混合材料。

⑦ 在自动涂装流水线上应用规定的稀释剂来调整混合物的黏度。

车间底漆稀释要根据温度和车间流水线的速度等来进行，而且只能稀释已经混合好的车间底漆。具体产品的稀释量要参考有关厂家的说明书要求。

对于无机硅酸锌车间底漆，通常有两种稀释剂，一种挥发迅速，用于低温施工环境；一种是挥发较慢的稀释剂，适用于高温下施工。这里的温度概念为 40℃ 以上才称为高温，通常是热带区域，比如中东地区经常使用这种稀释剂。

混合使用时间，英文中叫 pot life，指罐藏寿命，其实际上的意义为两个组分混合后可以使用的时间。所以当双组分的车间底漆混合好以后，只能在说明书中标明的时间内使用。施工时不停地搅拌混合漆料，直至用完该桶。无机硅酸锌车间底漆的混合使用时间通常都有 8h（20℃），有的长达 24h。

在后续涂装时，如果没有要求喷砂除去车间底漆，要特别注意车间底漆与后道油漆的适应性。每一种车间底漆并不是可以和任何油漆相适应的。尤其要注意油性漆和醇酸树脂漆不可以涂在含锌底漆上，因为这会引起皂化反应。

有些特殊情况和项目中，为了保证质量，比如浸水环境下，要求全部除去车间底漆；或者不要求进行钢材预处理，以防车间底漆在大气曝晒过程中产生的锌盐或其本身影响最终的涂层性能。

7.5 桥梁

7.5.1 桥梁腐蚀

桥梁是人类最杰出的建筑之一，美国旧金山金门大桥、澳大利亚悉尼港桥、英国伦敦桥、日本明石海峡大桥、中国的润扬长江大桥等，都是一件件宝贵的空间艺术品，成为陆地、江河、海洋和天空的景观，成为城市的标志性建筑。桥梁可以分为铁路桥和公路桥，根据需要，铁路桥和公路桥可以两桥合一，典型的如我国早期建设的南京长江大桥和武汉长江大桥，以及澳大利亚的悉尼港口大桥。

在桥面结构上，铁路桥以桁架梁为主，公路桥现在的发展以箱形梁为主。现代化的桥梁建设主要有斜拉桥、悬索桥、拱桥、PC连续刚构桥等建造形式。

桥梁建造最主要的材料为钢材和混凝土。钢材有着钢铁的高强度和稳定的性能，韧性好，而且适合于桥梁工厂化批量生产构件，钢铁最大的问题是它的腐蚀性，如何防止钢铁桥梁的腐蚀，有效地保护桥梁构件，延长使用期，是桥梁建造中要考虑的头等大事之一。

混凝土也是现代最重要的建筑材料之一，广泛用于大坝、地板、储槽等。高强度预应力混凝土结构被广泛应用于现代桥梁的桥塔建造，以及许多刚构连续桥梁方面。坚硬的混凝土本身也是耐腐蚀的材料，经常用于钢结构的保护，但是混凝土也有反应性，如在酸性环境中、在海洋环境中，所以它的表面也需要涂料的保护。

7.5.2 桥梁防腐设计规范

桥梁的设计寿命现在达到100年甚至120年，这就同时对防腐蚀涂装体系提出了很高的要求。当然，要求防腐蚀涂装体系也达到这一使用年限是不可能的，不过，通过科学地设计，认真地选用材料，严格地进行涂装管理，目前的涂料体系完全可以达到15年甚至20年的使用寿命，如果配合以金属热喷涂双重防腐，可以达到30年以上的使用寿命。

桥梁防腐蚀涂装近年来制定的标准主要有：

① TB/T 1527—2011《铁路钢桥保护涂装及涂料供货技术条件》；

② JT/T 722—2008《公路桥梁钢结构防腐涂装技术条件》；

③ JT/T 694—2007《悬索桥主缆防腐涂装技术条件》；

④ JT/T 695—2007《混凝土桥梁表面涂层防腐技术条件》。

7.5.2.1 铁路钢桥保护涂装体系

铁道桥梁的不同部分在不同气候环境下，防腐蚀要求有着很大的不同，表7-16为我国 TB/T 1527—2011 规定使用的涂装体系。

表 7-16 TB/T 1527—2011 铁路钢桥涂装体系

涂装体系	涂料（涂层）名称	每道干膜最小厚度/μm	至少涂装道数	总干膜最小厚度/μm	适用部位
1	特制红丹酚醛（醇酸）底漆	35	2	70	桥栏杆、扶手、人行道托架、墩台吊篮、围栏和桥梁检查车等桥梁附属钢结构
	灰铝粉石墨或灰云铁醇酸面漆	35	2	70	
2	电弧喷铝层	—	—	200	钢桥明桥面的纵梁、上承板梁和箱形梁上盖板
	环氧类封孔剂	20	1	20	
	棕黄聚氨酯盖板底漆	50	2	100	
	灰聚氨酯盖板面漆	40	4	160	

续表

涂装体系	涂料(涂层)名称	每道干膜最小厚度/μm	至少涂装道数	总干膜最小厚度/μm	适用部位
3	无机富锌防锈防滑涂料 电弧喷铝层	80 —	1	80 100	栓焊梁连接部分摩擦面
4	环氧沥青涂料 或环氧沥青厚浆型涂料	60 120	4 2	240 240	非密封的箱形梁和箱形杆件内表面
5	特制环氧富锌底漆 或水性无机富锌底漆 棕红云铁环氧中间漆 灰铝粉石墨醇酸面漆	40 40 35	2 1 2	80 40 70	钢梁主体，用于气候干燥、腐蚀环境较轻的地区
6	特制无机富锌底漆 或水性无机富锌底漆 棕红云铁环氧中间漆 灰色丙烯酸脂肪族聚氨酯面漆	40 40 35	2 1 2	80 40 70	钢梁主体，用于气候干燥、腐蚀环境较重的地区
7	特制环氧富锌底漆 或水性无机富锌底漆 棕红云铁环氧中间漆 氟碳面漆	40 40 30	2 1 2	80 40 60	钢梁主体，用于酸雨、沿海等腐蚀环境严重、紫外线辐射强、有景观要求的地区

7.5.2.2 公路桥梁防腐涂装体系

表 7-17 到表 7-22，是标准 JT/T 722—2008《公路桥梁钢结构防腐涂装技术条件》中所推荐的不同部位涂层配套体系。

表 7-17 外表面涂层配套体系（普通型）

配套编号	腐蚀条件	涂层	涂料品种	道数/最低干膜厚度(μm)
S01	C3	底涂层	环氧磷酸锌底漆	1/60
		中间涂层	环氧(厚浆)漆	1/80
		面涂层	丙烯酸脂肪族聚氨酯面漆	2/70
		总干膜厚度		210
S02	C4	底涂层	环氧富锌底漆	1/60
		中间涂层	环氧(云铁)漆	1-2/120
		面涂层	丙烯酸脂肪族聚氨酯面漆	1/80
		总干膜厚度		260
S03	C5-I C5-M	底涂层	环氧富锌底漆	1/80
		中间涂层	环氧(云铁)漆	1-2/120
		面涂层	丙烯酸脂肪族聚氨酯面漆	1-2/100

表 7-18 表面涂层配套体系（长效型）

配套编号	腐蚀条件	涂层	涂料品种	道数/最低干膜厚度（μm）
S04	C3	底涂层	环氧富锌底漆	1/60
		中间涂层	环氧（厚浆）漆	1～2/100
		面涂层	丙烯酸脂肪族聚氨酯面漆	2/80
		总干膜厚度		240
S05	C4	底涂层	环氧富锌底漆	1/60
		中间涂层	环氧（云铁）漆	1～2/140
		面涂层	丙烯酸脂肪族聚氨酯面漆	1/80
		总干膜厚度		280
S06	C5-I	底涂层	环氧富锌底漆	1/80
		中间涂层	环氧（云铁）漆	1～2/120
		面涂层	聚硅氧烷面漆	1～2/100
		总干膜厚度		300
S07	C5-I	底涂层	环氧富锌底漆	1/80
		中间涂层	环氧（云铁）漆	1～2/150
		面涂层（第一道）	丙烯酸脂肪族聚氨酯面漆/氟碳树脂漆	1/40
		面涂层（第二道）	氟碳面漆	1/30
		总干膜厚度		300
S08	C5-M	底涂层	无机富锌底漆	1/75
		封闭漆	环氧封闭漆	1/25
		中间涂层	环氧（云铁）漆	1～2/120
		面涂层	聚硅氧烷面漆	1～2/100
		总干膜厚度		320
S09	C5-M	底涂层	无富锌底漆	1/75
		封闭漆	环氧封闭漆	1/25
		中间涂层	环氧（云铁）漆	1～2/150
		面涂层（第一道）	丙烯酸脂肪族聚氨酯面漆/氟碳树脂漆	1/40
		面涂层（第二道）	氟碳面漆	1/40
		总干膜厚度		330
S10	C5-M	底涂层	热喷铝或锌	1/150
		封闭涂层	环氧封闭漆	1～2/50
		中间涂层	环氧（云铁）漆	1～2/120
		面涂层	聚硅氧烷面漆	1～2/100
		总干膜厚度		270

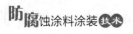

续表

配套编号	腐蚀条件	涂层	涂料品种	道数/最低干膜厚度(μm)
S11	C5-M	底涂层	热喷铝或锌	1/150
		封闭漆	环氧封闭漆	1/25
		中间涂层	环氧(云铁)漆	1~2/150
		面涂层(第一道)	丙烯酸脂肪族聚氨酯面漆/氟碳树脂漆	1/40
		面涂层(第二道)	氟碳面漆	1/40
		总干膜厚度		280

表 7-19　封闭环境内涂层配套体系

配套编号	工况条件	涂层	涂料品种	道数/最低干膜厚度(μm)
S12	配置抽湿机	底面合一	环氧(厚浆)漆(浅色)	1~2/150
		总干膜厚度		150
S13	未配置抽湿机	底漆层	环氧富锌底漆	1/50
		面漆层	环氧(厚浆)漆(浅色)	200~300
		总干膜厚度		250~350

表 7-20　非封闭环境内涂层配套体系

配套编号	工况条件	涂层	涂料品种	道数/最低干膜厚度(μm)
S14	C3	底漆层	环氧磷酸锌	1/60
		面漆层	环氧(厚浆)漆(浅色)	1~2/100
		总干膜厚度		160
S15	C4、C5-I、C5-M	底漆层	环氧富锌底漆	1/60
		中间漆	环氧(云铁)漆	1~2/120
		面漆层	环氧(厚浆)漆(浅色)	1/80
		总干膜厚度		260

表 7-21　钢桥面涂层配套体系

配套编号	工况条件	涂层	涂料品种	道数/最低干膜厚度(μm)
S16	沥青铺装温度≤250℃	底漆层	环氧富锌底漆	1/80
		总干膜厚度		80
S17	沥青铺装温度>250℃	底漆层	无机富锌底漆	1/80
		总干膜厚度		80
S18		底漆层	热喷铝或锌	1/100
		总干膜厚度		100

表 7-22　干湿交替区和水下区涂层配套体系

配套编号	工况条件	涂层	涂料品种	道数/最低干膜厚度(μm)
S19	干湿交替/水下区	底面合一	超强/耐磨环氧漆	1～3/350
		总干膜厚度		350
S20	干湿交替/水下区	底面合一	环氧玻璃鳞片漆	1～3/350
		总干膜厚度		350
S21	水下区	底面合一	环氧漆	3
		总干膜厚度		350

7.6 烃加工

7.6.1　烃加工产业

石油化工行业、烃加工业（HPI），主要是指石油化工，是最为复杂的重防腐蚀涂装领域。石油是地下天然存在的气态、液态和固态的多种烃类混合物。原油和天然气都是石油的主要类型。原油呈石油液态或半固态，天然气则是石油的气态烃类物质。以石油为基础的石油化工整个生产链可以按照主要工艺过程的不同分为上游、中游和下游。

上游：油、气田的原油和天然气（包括伴生气）的勘探、开采、集输和处理等。

中游：连接油、气田和油气加工厂、油库、港口、发电厂、化工厂、城市之间的管道，输送原油、原品油和天然气等石油产品。

下游：原油、天然气的加工，如炼油、石化、天然气化工等。

石油工业的上游一直到下游，是一个非常庞大的工业体系。油气资源的地域分布广泛，油气加工企业装置受资源、市场和环境的影响，又分布在复杂的腐蚀环境之中，如内陆、沿海、海上、沙漠等，再加上油气中含有的腐蚀性介质，使得影响石油工业生产的腐蚀因素复杂而众多。以炼油工业为龙头，一方面可提供大量清洁能源供发动机和锅炉、窑炉作为燃料用途，同时又是主要的有机合成材料的原料提供者，形成了以下三条主要的产业链：炼油-能源产业链（汽油、煤油、柴油和燃料油）；炼油-乙烯-轻烯烃衍生物产业链；炼油-芳烃-聚酯及下游衍生物产业链。

我国煤炭资源丰富，以煤为原料，经化学加工使煤转化为气体、液体和固体燃料以及化学品的煤化工也开始兴起。主要包括煤的气化、液化、干馏，以及焦油加工和电石乙炔化工等。新型煤化工与传统煤化工的区别是，新型煤化工通常指煤制油、煤制甲醇、煤制二甲醚、煤制烯烃、煤制乙二醇等等。传统煤化工则主要涉及焦炭、电石、合成氨等领域。

庞大的烃加工业，其基础设施和设备装置需要大量的钢铁，它们又处于复杂恶劣的工作环境之下，有的还长期处于高压高温条件下，有的处于酸蚀环境下，有的处于海洋腐蚀环境。以乙烯工程为例，其规模庞大而复杂（图 7-5），它包括乙烯装置（含烯烃装置和裂解汽油加氢装置）、丁二烯及芳烃联合装置、苯乙烯装置、聚苯乙烯装置、丙烯腈装置、聚乙烯及聚丙烯联合装置、界外设施工程和总体工程等。其中界外工程又包括生产管理区、循环水区、动力中心、污水处理、空压站、罐区、PHU 仓库和火炬等几大部分。

图 7-5　庞大复杂的乙烯工程

7.6.2　防腐蚀规范

在烃加工业中，这几年修订制定的主要防腐蚀规范有：

① SH/T 3011—2011《石油化工设备和管道涂料防腐蚀设计规范》；

② GB 50393—2008《钢质石油储罐防腐蚀工程技术规范》；

③ SH/T 3606—2011《石油化工涂料防腐蚀工程施工技术规程》；

④ SH/T 3603—2009《石油化工钢结构防腐蚀涂料应用技术规程》；

⑤ SH/T 3548—2011《石油化工涂料防腐蚀工程施工质量验收规范》；

⑥ SH/T 3507—2005《石油化工钢结构工程施工及验收规范》。

除此之外，相关石化企业还根据实际情况，制订有自己的企业防腐蚀规范。SH/T 3011 是参考引用的最多的规范，主要针对石油化工行业钢质石化设备、管道及其附属钢结构的外表面的防腐蚀涂料设计。

针对埋地管道，除了推荐传统的沥青、环氧煤沥青和聚乙烯胶粘带防腐蚀涂层结构外，还介绍了非玻璃布结构的厚浆型环氧涂料体系，见表 7-23。

表 7-23　改性厚浆型环氧防腐蚀涂层结构

编号	防腐蚀等级	底漆种类	底漆厚度/mm	面漆种类	面漆厚度/mm	涂层总厚度/mm
M7	特加强级	改性厚浆型环氧涂料	0.3	改性厚浆型环氧涂料	0.3	≥0.6
M8		环氧玻璃鳞片涂料	0.3	环氧玻璃鳞片涂料	0.3	≥0.6
M9	加强级	改性厚浆型环氧涂料	0.2	改性厚浆型环氧涂料	0.2	≥0.4
M10		环氧玻璃鳞片涂料	0.2	环氧玻璃鳞片涂料	0.2	≥0.4
M11	普通级	改性厚浆型环氧涂料	0.3	改性厚浆型环氧涂料		≥0.3
M12		环氧玻璃鳞片涂料	0.3	环氧玻璃鳞片涂料		≥0.3

　　不同的工程建设中，业主往往会根据实际的需求，在 SH/T 3022 的基础上，与设计院和涂料供应商共同制订出项目规范要求。

7.7 火力发电

　　以煤、油和天然气为燃料的电厂称为火力发电厂，简称火电厂。煤是火电厂最主要的燃料。火电厂是一个较为复杂的腐蚀环境，防腐蚀涂装的主要对象涉及锅炉、厂房、吊机、输煤栈桥、堆取料机等的钢结构，还包括循环水管、烟气脱硫和冷却塔等。

7.7.1　钢结构

　　火力发电厂的腐蚀环境处于 GB/T 30790 和 ISO 12944-2 规定的 C4 腐蚀等级，如果电厂位于海边，受到盐雾的综合影响，可以认为达到了最高腐蚀等级 C5。保温绝缘部位处于高温状态，受到的是高温腐蚀。

　　火电厂最主要的钢结构为锅炉钢结构、输煤栈桥和煤棚等。对火电厂钢结构还没有专门的防腐技术规程。可以参考的是 DL/T 5072—2007《火力发电厂保温油漆设计规程》第 9 章的内容，附录 G（规范性附录）中规定的常用的涂层配套，如表 7-24 所示。

表 7-24　火电厂常用涂层配套

涂料品种	涂层配套		道数	每道涂层干膜厚度/μm	适用类型
醇酸涂料	底漆	铁红醇酸底漆	1	40	一般大气腐蚀环境
	中间漆	云铁醇酸防锈漆	1	40	
	面漆	醇酸面漆	2	40	

涂料品种	涂层配套		道数	每道涂层干膜厚度/μm	适用类型
高氯化聚乙烯	底漆	高聚化聚乙烯铁红底漆	2	30	工业大气腐蚀环境,特别是有硫化物的腐蚀环境
	中间漆	高氯化聚乙烯云铁中间漆	2	40	
	面漆	高氯化聚乙烯面漆	2	40	
环氧涂料	底漆	富锌底漆	1	60	室内腐蚀环境
	中间漆	环氧云铁中间漆	1	80	
	面漆	环氧防腐面漆	2	40	
聚氨酯涂料	底漆	富锌底漆	1	60	工业大气腐蚀环境
	中间漆	环氧云铁中间漆	1	80	
	面漆	脂肪族聚氨酯面漆	2	40	
聚氨酯耐热涂料	底漆	聚氨酯铝粉防腐漆（或富锌底漆）	2(1)	30(60)	耐温150℃以下的环境
	面漆	聚氨酯耐热防腐面漆	2	(30)	
酚醛环氧涂料	底漆	酚醛环氧底漆	1	125	200℃以下热水箱内壁
	面漆	酚醛环氧面漆	1	125	
有机硅耐热涂料	底漆	无机富锌底漆	2	30	耐温400℃以下的环境
	面漆	有机硅铝粉防腐漆	2	25	
	底漆	有机硅铝粉耐热漆	1	25	耐温600℃以下的环境
	面漆	有机硅铝粉耐热漆	2	25	

7.7.2 循环水管

火力发电厂的钢质埋地循环水管（图7-6），壁厚在12mm左右，口径自1200mm到3200mm不等，总长度从几百米到数公里。在靠近大江大河的地区的火力发电厂，取用淡水；滨海火力发电厂，多取用海水。钢质埋地循环水管的使用寿命要求在20年以上，外壁和内壁的防腐蚀，除了阴极保护系统外，在火

图7-6　火电厂循环水管

力发电行业内还没有统一的标准或规范来进行防腐蚀涂料涂装设计，而多借鉴采用其他行业的标准，如水电、石油、市政等的埋地管道防腐蚀规范。这些规范中防腐蚀涂装设计差别太大，推荐的涂料系统也有很大的不同。

埋地循环水管的外壁腐蚀主要是土壤腐蚀。土壤是多相物质组成的复杂混合物，颗粒间充满空气、水和各种盐类，使土壤具有电解质的特征。

循环水管外壁的管道缺陷、夹杂的不均匀物质，与土壤接触时，就会形成电极电位差而构成微观电池腐蚀。土壤本身的性质差异，可以形成很大的电位差，构成宏电池腐蚀。

循环水管的内壁，淡水和海水的腐蚀特点有很大不同。

钢铁在淡水中的腐蚀主要是氧去极化的电化学腐蚀，淡水中的氧的存在是导致钢铁腐蚀的根本原因。腐蚀过程主要受氧向金属表面扩散过程所控制。与海水相比，淡水含盐量相当低，导电性差，因此淡水腐蚀比海水腐蚀要小得多。

海水是典型的电解质溶液，氯离子含量很高，钢铁在海水中是不能建立钝态的。海水的电导率比淡水的大得多，这就决定了海水腐蚀时电阻性阻滞比淡水小得多。海水中不仅微观电池的活性比淡水中大，而且宏观电池的活性也比淡水中大，因此海水的腐蚀比淡水强。

在循环水管内壁，可能还会有藻类和海生物引起的腐蚀。它们虽然不会直接引起腐蚀，但是沉积起来却会使覆盖的金属表面形成氧浓差电池而产生沉积物下的局部腐蚀、细菌腐蚀包括黏泥细菌引起的垢下腐蚀、铁细菌生长形成的锈瘤，以及硫酸盐还原菌腐蚀等，其中硫酸盐还原菌引起的腐蚀最为严重。

电力系统 DL/T 5394—2007《电力工程地下金属构筑物防腐技术规程》，其实际的应用部位主要针对火电站循环水管，推荐涂层见表 7-25 和表 7-26。

表 7-25　输送淡水管道内壁涂层选用表

涂料	涂层防腐等级	涂层结构	干膜总厚度
环氧煤沥青涂料	普通级	一底三面	≥300μm
	加强级	一底三面	≥400μm
	特加强级	一底两面	≥450μm
改性环氧涂料	加强级	一底一面	≥400μm
	特加强级	一底两面	≥600μm

表 7-26　钢管外壁涂层选用表

涂料	涂层防腐等级	涂层结构	干膜总厚度
环氧煤沥青涂料	普通级	一底三面	≥300μm
	加强级	一底两面，一底三面	≥400μm
	特加强级	一底两面 一底两面一底两面	≥450μm

涂料	涂层防腐等级	涂层结构	干膜总厚度
改性环氧涂料	加强级	一底一面	$\geqslant 500\mu m$
环氧粉末涂料	普通级		$300\sim400\mu m$
	加强级		$400\sim500\mu m$

钢管外壁可选用的涂层产品包括环氧煤沥青、改性环氧和环氧粉末涂料等。环氧粉末外涂层为一次成膜结构，其技术指标应符合标准 SY/T 0315 的规定。

埋地钢管的外壁防腐蚀涂层传统上主要是石油沥青防腐蚀涂层和环氧煤沥青防腐蚀涂层，分为普通、加强和特加强级三个防腐蚀等级。环氧沥青防锈漆漆膜坚硬，但韧性欠佳，色彩单一发暗（黑色、棕色）。由于环氧沥青锈漆的遮盖力相当好，通常 $10\mu m$ 左右就可以得到很好的遮盖作用，很不利于涂层的膜厚控制；加上黑色的"偷光作用"，对质量检查会造成极大的不便。环氧沥青漆如果在涂层下锈蚀蔓延，是不易发觉的。含沥青涂料在施工过程中，工人对沥青特有的恶臭会非常反感。人体短时间接触沥青成分的烟和蒸气会导致鼻、眼、喉不适，头痛、恶心等，重者局部可有水肿、水疱及渗液。长时间接触高浓度蒸气会导致内部器官损害，致癌，也会损害遗传和生殖。

火力发电厂的循环水管，使用寿命要求达到 20 年以上，由于处于埋地环境，不可能进行重涂，因此要求采用重防腐涂装系统，同时要与阴极保护系统相容。漆膜要坚韧耐磨，不因搬运、安装和回填等产生漆膜损伤。由于施工场地的条件限制，涂料要易于施工，最好喷涂两道即达到规定膜厚，缩短施工周期（图 7-7）。而玻璃布增强的沥青和环氧煤沥青防锈漆，涂层系统最高达 11 道工序。高固体分改性环氧涂料，固体分高达 $75\%\sim90\%$，溶剂含量仅为 $10\%\sim25\%$，为环保型高性能涂料。喷涂一道干膜厚度即可以达到 $150\sim500\mu m$。具有良好的低表面

图 7-7　循环水管改性环氧涂料涂装施工

处理性能的改性环氧涂料，即使在打磨到 St 2～3 级的钢材表面，仍然具有长效耐久的防腐蚀性能，这对循环水管的焊缝修补和漆膜损伤部位的修补显得特别有利。

7.7.3　烟气脱硫

火力发电厂主要以煤炭为燃料，燃烧过程中会产生二氧化硫（SO_2）、氮氧化合物（NO_x）和颗粒物等污染物。

排放在大气中的 SO_2 以及 NO_x 等污染物经过输送、转化和沉降而被清除。其中湿式沉降就是以酸雨的形式沉降到地面上。天然降水的本底 pH 值为 5.65，一般将 pH 值小于 5.6 的降水称为酸雨。

迫于环境保护的压力，烟气脱硫（flue gas desulfurization，FGD）已经是火电厂二氧化硫控制的主要手段。因此烟气脱硫装置在很多电厂中成为了必不可少的配套项目，建设时没有的，现在也必须要配置烟气脱硫装置。

烟气脱硫装置，无论是外部钢结构还是烟道和脱硫塔，腐蚀环境非常恶劣。由于烟气中存在着大量 SO_2 和其他腐蚀介质，烟气脱硫装置时时承受着多种化学介质的侵蚀。烟气脱硫装置系统庞大，维修困难。为了保证烟气脱硫装置的长期正常运行，运用防腐蚀涂料和衬里进行腐蚀防护是切实有效的方法。

烟气脱硫是当今燃煤电厂等控制二氧化硫排放的主要措施，其中湿法石灰石洗涤法（图 7-8）是当今世界各国应用最多和最成熟的工艺。

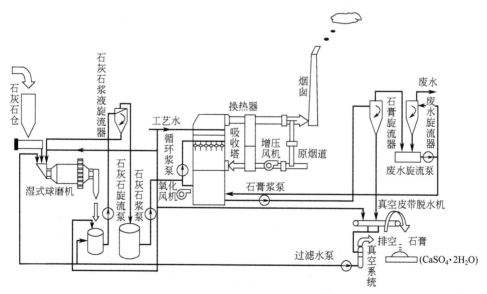

图 7-8　典型湿法石灰石石膏法脱硫示意图

　　按照 FGD 系统内不同的部位，腐蚀环境和特点各不相同，典型腐蚀工况见表 7-27。

表 7-27　FGD 系统内的主要腐蚀工况

序号	部　位	腐蚀物	温度/℃	备　注
1	原烟气侧至 GGH 热侧前(含增压风机)	高温烟气,含有 SO_2、SO_3、HCl、HF、NO_x、烟气、水汽等	130～150	烟气温度高于酸露点,当 FGD 系统停运时烟气可能漏入,需要考虑防腐
2	GGH 入口段、GGH 热侧	部分湿烟气、酸性洗涤物、腐蚀性的盐类(SO_4^{2-},SO_3^{2-},F^-、Cl^- 等)	80～150	应该考虑防腐
3	GGH 至吸收塔入口烟道	烟气内含有 SO_2、SO_3、HCl、HF、NO_x、烟气、水汽等	80～100	烟气温度低于酸露点,有凝露存在,应该防腐
4	吸收塔入口干湿界面区域	喷淋液(石膏晶体颗粒、石灰石颗粒、SO_4^{2-}、SO_3^{2-}、盐、F^-、Cl^- 等),湿烟气	45～80	pH 4～6.2,会严重结露,洗涤液易富集,结垢,腐蚀条件恶劣
5	吸收塔浆液池内	大量的喷淋液(石膏晶体颗粒、石灰石颗粒、SO_4^{2-}、SO_3^{2-}、盐、F^-、Cl^- 等)	45～60	pH＝4～6.2,有颗粒物的摩擦、冲刷
6	浆液池上部、喷淋层及支撑梁、除雾器区域	喷淋液(石膏晶体颗粒、石灰石颗粒、SO_4^{2-}、SO_3^{2-}、盐、F^-、Cl^- 等),过饱和湿烟气	45～55	pH＝4～6.2,有颗粒物的摩擦、冲刷,温度低于酸露点
7	吸收塔出口到 GGH 前	饱和水汽,残余的 SO_2、SO_3、HCl、HF、NO_x,携带的 SO_4^{2-}、SO_3^{2-}、盐等	45～55	温度低于酸露点,会结露、结垢
8	GGH 冷侧	饱和水汽,残余的 SO_2、SO_3、HCl、HF、NO_x,携带的 SO_4^{2-}、SO_3^{2-}、盐等,热侧进入的飞灰	45～80	温度低于酸露点,会结露、结垢
9	GGH 出口至 FGD 出口挡板	水汽、残余的酸性物 SO_2、SO_3、HCl、HF 等	≥60	会结露、结垢
10	FGD 出口挡板至烟囱	水汽、残余的酸性物 SO_2、SO_3、HCl、HF 等	≥60～150	FGD 运行时会结露、结垢,停运时要承受高温烟气
11	烟囱	水汽、残余的酸性物	≥60～150	FGD 运行时会结露、结垢,停运时要承受高温烟气
12	循环泵及附属管道	喷淋液(石膏晶体颗粒、石灰石颗粒、SO_4^{2-}、SO_3^{2-}、盐、F^-、Cl^-)等	45～55	有颗粒物的冲刷、磨损作用
13	石灰石浆供给系统	$CaCO_3$ 颗粒的悬浮液,工艺水中的 Cl^-、盐等,pH≈8	10～30	有颗粒物的冲刷、磨损作用

序号	部　位	腐蚀物	温度/℃	备　注
14	石膏浆液处理系统	石膏浆液（石膏晶体颗粒、石灰石颗粒、SO_4^{2-}、SO_3^{2-}、盐、F^-、Cl^-）等	20～55	有颗粒物的冲刷、磨损作用
15	其他如排污坑、地沟等	各种浆液，pH<7	<55	需防腐
16	废水处理系统	浓缩的废水，Cl^-含量极高	常温	需防腐

20 世纪 70 年代末到 80 年代初，在树脂涂层的基础上发展了玻璃鳞片树脂衬里技术。单纯的树脂防腐蚀涂层尽管有着很好的耐蚀和耐温性，但是抗渗透能力都较差。玻璃鳞片的引入，增强了树脂衬里的抗渗透性能，并且也相应提高了其他物理性能。

应用于脱硫系统的树脂主要是乙烯基酯树脂，根据不同的使用部位，选用两类乙烯基酯树脂。双酚 A 型环氧乙烯基酯树脂，由丙烯酸与双酚 A 环氧树脂反应而成，主要应用于耐酸环境；酚醛环氧乙烯基酯树脂分子链中以酚醛结构为主，因此有着更好的耐酸、耐溶剂和耐高温性能。

正常情况下，原烟气温度为 140℃左右，对鳞片衬里涂层没有显著影响，但是当锅炉的蒸气预热器、省煤器、空气预热器等设备运行不正常时，电除尘排出的原烟气温度会达到 160℃甚至高达 180℃，长期的高温作用会使鳞片衬里缓慢炭化，加上热应力作用形成开裂，介质的渗透就会导致衬里局部剥离。

烟道的原气过流区域防腐蚀衬里发生龟裂、开裂和剥落等腐蚀失效现象的主要原因有以下几种。

① 在衬里本体固化时，大分子间固化反应生成新的化学键、物理键，使大分子聚集态及构象发生变化，分子间距离缩短，树脂体积收缩。但是因为衬里材料有多种不同材料共存且受到钢铁基材表面黏附制约，导致衬层内及界面间形成收缩残余应力。

② 鳞片衬里材料与钢基体热膨胀系数不同，在热环境下，二者间因黏结面而相互牵制，导致涂层及界面间生成较大的热应力。

③ 脱硫装置开停车频繁，生成的热应力处于间歇性交变状态从而加速衬层的热应力失效。

④ 衬里层施工过程中存在的气泡、微裂缝等局部缺陷，成为了导致介质渗透、热应力破坏等失效的起因。

烟道防腐蚀衬里主要包括原气烟道、旁路挡板与烟囱之间的烟道、净烟气烟道（吸收塔至 GGH）、净烟气烟道（GGH 至烟道）。防腐蚀衬里有采用镘刀施工的胶泥类乙烯基酯玻璃鳞片衬里以及喷涂型的乙烯基酯玻璃鳞片衬里两类，见表 7-28。

表 7-28　烟道防腐蚀衬里结构

防腐部位		乙烯基酯玻璃鳞片衬里材料/mm		备注
		喷涂型衬里	胶泥衬里	
原气烟道,GGH 前		1.2	2.0～2.5	耐高温
原气烟道,GGH 至吸收塔		1.2	2.0～2.5	耐高温
净气烟道,吸收塔至 GGH		1.2	2.0	耐腐蚀
净气烟道,GGH 至烟囱		1.2	1.5～2.0	耐腐蚀
旁路挡板与烟囱间		1.2	2.0	耐高温
膨胀节内筒及法兰		1.2+FRP2.0	2.0～3.0(加衬 FRP)	耐腐蚀,耐磨
原烟气 GGH 进口烟道	内表面	1.2	2.0～2.5	耐高温
	底表面	1.2+FRP2.0	2.0～3.0(加衬 FRP)	耐腐蚀,耐磨

注：1. GGH 至吸收塔部位，采用喷涂型衬里，其表面可加涂一道耐磨型涂层，以抵抗剧烈的溶液带来的冲蚀作用。

2. 膨胀节内筒及法兰内表面，在采用胶泥衬里时，原烟气要求采用耐高温型材料，净烟气要求耐腐蚀材料加衬 FRP 增强。

吸收塔内各区域的腐蚀工况各不相同，在防腐蚀设计时，要充分考虑各区域的腐蚀特点。石灰石-石膏法喷淋塔脱硫工艺（图 7-8），其吸收塔从上到下依次为：

① 氧化搅拌区（浆液循环段）；

② 烟气入口区（高温区）；

③ 浆液喷淋区；

④ 除雾区；

⑤ 烟气出口区；

⑥ 吸收塔内部的腐蚀状况十分复杂，采用的防腐蚀材料主要有乙烯基酯玻璃鳞片衬里材料（表 7-29）、橡胶衬里以及耐蚀金属材料。

表 7-29　吸收塔乙烯基酯玻璃鳞片衬里方案

应用区域	衬里规格	备注
底板	双酚 A 乙烯基酯玻璃鳞片衬里 2.0mm+FRP 2.0mm	耐腐蚀,耐磨
高 2m 以下侧部内表面	双酚 A 乙烯基酯玻璃鳞片衬里 2.0mm+FRP 1.0mm	耐腐蚀,耐磨
搅拌器周围侧部内表面	双酚 A 乙烯基酯玻璃鳞片衬里 2.0mm+耐磨乙烯基酯 1.0mm	耐磨耐,腐蚀

应用区域	衬里规格	备注
烟气进口以下的侧部内表面	双酚 A 乙烯基酯玻璃鳞片衬里 2.0mm	耐磨,耐腐蚀
烟气进口周围的侧部内表面	酚醛系乙烯基酯玻璃鳞片衬里 2.0mm＋耐磨乙烯基酯玻璃鳞片 0.2mm	耐高温,耐磨,耐腐蚀
烟气进口上表面	酚醛系乙烯基酯玻璃鳞片衬里 2.0mm	耐温,耐腐蚀,耐磨
烟气进口栏杆	酚醛系乙烯基酯玻璃鳞片衬里 2.0mm＋FRP 1.0mm	耐温,耐腐,蚀耐磨
烟气进口下表面	酚醛系乙烯基酯玻璃鳞片衬里 2.0mm＋耐磨乙烯基酯 1.0mm	耐温,耐腐蚀,耐磨
喷淋区的侧部内表面	双酚 A 乙烯基酯玻璃鳞片衬里 2.0mm＋耐磨乙烯基酯衬玻璃布	耐磨,耐腐蚀
吸收塔内部支撑件表面	双酚 A 乙烯基酯玻璃鳞片衬里 2.0mm＋耐磨乙烯基酯衬玻璃布	耐磨,耐腐蚀
安装除雾区的侧部内表面	双酚 A 乙烯基酯玻璃鳞片衬里 2.0mm	耐腐蚀
塔烟气出口导流板	双酚 A 乙烯基酯玻璃鳞片衬里 2.0mm＋耐磨乙烯基酯 0.2mm	耐腐蚀,耐磨
塔顶至烟气出口表面	双酚 A 乙烯基酯玻璃鳞片衬里 2.0mm	耐腐蚀雾气
各浆液管道接口处	双酚 A 乙烯基酯玻璃鳞片衬里 2.0mm＋FRP 1.0mm	耐腐蚀,耐磨

注：鳞片衬里拐角部位采用 FRP 加强。

7.8 风力发电

7.8.1 风力发电机

风是一种可供利用的自然能源，称之为风能。风能不会因为人类的开发利用而像化石能源那样枯竭，因此风是一种可再生能源。风力发电没有利用煤炭的火力发电所产生的烟尘、SO_2 等的区域性污染，更没有 CO_2 温室气体排放对全球气候变暖的有害影响。风能的能源转化过程是清洁无污染的。风能作为清洁和可再生能源，是人类的必然选择之一。

风力发电机，又称为风力涡轮机，即防腐蚀涂料的保护对象，其主要构成部件见表 7-30 和图 7-9。其主要由碳钢和铸铁制造，风轮叶片则由复合材料加工制作。因此，碳钢、铸铁和复合材料是防腐蚀涂料所要涂装的底材。

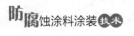

表 7-30　风力发电机的主要构成

名称	性能作用
塔架	高度从 40m 到 100m 以上,通常由卷钢制成,或者格状结构,或者用混凝土结构来替代以降低成本
风轮叶片	采用复合材料,经特殊设计的模距制造加工,长度在 60m 以上
轮毂	采用铸铁制造,提供插叶片的位置
风轮轴承	在一个风力涡轮机中有很多个不同的风轮轴承,它们需抵抗不同风力和所产生的相应负载
主轴	将风轮转向力传递到齿轮箱
偏航环	采用钢材制成,必须十分强韧,足以支撑整个动力传动系统,但不能太重
齿轮箱	齿轮可以提高风轮轴的低转速至发电机所需的高转速
发电机	将机械能转变为电能,同步电机和异步电机都要可采用
偏航系统	使机舱旋转至迎风方向的机构
变浆距系统	调整叶片角度,使风能利用最大化
电力转换器	将来自发电机的直流电改变为交流电,以备输出至电网
变压器	将来自单机的电力转变为电网所需的高压电
制动系统	根据需要采用碟刹令机组停止运行
机舱壳	质轻的玻璃钢箱体覆盖于机组动力传动系统之外
电缆	在风电场中将单机相连至子电站
螺钉	将各个主要部件固定在设计位置,必须适应于极限负载

图 7-9　风力发电机的构成

1—叶片;2—轮毂;3—变浆距部分;4—制动系统;5—主轴;6—齿轮箱;7—发电机;

8—控制系统;9—测风系统;10—风向仪;11—机舱;12—电机轴;13—偏航驱动;

14—偏航马达;15—塔架

7.8.2 塔筒

风力发电设备所处的风场自然条件相当恶劣。风力常年在 4 级以上，伴有风沙，日光照射强烈，风雨冰雪，及寒流高温的交替作用。地处海边的风力电站，还要受到盐雾侵蚀。因此必须采用有效的防腐蚀措施来保护风力电机和塔筒，延长使用寿命，减少频繁的维修工作。

陆地风电场的规划和安装通常都是在乡村环境、接近城市或者滨海地区，在工业环境中是很少的。因此，按 ISO 12944-2，其腐蚀程度可以划分为 C3、C4 和 C5-M。对于零维修使用寿命达到 15 年来说，根据 ISO 12944-5，其多道涂层的干膜厚度要达到 $160 \sim 320 \mu m$。

作为主要的防腐蚀涂装部位，塔筒的内外表面分别采用不同的涂料系统。干膜厚度的推荐也是基于其暴露于不同的气候条件下的部位而设定的。比如塔筒的外部区域、内部区域和其他部位（电机、齿轮箱、转子轴和风叶等）。其中塔筒是风力发电最主要的防腐对象之一。

根据 ISO 12944：1998 钢结构涂层防腐蚀规范第 2 部分对腐蚀环境的分类，钢结构所处的腐蚀等级从低到高，划分为 C1（很低）、C2（低）、C3（中）、C4（高）、C5-I（很高：工业）和 C5-M（很高：海洋）。

根据 ISO 12944-2：1998 的腐蚀环境分类，按风电场所处的不同环境，风力发电设施可以分 C2、C3、C4 和 C5 几种腐蚀等级。塔筒，包括其他设备可以分为内表面和外表面，内表面通常比外表面低一个腐蚀等级。

不同区域塔筒的腐蚀等级见表 7-31。

表 7-31 不同区域塔筒的腐蚀等级

适用区域	外表面	内表面
内陆	C3	C3
内陆＋沙尘	C3	C3
距海 2 公里外	C4	C3
距海 2 公里内	C5-M	C4
海上和潮间带	C5-M	C4

按实际使用环境，风电塔筒和相关组件的腐蚀等级及不同腐蚀环境下的涂层体系见表 7-32。对于内陆地区，因为腐蚀环境不是很强，不采用环氧富锌底漆，可以采用高性能环氧底漆，干膜厚度在 $75 \mu m$ 以上，内壁则可以采用底面合一的环氧涂料，干膜厚度在 $200 \mu m$。

表 7-32　不同腐蚀环境下的塔筒防腐涂层体系

腐蚀环境	涂层	涂料产品	干膜厚度/μm	
			外表面	内表面
内陆地区	底漆	环氧(富锌)底漆	50~75	200
	中间漆	环氧中间漆	80	—
	面漆	聚氨酯面漆	50	
距海2公里以外	底漆	环氧富锌底漆	50	50
	中间漆	环氧中间漆	140	150
	面漆	聚氨酯面漆	50	
距海2公里以内	底漆	环氧富锌底漆	50	50
	中间漆	环氧中间漆	180	200
	面漆	聚氨酯面漆	50	
海上	底漆	环氧富锌底漆	60	50
	中间漆	环氧中间漆	200	140
	面漆	聚氨酯面漆	60	50

　　塔筒间的摩擦面，常用无机硅酸锌涂料或金属热喷涂（图 7-10）。金属热喷涂在塔筒上的应用，主要是海边或海上风电的防腐蚀，涂层体系见表 7-33。

图 7-10　塔筒外表面喷锌层

表 7-33　金属热喷涂防腐体系

涂层	涂料产品	干膜厚度/μm
金属热喷涂	热喷涂锌、铝层	120
封闭漆	环氧漆	50
中间漆	环氧中间漆	140
面漆	聚氨酯面漆	50

7.8.3 叶片

风力发电转子叶片用的材料是复合材料，最普遍采用的是玻纤增强聚酯树脂、玻纤增强环氧树脂等。为充分保证风电机组的 20 年以上的使用寿命，叶片的涂装防护显得更为重要。优质的防护效果取决于防护涂层的设计、玻璃钢基材的表面处理、合理的涂装工艺、涂料的质量以及有效的涂层质量控制等多方面因素。我国各地风场自然环境有着很大不同，北方地区多寒旱和风沙，南方地区湿热严重，沿海滩涂和海上盐雾较大（图 7-11），西北部地区阳光照射强烈，戈壁沙漠多风沙侵蚀，还有一些高山北方等冷冻雨地区容易使叶片结冰。这些都会严重影响风电机组的运行和发电。

图 7-11　海上环境中的风电叶片

风电涂层在风电叶片上的主要作用是提供光滑的空气动力学表面，防止外界环境污染与入侵，如果叶片有砂眼，下雨时就会积水，在受到雷击的时候这些水分会瞬间蒸发，产生的蒸汽压力会使叶片爆炸或裂开。最易腐蚀叶片的前缘和叶尖部位的因素，并不是紫外线、盐雾，也不是风沙，而是雨水。雨滴撞击叶片的速率约等于叶片运行的线速度，为 $50\sim70m/s$。根据调查，叶片受损与降雨量有密切关系，依次为海南岛、云南、贵州、四川及东南沿海、东北华北、西北受损最轻。因此叶片的雨蚀实验可以模拟叶片的受损情况，根据 ASTM G73，雨水相对速率为 $120\sim157m/s$，降雨量 $30\sim35mm/h$，温度为 $25℃$。

用于风电叶片材料表面的涂料产品，须具有以下特性：与玻璃钢复合材料底材有良好的附着力；具有良好的延展性、抗弯曲形变性能；良好的抗风沙冲击能力；良好的抗紫外线辐射能力；良好的抗温变特性；良好的耐湿热盐雾性能；良好的施工性能和环保特性。常用的叶片涂料见表 7-34。

表 7-34　叶片涂料品种

涂料产品	特　　性
无溶剂聚氨酯涂料（胶衣）	柔韧性强，附着力好，耐磨性优异
聚氨酯底漆	附着力强，干燥迅速
聚氨酯腻子	无溶剂，干燥快，附着力好，强度高
水性聚氨酯底漆	柔韧性好，耐磨性好，环保
底面合一聚氨酯面漆	柔韧耐磨，耐紫外线
抗结冰氟碳面漆	柔韧性好，抗结冰，耐紫外线性能优异
叶片边缘无溶剂聚氨酯涂料	柔韧耐磨，耐紫外线

根据不同的风场、工艺要求和环保要求，叶片涂层的主要配套体系见表 7-35。在高原和北方冬季易挂冰风场，聚氨酯面漆可以采用抗结冰氟碳面漆。风机叶片材料由于表面不平整，多有空隙，因此，在涂装底漆之前，往往用腻子修补边缘和空隙。底漆涂装后，再用腻子批刮平整。在叶片边缘部位，由于受到的磨耗最大，额外涂装一层叶片边缘无溶剂聚氨酯保护涂层，再整体涂装最后一道面漆。

表 7-35　风机叶片涂层主要配套体系

配套体系	涂层	涂料产品	干膜厚度/μm
胶衣	凝胶层	无溶剂聚氨酯胶衣	400～500
	腻子	聚氨酯腻子	—
	面漆	聚氨酯面漆	120
传统型	底漆	聚氨酯底漆	80～100
	腻子	聚氨酯腻子	—
	面漆	聚氨酯面漆	120
水性环保型	底漆	水性聚氨酯底漆	—
	腻子	聚氨酯腻子	—
	面漆	聚氨酯面漆	—
底面合一	腻子	聚氨酯腻子	—
	底面合一	底面合一聚氨酯涂料	200

7.9　轨道交通车辆

中国的高铁里程在 2014 年突破 1.6 万公里，位居世界第一。城市轻轨和地铁的建设，到 2014 年底共有 21 个城市开通城市轨道交通线路，运营总里程超过 2800 公里。

高速铁路动车组在 2007 年 4 月 18 日正式运行，我国先后引进了四个国外公司的高铁技术，同时引进了相应的车体涂装技术和涂料供应商，分别有 AKZO-NOBEL、DNT、Dupont 和 Mäder。在此基础上的 CRH 380 高速动车，担负了我国 G 字头的客运任务。

轨道车辆，无论是高铁、城际列车，还是地铁，不同的部位要同时考虑其防护性和装饰性。以 8 辆编组的高铁为例，每辆车长 25m，宽 3m、高 3m，车体外表面面积超过 250m²，加上内表面、车底、转向架等，面积超过 600m²。

D 字头动车组的运行时速为 200km/h，G 字头高速动车组达到了 300～330km/h，而 T 字头特快为 160km/h。

车速的提高会使车体表面受到的风压增大，特别是会车以及在隧道内运时更加严重。碎石砂粒等杂物的冲击磨损会造成车体外表面涂层的破损。

CRH 1 型车的车体为不锈钢，CRH 2 型、3 型和 4 型均为铝合金材料。其表面处理和防护底漆都不同于碳钢。

动车组常用的涂料材料，外表面为"环氧底漆＋不饱和聚酯腻子＋聚氨酯中涂＋丙烯酸聚氨酯面漆（或底色漆＋罩光清漆）"。

原有的铁路行业的标准见表 7-36。在 2013 年 12 月 16 日国家铁路局下发《国铁法函》【2013】95 号文件，确定 2015 年完成高速动车组国家行业标准的制定，内容见表 7-37。

表 7-36　铁路机车车辆涂料及涂装标准

序号	标准代号	标准名称
1	TB/T 2260—2001	铁路机车车辆　防锈底漆
2	TB/T 2393—2001	铁路机车车辆　面漆
3	TB/T 2707—1996	铁路货车用厚浆型醇酸漆技术条件
4	TB/T 2932—1998	铁路机车车辆　阻尼涂料　供货技术条件
5	TB/T 2879.1—1998	铁路机车车辆　涂料及涂装第 1 部分:涂料供货技术条件
6	TB/T 2879.2—1998	铁路机车车辆　涂料及涂装第 2 部分:涂料检验方法
7	TB/T 2879.3—1998	铁路机车车辆　涂料及涂装第 3 部分:金属和非金属材料表面处理技术条件
8	TB/T 2879.6—1998	铁路机车车辆　涂料及涂装第 6 部分:涂装质量检查和验收规程

表 7-37　高速动车的涂料涂装标准

序号	标准名称
1	高速动车组　底漆技术条件
2	高速动车组　环氧厚浆漆技术条件
3	高速动车组　面漆色漆技术条件

序号	标准名称
4	高速动车组　中涂漆技术条件
5	高速动车组　面漆色漆技术条件
6	高速动车组　腻子技术条件
7	高速动车组　底色漆＋清漆涂层技术条件
8	高速动车组　外表面涂装系技术条件
9	高速动车组　阻尼涂料技术条件
10	高速动车组　内装涂料技术条件
11	高速动车组　转向架涂料技术条件

　　标准中增加底色漆＋清漆及其配套面层的性能指标，增加对完整涂装系的配套性能验证试验；基材增加铝合金材料和高速动车组所用材料一致；增加涂膜抗石击碎裂性试验方法和指标，检测漆膜抗风沙性能；增加涂膜的耐低温和高低温循环交变试验，模拟实际应用环境，满足中国高铁运输距离长、温湿度变化大的严酷运行环境；鼓励使用环保型（环境友好型）涂料，预留水性漆空间。水性漆是高速动车组未来的发展方向，国外高速动车组根据欧洲排放标准，全部采用水性漆，国内汽车已全部使用水性漆，国内相关部门也在推进水性漆在高速动车组上的应用进程。

　　动车组涂料的涂装施工（图7-12）全部采用烘干法强制干燥，喷/烘漆房为标准配置。涂装程序见图7-13。

图7-12　动车组的涂装

不同部位的涂装特点：
①　车体外部（包括侧墙、车顶、端墙）采用喷砂后喷涂双组分底漆＋腻子＋

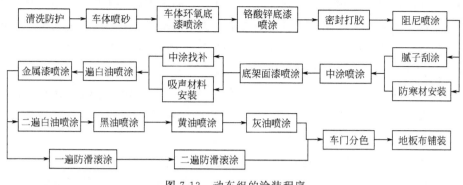

图 7-13　动车组的涂装程序

面漆，车顶再涂刮防滑涂料的工艺；

② 车体内、外底部采用清洗＋蚀洗涂料＋铬酸锌底漆＋面漆工艺；

③ 车体内两端墙采用清洗＋蚀洗涂料＋阻尼浆工艺；

④ 车外顶部滚涂防滑涂料。

整车的底漆喷涂分三步进行，车体外部底漆在喷砂后 4h 内进行，车底底漆需要在车底管座研装完成后进行清洗喷涂，门窗研配完成后需要进行底漆的找补。车体外部腻子、面漆施工中，要求每一遍开工前均需进行全面彻底打磨，除尽灰尘后再进行下步工作。

腻子层的作用是平整基体表面，提高装饰性。腻子层的作用是降低工件表面的平整度，提高外观装饰性。腻子要多次涂刮，整个腻子层才牢固结实，因为一次涂刮过厚容易开裂、脱落，而且干燥慢，为保证涂刮质量，腻子采用六道涂刮工艺。腻子层除了能提高车体表面的平整度以外，对整个涂层体系的附着力和防腐等性能有很大的破坏作用，因此，腻子层的厚度越薄越好，整个腻子层不超过1mm。腻子层的打磨是每道腻子涂刮后必须进行的工序，所用的砂纸粒度最初为 80～180 目，然后用 240 目细磨一遍。

中涂层起着连接腻子和面漆的作用，同时具有一定的填充性，目的是填平表面的微小缺陷，增强面漆附着力，提高涂层的装饰性和鲜映性。中涂层是浅色的双组分涂料。中涂采用 30：1 的高压无气喷枪进行喷涂，喷嘴型号为 611。中涂固化温度为 60℃ 左右烘干两小时，再自然干燥 8h 以上，其干膜厚度为 $50\mu m$ 左右。

为缩短作业周期，动车组底架丙烯酸改性醇酸磁漆与中涂在同一漆房中相继进行。

面漆是涂装中的最后一道，其质量的好坏直接关系到车辆的防护性能和外观品质。聚氨酯涂料由于树脂分子链含有氨基甲酸酯基，分子间存在很强的氢键作用力,涂膜的坚韧和耐磨性特别优异,并有良好的附着力、耐热性、耐溶剂型和耐化学性,漆膜丰满光亮,所以常被选作面漆。动车组作为一种交通工具和城市形象工程,人们不仅追求其内装饰的豪华舒适,同时也要求其表面装饰与之和谐,讲究外装饰图案的艺术性并迎合时代潮流。

为提高乘客的舒适度,对底架牵枕缓、端墙连接部分喷涂阻尼涂料,以减少噪声及振动。阻尼涂料采用68:1的高压无气喷涂泵进行喷涂,喷嘴为645型,喷涂厚度在3mm左右,分两次进行喷涂,每遍喷涂厚度要适中,不宜过厚,避免造成阻尼开裂,同时两遍之间干燥时间应大于16h。当湿度较大时,喷涂遍数可适当增加,每遍膜厚减少。密封主要是对车体断焊的区域进行打胶封闭。

7.10 发动机

按使用燃料的不同,发动机可以分为汽油、柴油、CNG(甲烷)和LPG(液化石油汽),以及同时使用电、气、液其中两种的混合发动机。

车用柴油机按进气方式可分为自然吸气式和增压式。按用途可以分为车用配套、船用配套、工程机械配套、农业机械配套、发电机组配套等柴油发动机。

不同的用途的发动机的工作环境,也带来了对防腐涂层的不同要求。平均每台发动机使用时间7~8年,保质期1~2年。发动机工作的温度达到50~60℃。因此要求防腐涂层有着优异的耐油、耐水、耐温、耐腐蚀性气体等性能。

单缸小功率柴油机小巧通用,维修方便,适用于工农业诸多领域。按规定出厂保修期为一年,出口产品为2年或更长。运输时由于海运时的高湿度、高盐雾、温差大的原因,对外表,特别是铸件和紧固件等表面的防腐提出了更高的要求。

船舶柴油机受海水、淡水、润滑油、燃油和空气等流体介质对相关载体零部件的腐蚀;启动后的高温热腐蚀,潮气、油雾、霉菌、烟雾等外表面的腐蚀,以及曲轴、连杆和活塞等高速运动时产生的强烈振动等。

柴油机零部件主要由铸铁、铸铝和低碳素钢组成。铸铁件的基体由铁素体、珠光体、渗碳体和石墨等组成,各种不同元素的本身有着不同的电位差。铁素体的电位为$-0.44V$,石墨则高达$+0.37V$。铸铁件在电解液中就会形成无数个电偶腐蚀,其中铁素体和珠光体会首先受到腐蚀,留下的石墨、渗碳体等就会形成海绵体。电解碳、硅元素含量越高，铸体件的耐蚀性越差。

柴油机外表面有灰尘等不干净异物，表面凝结的水汽就会在灰尘或其他异物下吸收空气中的二氧化碳、二氧化硫等，形成电解液，从而形成局部的缝隙腐蚀。柴油机吊环螺栓与机体的连接部位，因水、氧和其他腐蚀性因素的入侵，更是极易形成氧浓差缝隙腐蚀。

工作温度超过 600℃ 的排气管、增压器等，都超过有机材料的使用条件，一般有机物在 150℃ 就开始碳化。

从外表涂层的主要作用上分，发动机的表面涂层属防护涂层。防护涂层的含义就是将被防护的金属零件与空气隔绝，也就是说要形成一层完整防护膜，起码的要求就是应完全覆盖，其涂层干膜厚度要达到起码的要求，不应有漏喷，当然，由于发动机表面复杂，许多相互遮挡、窄缝等部位难以接近及进行正常的喷涂，应先喷难喷的拐角、角落处，后喷大面，以免带来流坠等缺陷。形成这些窄缝的零件本身就需要有面漆。

发动机的另一个特点就是多为铸铁件，外表坑坑洼洼的部位多。而且发动机的外表组成比较复杂，可以粗略地分为灰铸铁加工面、涂漆灰铸体表面、镀锌碳钢标准件、氧化处理的碳钢表面、不锈钢表面、铝合金表面、尼龙、橡胶等。表面零部件的材质对防护涂层的附着性有着很大的不同。如橡胶软管、三角皮带等应有防护层，在涂漆后将其与漆层一块去掉，以避免这类零件在使用过程中的变形，使漆层呈一条条裂纹和一块块脱落。

CB/T 706—2011《船用柴油机涂漆技术条件》规定了黑色金属零件表面可采用铁红醇酸底漆、铁红环氧酯底漆、铁红聚氨酯底漆和磷化底漆（不能单独作为底漆），面漆采用醇酸磁漆、环氧磁漆和聚氨酯磁漆。高温零部件外表面采用耐高温银粉漆。丙烯酸磁漆因为干燥迅速，也有广泛应用。

在保证漆膜质量的前提下，优先选择挥发性有机化合物（VOC）含量较低的油漆产品。底面合一的聚氨酯水性防腐蚀涂料也已经开始得到使用。

一般防腐蚀要求的发动机涂装工艺比较简单，流程为脱脂、水洗、烘干、喷涂底漆和面漆、烘干。防腐蚀要求高的发动机涂装，需要增加磷化或薄膜处理。发动机涂装生产线机械化输送一般采用普通输送链或积放输送链。典型的发动机涂装工艺流程见表 7-38。

表 7-38　典型的发动机涂装工艺流程

序号	工序名称	处理方式	工艺参数	
			温度/℃	时间/min
1	工件上线	升降机或举升机		
2	清洗前遮蔽	人工		

序号	工序名称	处理方式	工艺参数	
			温度/℃	时间/min
3	预脱脂沥水段	蒸气加热、喷淋	40～60	1
4	主脱脂沥水段	蒸气加热、喷淋	40～60	2
5	水洗1沥水段	蒸气加热、喷淋	30～50	1
6	水洗2沥水段	蒸气加热、喷淋		1
7	自动吹水	压缩空气	室温或30～50	
8	人工吹水	压缩空气	室温	0.5
9	水分烘干	热风循环	室温	2～3
10	水分强冷	风冷	90～110	10～15
11	漆前遮蔽	人工	常温	5
12	机器人喷漆	机器人		
13	人工补喷	人工	22～26	1
14	流平		22～26	1
15	油漆烘干	热风循环	22～26	5～8
16	强冷	风冷	80～100	30～40
17	去遮蔽	人工	常温	5
18	工件下线	升降机或举升机		

在前处理前，对涡轮增压器进出气口、油路水路进出口、发电机、线束接头、飞轮等对水敏感元件用防护水布带、防水堵盖和透明胶带等进行遮蔽。

采用机器人喷涂后，还要对未喷到的部位进行人工补喷。

发动机防腐蚀涂装见图7-14。

图7-14 发动机防腐蚀涂装

7.11 混凝土表面涂装

7.11.1 混凝土腐蚀环境和涂层性能要求

混凝土是除钢铁之外最重要的建筑材料。混凝土是非常强硬的建筑材料，但是即使进行了很好的水合，混凝土在很多暴露环境中本身并不能抵挡住腐蚀因子的侵蚀。如同使用涂料保护钢铁一样，也可以使用涂料来保护混凝土延长其使用寿命。混凝土结构有很多微小通道或孔洞。水和其他物质能够很容易地进入内部，对黏结物、骨料和钢筋等进行侵蚀。更要注意的是，有些物质进入混凝土内部后，会发生反应，导致混凝土结构的膨胀，迫使其开裂。腐蚀的三个因子，即湿气、氧气和离子（如氯离子）渗透进预应力混凝土，钢筋就会锈蚀，进一步导致混凝土的劣化。

英国里兹大学用库仑法测定氯离子的渗透性，结果表明，环氧涂料抗氯离子效果最好，对混凝土总体保护最好，见表7-39。

表 7-39　各类涂层对氯离子渗透性的库仑法测试

涂层	保护作用	涂层描述	涂层道数	厚度/mm	涂层通电量/C	砂浆当量厚度/cm
环氧类	密封	底漆:低黏度溶剂型环氧	1	0.4	2.22	134
	隔离	面漆:双组分溶剂型环氧	2			
硅烷	憎水密封剂	100%硅烷(异丁烯)三烷氧基硅烷单体	2 (0.3L/m²)	30	456	5
硅烷＋丙烯酸酯	憎水密封	底漆:低黏度硅烷/硅氧烷/丙烯酸混合溶剂型憎水剂	多道 (0.4L/m²)	0.2	5.72	26
	隔离	面漆:溶剂型丙烯酸酯涂料	2			
丙烯酸酯	隔离	溶剂型丙烯酸酯涂料	2	0.2	8.21	18

使用长效防腐涂层来保护桥梁的钢筋混凝土结构是较为方便实用的方法，它可有效地阻止氯化物、氧气、二氧化碳和海水等腐蚀介质进入。

JTJ 275—2000《海港工程混凝土结构防腐蚀技术规范》中规定混凝土表面采用涂层保护时，混凝土的龄期不应少于28d，并通过验收合格。涂层的设计使用年限不少于10年。涂层的涂装范围分为表湿区（浪溅区及平均潮位以上的水位变动区）和表干区（大气区），涂料品质与涂层性能满足下列要求：

① 防腐蚀涂料应具有良好的耐碱性、附着性和耐蚀性，底层涂料尚应具有良好的渗透能力；表面涂层尚应具有耐老化性；

② 表湿区防腐蚀涂料应具有湿固化、耐磨损、耐冲击和耐老化等性能；

③ 涂层的性能应满足表 7-40 要求，涂层与混凝土表面的黏结力不得小于 1.5MPa。

表 7-40　涂层性能要求

项目	试验条件	标　准	涂层名称
涂层外观	耐老化试验 1000h 后	不粉化、不起泡、不龟裂、不剥落	底层＋中间层＋面层的复合涂层
	耐碱试验 30d 后	不起泡、不龟裂、不剥落	
	标准养护后	均匀、无流挂、无斑点、不起泡、不龟裂、不剥落等	
抗氯离子渗透性	活动涂层抗氯离子渗透试验 30d 后	氯离子穿过涂层片的渗透量在 $5.0 \times 10^{-3}\,mg/(cm^2 \cdot d)$ 以下	底层＋中间层＋面层的复合涂层

注：涂层的耐老化性要用涂装过的尺寸为 70mm×70mm×20mm 的砂浆试件，按现行国家标准《漆膜老化测定法》(GB 1865) 测定。

附着力是所有涂料的重要性能之一，但是用于混凝土表面的涂料的附着力性能与用于钢铁表面的涂料不同。由于混凝土可能处于潮湿环境，涂料必须具有很好的渗透性和润湿性来牢牢地附着于混凝土表面。通常对混凝土表面涂层的附着力要求不小于 1.5MPa。并且，涂层必须有能力抵抗来自于背面的水压，以防止漆膜起泡。

混凝土表面涂料是一个完整的涂装结构，通常由腻子、封闭层、中间层和面层组成，每一层都担负着各自的重要作用，如图 7-15 所示。

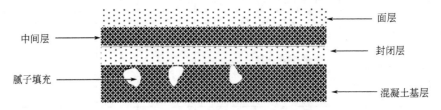

图 7-15　混凝土表面涂层结构示意图

有时为了整个结构的平整性，在封闭漆涂装后，再全面批刮腻子。一个典型的实例为武汉军山长江大桥的索塔和引桥墩采用的涂装体系，我们可以与上述涂层结构相对应起来：

封闭漆	环氧封闭漆	$20\mu m$
腻子层	腻子	批刮 2 道
中间层	环氧云铁中间漆	2 道×$40\mu m$
面层	丙烯酸聚氨酯面漆	2 道×$35\mu m$

腻子的作用是填补表面缺陷和构件的轮廓线，提高表面的平整度，以达到表

面强度和美观性。用于混凝土结构填补的腻子要求有良好的刮涂性、抗收缩性和抗流挂性能，对封闭层和中间层有良好的附着力。常用的有环氧、聚氨酯和丙烯酸类。

无论钢筋混凝土的质量如何好，微孔总是存在的。为了封闭住这些微孔，堵住腐蚀介质的渗透，就必须使用封闭层进行打底。由于新浇的混凝土呈高碱性，封闭层必须有很好的抗碱性能。常用的有环氧清漆、丙烯酸抗碱底漆以及聚氨酯清漆等。

环氧清漆，使用液态环氧树脂和渗透性强的溶剂，可以起到封闭漆的作用，填充表面子孔隙，对后道涂层形成良好的基础，还可以黏结混凝土的灰尘，避免黏结力受损。为了得到良好的使用效果，使用前必须估计稀释的程度。实际稀释剂的需要量由温度施工表面情况混凝土类型和施工技术决定。另外，实际理论涂布率是无法按一般涂料用量的方法来计算的。根据混凝土表面粗糙度表面空隙率和施工方法，体积固体分含量为50％时，一般实际使用量大约为 $14m^2/L$。有些环氧清漆的体积固体分含量可能比较小，只有30％，那么实际使用量大约为 $10m^2/L$。环氧清漆的用量不能过多，以刚好能封闭住混凝土表面为宜，这可以从封闭漆面的光泽度来判断，如果表面有光泽，说明用量过多，有时须磨去表面光泽层。

中间层位于封闭层和面层之间，起着承上启下的作用。它可以增加涂层体系的厚度，增加面层与封闭层的附着力。所以中间层要和封闭层与面层有很好的相容性。常用中间层有环氧涂料、聚氨酯涂料、丙烯酸聚合物涂料等。

表面层是整个涂装体系的最外层，也是涂装体系中最为重要的一层，它赋予桥梁美丽的色彩，更为重要的是它决定着涂层体系的耐老化和防腐性能。目前常用的面层涂料根据其耐候性能排列，主要有含氟树脂涂料、丙烯酸改性脂肪族聚氨酯面漆和丙烯酸面漆。

7.11.2 防腐蚀涂料体系

混凝土相关的防腐蚀涂料体系，要满足相应的标准规范，如下：

① JTJ 275《海港工程混凝土结构防腐蚀规范》；

② JT/T 695《混凝土桥梁结构表面涂层防腐技术方案》；

③ JT/T 821《混凝土桥梁结构表面用防腐涂料》；

④ GB 50046《工业建筑防腐蚀设计规范》；

⑤ GB 50212《建筑防腐蚀施工规范》；

⑥ GB 50224《建筑防腐蚀工程施工质量验收规范》；

⑦ GB/T 50590《乙烯基酯树脂防腐蚀工程技术规范》；

⑧ GB/T 19250《聚氨酯防水涂料》;

⑨ HG/T 3831《喷涂聚脲防护材料》;

⑩ HG/T 20273《喷涂型聚脲防护材料涂装工程技术规范》;

⑪ SSPC SP13/NACE NO. 6《Surface preparation of concrete》;

⑫ ASTM D4258《Standard practice for surface cleaning concrete for coating》。

不同的工业体系处于不同的腐蚀环境,对防腐蚀体系有着不同的要求。

在《海港工程混凝土结构防腐蚀技术规范》中,混凝土构件的防腐蚀涂层由底层、中间层和面层或底层和面层的配套涂料涂膜组成。根据设计使用年限及环境状况设计涂层系统,其配套涂料及涂层最小平均厚度可按表 7-41 选用。

表 7-41　混凝土表面涂装最小平均厚度

设计使用年限/a	方案	配套涂料名称		涂层干膜最小平均厚度/μm	
				表湿区	表干区
20	1	底层	环氧树脂封闭漆	无厚度要求	无厚度要求
		中间层	环氧树脂漆	300	250
		面层 Ⅰ	丙烯酸树脂漆或氯化橡胶漆	200	200
		面层 Ⅱ	聚氨酯磁漆	90	90
		面层 Ⅲ	乙烯树脂漆	200	200
	2	底层	丙烯酸树脂封闭漆	15	15
		面层	丙烯酸树脂或氯化橡胶漆	500	450
	3	底层	环氧树脂封闭漆	无厚度要求	无厚度要求
		面层	环氧树脂或聚氨酯煤焦油沥青漆	500	500
10	1	底层	环氧树脂封闭漆	无厚度要求	无厚度要求
		中间层	环氧树脂漆	250	200
		面层 Ⅰ	丙烯酸树脂漆或氯化橡胶漆	100	100
		面层 Ⅱ	聚氨酯磁漆	50	50
		面层 Ⅲ	乙烯树脂漆	100	100
	2	底层	丙烯酸树脂封闭漆	15	15
		面层	丙烯酸树脂或氯化橡胶漆	350	320
	3	底层	环氧树脂封闭漆	无厚度要求	无厚度要求
		面层	环氧树脂或聚氨酯煤焦油沥青漆	300	250

上述涂层系统第 2 种方案中的丙烯酸树脂或氯化橡胶漆面层涂料的厚度要求达到干膜厚度 $320\sim500\mu m$,并不现实。厚浆型的丙烯酸涂料或氯化橡胶涂料单道涂层可以达到 $100\mu m$,但是要达到以上方案中这么厚,除非使用相应的腻子层才可以达到。否则强行多道施工的话,会由于溶剂截留而严重影响涂层性能。

这种情况下，建议采用环氧树脂涂料体系。

JT/T 695—2007《混凝土桥梁结构表面涂层防腐蚀技术条件》适用于钢筋混凝土桥梁表面的涂层防腐蚀工程，也适用于其他类似条件下的钢筋混凝土表面涂层防腐蚀工程。

该标准按大气相对湿度和大气污染类型将大气腐蚀环境分为四种类型：弱腐蚀（Ⅰ）、中腐蚀（Ⅱ）、强腐蚀（Ⅲ-1）和强腐蚀（Ⅲ-2）。

按水的类型将浸水区腐蚀环境分为两种类型：淡水（Im1），海水或盐水（Im2）。海水或盐水比淡水具有更强的腐蚀作用。按照浸水部位的位置和状态，浸水区可以分为三个区域：水下区、水位变动区和浪溅区。水位变动区和浪溅区的腐蚀要比大气区强。

表 7-42 到表 7-45 列出了各种腐蚀环境下推荐的涂层体系。

表 7-42　Ⅰ-Im1 腐蚀环境下的推荐涂层体系

序号	配套涂层名称	厚度/μm	防腐部位	防腐寿命/a
S1.01	水性丙烯酸封闭漆	15	大气部位	10
	水性丙烯酸漆	100		
S1.02	丙烯酸封闭漆/环氧封闭漆	15		
	丙烯酸漆/氯化橡胶漆	100		
S1.03	丙烯酸封闭漆/环氧封闭漆	15	水位变动区和浪溅区	
	氯化橡胶漆	180		
S1.04	环氧封闭漆	20		
	环氧树脂漆	80		
	氯化橡胶漆	70		
S1.05	环氧封闭漆	20		
	环氧树脂漆	250		
	或环氧/聚氨酯煤焦油沥青漆	300		
S1.06	水性丙烯酸封闭漆	15	大气区	20
	水性丙烯酸漆	100		
	水性有机硅丙烯酸漆	80		
S1.07	丙烯酸封闭漆	15		
	丙烯酸漆	180		
S1.08	环氧封闭漆	20		
	环氧树脂漆	100		
	丙烯酸聚氨酯漆	70		
S1.09	环氧封闭漆	20	水位变动区和浪溅区	
	环氧树脂漆	120		
	丙烯酸聚氨酯漆	80		
	或氯化橡胶漆	100		
S1.10	环氧封闭漆	20	水下区	
	环氧树脂漆	350		
	或环氧/聚氨酯煤焦油沥青漆	400		

表 7-43　Ⅱ-Im1 腐蚀环境下的推荐涂层体系

序号	配套涂层名称	厚度/μm	防腐部位	防腐寿命/a
S2.01	水性丙烯酸封闭漆 水性丙烯酸漆	15 120	大气部位	10
S2.02	丙烯酸封闭漆 丙烯酸漆/氯化橡胶漆	15 120		
S2.03	环氧封闭漆 环氧树脂漆 丙烯酸聚氨酯漆	20 50 70	水位变动区和浪溅区	
S2.04	环氧封闭漆 环氧树脂漆 氯化橡胶漆/丙烯酸聚氨酯漆	20 100 90/80		
S2.05	环氧封闭漆 环氧树脂漆 或环氧/聚氨酯煤焦油沥青漆	20 250 300		
S2.06	水性丙烯酸封闭漆 水性丙烯酸漆 水性有机硅丙烯酸漆/水性氟碳漆	15 120 80/70	大气区	20
S2.07	环氧封闭漆 环氧树脂漆 丙烯酸聚氨酯漆/有机硅丙烯酸	20 100 80		
S2.08	环氧封闭漆 环氧树脂漆 氟碳漆	20 100 60		
S2.09	环氧封闭漆 环氧树脂漆 丙烯酸聚氨酯/氯化橡胶	20 160 90/120	水位变动区和浪溅区	
S2.10	环氧封闭漆 环氧树脂漆 或环氧/聚氨酯煤焦油沥青漆	20 350 400	水下区	

表 7-44　(Ⅲ-1)-Im1 腐蚀环境下的推荐涂层体系

序号	配套涂层名称	厚度/μm	防腐部位	防腐寿命/a
S3.01	环氧封闭漆 环氧树脂漆 丙烯酸聚氨酯漆	20 80 70	大气部位	10
S3.02	环氧封闭漆 环氧树脂漆 氯化橡胶/丙烯酸漆	20 80 90		
S3.03	环氧封闭漆 环氧树脂漆 丙烯酸聚氨酯漆	20 120 70	水位变动区和浪溅区	

序号	配套涂层名称	厚度/μm	防腐部位	防腐寿命/a
S3.04	环氧封闭漆	20	水位变动区和浪溅区	10
	环氧树脂漆	120		
	氯化橡胶漆	90		
S3.05	环氧封闭漆	20		
	环氧树脂漆	200		
	或环氧/聚氨酯煤焦油沥青漆	300		
S3.06	环氧封闭漆	20	大气区	20
	环氧树脂漆	140		
	丙烯酸聚氨酯	80		
S3.07	环氧封闭漆	20		
	环氧树脂漆	140		
	氟碳漆	60		
S3.08	环氧封闭漆	20	水位变动区和浪溅区	
	环氧树脂漆	250		
	丙烯酸聚氨酯/氟碳漆	90/70		
S3.9	环氧封闭漆	20	水下区	
	环氧树脂漆	350		
	或环氧/聚氨酯煤焦油沥青漆	400		

表 7-45　(Ⅲ-2)-Im2 腐蚀环境下的推荐涂层体系

序号	配套涂层名称	厚度/μm	防腐部位	防腐寿命/a
S4.01	环氧封闭漆	20	大气部位	10
	环氧树脂漆	100		
	丙烯酸聚氨酯漆	70		
S4.02	环氧封闭漆	20		
	环氧树脂漆	100		
	氯化橡胶/丙烯酸漆	80		
S4.03	环氧封闭漆	20		
	环氧树脂漆	150		
	丙烯酸聚氨酯漆	70		
S4.04	环氧封闭漆	20	水位变动区和浪溅区	
	环氧树脂漆	150		
	氯化橡胶漆	90		
S4.05	环氧封闭漆	20		
	环氧树脂漆	300		
	或环氧/聚氨酯煤焦油沥青漆	350		
S4.06	环氧封闭漆	20	大气区	20
	环氧树脂漆	120		
	丙烯酸聚氨酯/氟碳漆	80/60		

序号	配套涂层名称	厚度/μm	防腐部位	防腐寿命/a
S4.07	环氧封闭漆	20	水位变动区和浪溅区	20
	环氧/不饱和聚酯玻璃鳞片漆	800		
S4.08	环氧封闭漆	20		
	环氧树脂漆	300		
	丙烯酸聚氨酯/氟碳漆	90/70		
S4.09	环氧封闭漆	20		
	环氧树脂漆	300		
	环氧聚硅氧烷涂料	90		
S4.10	环氧封闭漆	20	水下区	
	环氧树脂漆	350		
	或环氧/聚氨酯煤焦油沥青漆	400		

[1] 曹楚南主编.中国材料的自然环境腐蚀.北京：化学工业出版社，2005.

[2] Pierre R Roberge 编著.腐蚀工程手册.吴荫顺等译.北京：中国石化出版社，2004.

[3] 刘新.防腐蚀涂料与涂装应用.北京：化学工业出版社，2008.

[4] 刘新.桥梁涂装工程.北京：化学工业出版社，2009.

[5] 刘新.电力工业防腐涂装技术.北京：中国电力出版社，2010.

[6] 张忠礼.钢结构热喷涂防腐蚀技术.北京：化学工业出版社，2004.

[7] 李金桂主编.防腐蚀表面工程技术.北京：化学工业出版社，2003.

[8] 刘登良主编.海洋涂料与涂装技术.北京：化学工业出版社，2002.

[9] 任必年主编.公路钢桥腐蚀与防护.北京：人民交通出版社，2002.

[10] 李金玉，曹建国.水工混凝土耐久性的研究和应用.北京：中国电力出版社，2004.

[11] 洪乃丰.基础设施腐蚀防护和耐久性问与答.北京：化学工业出版社，2003.

[12] 葛新亚主编.混凝土材料技术.北京：化学工业出版社，2006.

[13] 何明奕，等.机械镀原理及应用.北京：机械工业出版社，2003.

[14] 郝博.高速动车组铝合金车辆的防腐蚀初探.现代涂料与涂装，2012，(10)：59-61.

[15] 耿海路，司万强.浅谈电力机车重防腐涂层体系的选择与涂装工艺，2013，(12)：45-47.

[16] 杨树柏.高速铁路车辆用涂料的需求.中国涂料，2014，(10)：34-37.

[17] 李艳霞，吴吉霞.浅谈发动机涂装生产线工艺规划设计.现代涂料与涂装，2015，(9)：55-57.